改进的群智能算法及其应用

Improved
Swarm Intelligence Algorithms
and
Their Applications

胡红萍 著

清华大学出版社
北京

内 容 简 介

本书阐述了群智能算法和机器学习的发展概述,重点介绍了典型的群智能算法与机器学习相结合的算法在合成孔径雷达、MEMS 矢量水听器、癌症、传染病、空气质量指数、股票、机器人转向及水质等方面的预测与分类,一定程度上反映了群智能算法与机器学习的最新发展水平。

本书的研究主题是群智能算法与机器学习的预测与分类,其中涉及现代信号处理、神经网络和现代优化算法的一些基本内容。本书重点放在群智能算法与机器学习相结合的算法及其应用上,力求让读者既掌握群智能算法和机器学习的知识,又能让读者体会群智能算法与机器学习相结合解决实际问题的能力,使读者学有所得。

本书可作为本科生的教科书和参考用书,也可作为应用数学、信号处理、图像处理、优化算法、预测与分类等方向的研究生学习用书,还可供从事机器学习的科研工作者参考。

图书在版编目(CIP)数据

改进的群智能算法及其应用/胡红萍著.—北京:清华大学出版社,2020.11(2021.10重印)
ISBN 978-7-302-56963-3

Ⅰ. ①改… Ⅱ. ①胡… Ⅲ. ①电子计算机－算法理论 Ⅳ. ①TP301.6

中国版本图书馆 CIP 数据核字(2020)第 231673 号

责任编辑:许 龙
封面设计:傅瑞学
责任校对:刘玉霞
责任印制:宋 林

出版发行:清华大学出版社
　　　　网　　　址:http://www.tup.com.cn,http://www.wqbook.com
　　　　地　　　址:北京清华大学学研大厦 A 座　　　邮　　编:100084
　　　　社 总 机:010-62770175　　　　　　　　　邮　　购:010-62786544
　　　　投稿与读者服务:010-62776969,c-service@tup.tsinghua.edu.cn
　　　　质量反馈:010-62772015,zhiliang@tup.tsinghua.edu.cn
印 装 者:北京九州迅驰传媒文化有限公司
经　　销:全国新华书店
开　　本:170mm×240mm　　印　　张:16.5　　　字　　数:342 千字
版　　次:2020 年 12 月第 1 版　　　　　　　　印　　次:2021 年 10 月第 3 次印刷
定　　价:65.00 元

产品编号:090320-01

前 言

FOREWORD

    机器学习是人工智能的核心,是使计算机具有智能的根本途径,其应用遍及人工智能的各个领域。机器学习的参数很多都是任意性的,这就造成问题的最优解不稳定,而群智能算法是从一组任意初始解开始,不断地根据更新方式更新种群,随着任意解的更新和迭代次数的增加,趋向于全局最优解。因此,在许多群智能算法与机器学习等方面科技工作者的努力下,将群智能算法与机器学习相结合构成新的算法应用于图像目标识别、信号处理、医学、环境等方面,并取得了许多新的成果。近年来,我和我的研究生在山西省自然科学基金、国家自然科学基金、山西省重点研发计划项目和山西省研究生教育改革(指令性)研究课题的支持下一直从事群智能算法与机器学习方面的研究工作,本书是我们近几年在学习和研究工作上的总结。

    全书共分 8 章。第 1 章介绍了群智能算法与机器学习的发展动态及其在合成孔径雷达、MEMS 矢量水听器、癌症、传染病、空气质量指数、股票、机器人转向及水质等方面的发展概况。第 2 章分别利用改进的卷积神经网络和 Harris 鹰优化算法优化支持向量机实现合成孔径雷达目标识别。第 3 章将变分模态分解、遗传算法分别与小波阈值处理相结合实现 MEMS 矢量水听器的去噪,改进的飞鼠搜索算法优化支持向量机实现波达方向角估计。第 4 章利用人工神经网络对结肠癌和子宫内膜癌进行分类识别以及改进的灰狼算法优化 Elman 神经网络实现子宫内膜癌的分类识别。第 5 章利用改进的人工蜂群算法优化 BP 神经网络对中国手足口病发病人数进行预测,改进的蚁狮算法优化 BP 神经网络对中国流感进行预测,改进的人工树算法、改进的遗传算法、改进的多元分类器分别优化神经网络预测美国流感样疾病。第 6 章利用改进的粒子群算法与重力搜索算法相结合优化 BP 神经网络移动机器人的转向与地下水水质分类问题,利用主成分分析法降维和改进的粒子群优化算法优化支持向量机实现机器人转向分类。第 7 章利用改进的飞鼠搜索算法、改进的鲸优化算法、改进的粒子群算法、改进的思维进化算法和飞蛾扑火算法分别优化机器学习实现空气质量指数的预测或等级分类。第 8 章利用改进的正余弦算法和改进的 Harris 鹰优化算法分别与机器学习相结合对美国的两类股票指数进行预测,同时考虑了 Google Trends 的影响,以及改进的粒子群算法与 AdaBoost 算法相结合优化广义径向基神经网络对上证指数进行预测。

　　本书的研究主题是群智能算法与机器学习的预测与分类,其中涉及了现代信号处理、神经网络和现代优化算法的一些基本内容。本书重点放在群智能算法与机器学习相结合的思想上和应用上,作者力求让读者既掌握群智能算法和机器学习的知识,又能让读者体会群智能算法与机器学习相结合能够解决实际问题的能力,使读者学有所得。

　　本书可作为本科生的教科书和参考用书,也可作为应用数学、信号处理、图像处理、优化算法、预测与分类等方向的研究生学习用书,还可供从事机器学习的科研工作者参考。

　　本书能得以完成和出版,得到了山西省自然科学基金(201801D121026)、山西省回国留学人员科研资助项目(2020-104)、国家自然科学基金(61774137)、山西省重点研发计划项目(201903D121156)和山西省研究生教育改革(指令性)研究课题(2020YJJG234)的大力支持,得到了国内外同行的帮助和鼓励,特别是我的同事白艳萍教授、谭秀辉讲师、程蓉讲师和续婷讲师提出宝贵的意见以及研究生卢金娜、薛红新、崔霞霞、高帅、张琳梅、李洋洋的帮助修改,在此表示感谢。由于时间仓促,书中难免有疏漏或不当之处,望读者朋友不吝指出。

胡红萍

2020 年 5 月

目 录

CONTENTS

第 1 章

绪　论

1.1　引言

1.2　群智能算法与机器学习

1.3　发展概述

1.4　本书的主要内容

1.1 引言

人类社会随着科学技术的进步与生产经营的发展,已经生活在一个充满着预测、分类和识别的世界中了。这些预测、分类和识别几乎遍布了人类生产和生活的各个领域,如环境[1]、医学[2]、土壤[3]、社会住房分配[4]、临床生物力学[5]、植物学[6]、股票市场[7]、模式识别[8]等,给人类社会生产和生活带来了极大的便利,提高了人类生产效率和生活质量。

本书主要是利用改进的群智能算法与机器学习进行预测、分类和识别研究的总结。

1.2 群智能算法与机器学习

1.2.1 群智能算法

1992 年 Holland 提出的遗传算法(Genetic Algorithm,GA)[9]模拟了达尔文的进化论"适者生存,不适者淘汰"和 1995 年提出的粒子群优化(Particle Swarm Optimization,PSO)[10]算法模拟了鸟类觅食的行为。GA 和 PSO 算法不断地进行改进并成功应用于多个方面,如复杂系统[11]、超塑性材料[12]、辐射探测器[13]、生物质热解反应动力学参数[14]、银行贷款决策[15]、易腐产品[16]、车辆路径问题[17]和混凝土拱桥[18]等。

自此,研究工作者不断地提出新的群智能算法,如差分进化算法(Differential Evolution Algorithm,DE)[19]、人工蜂群算法(Artificial Bee Colony Algorithm,ABCA)[20]、布谷鸟算法(Cuckoo Search Algorithm,CSA)[21]、烟花算法(Fireworks

Algorithm,FA)[22]、入侵杂草优化(Invasive Weed Optimization,IWO)[23]、蝙蝠算法(Bat-Inspired Algorithm,BA)[24]、人工树算法(Artificial Tree Algorithm,AT)[25]、岛蝙蝠算法(Island Bat Algorithm,IBA)[26]、飞鼠搜索算法(Squirrel Search Algorithm,SSA)[27]和Harris鹰优化算法(Harris Harks's Optimization,HHO)[28]。特别是澳大利亚的Seyedali Mirjalili自2014年以来,独自或与其他合作者提出了很多群智能算法:鲸优化算法(Whale Optimization Algorithm,WOA)[29]、蚁狮算法(Ant Lion Algorithm,ALO)[30]、蜻蜓算法(Dragonfly Algorithm,DA)[31]、灰狼算法(Grey Wolf Optimizer,GWO)[32]、飞蛾扑火优化算法(Moth-Flame Optimization Algorithm,MFO)[33]、多目标蚁狮算法(Multi-Objective Ant Lion Optimizer,MOALO)[34]、多宇宙优化器(Multi-Verse Optimizer,MVO)[35]、多目标灰狼优化器(Multi-objective Grey Wolf Optimizer,MOGWO)[36]、正余弦算法(Sine Cosine Algorithm,SCA)[37]等。这些算法为群智能算法的发展做出了很大的贡献,且应用于基准函数的极值寻优、工程问题、信号处理及其预测与分类中。

这些群智能算法的提出和改进以及多种群智能算法有机地结合在一起,能更好地解决实际问题,且应用于很多领域。例如,通过基于蚁群算法、粒子群优化算法和蜂群算法的端元提取和丰度反演方法实现高光谱图像混合像元分解[38],萤火虫算法和蝙蝠群智能算法实现了瑞雷波数据的反演[39],遗传算法和蚁群算法在物流配送路径规划方面的研究[40],粒子群优化算法在文本分类中的应用[41],改进的灰狼算法在社会网络中的应用[42]等。

1.2.2　机器学习

机器学习(Machine Learning)是一门涉及概率论、统计学、逼近论、凸分析、算法复杂度理论等多领域的交叉学科,专门研究计算机怎样模拟或实现人类的学习行为,以获取新的知识或技能,重新组织已有的知识结构使之不断改善自身的性能。

任何通过数据训练的学习算法的相关研究都属于机器学习,包括很多已经发展多年的技术,如线性回归(Linear Regression)[43]、主成分分析(Principal Component Analysis,PCA)[43]、K均值(K-Means)[44]、决策树(Decision Trees,DT)[44]、随机森林(Random Forest,RF)[44]、支持向量机(Support Vector Machine,SVM)[44]、人工神经网络(Artificial Neural Networks,ANN)[44-45]。

近年来,国内外有关机器学习的研究发展较快,由于集成学习可以有效地提高模型的推广能力,因此从20世纪90年代开始,对集成学习理论和算法的研究成为机器学习的一个热点。1997年,机器学习理论界的国际著名专家Dietterich[46]大胆预测了机器学习的研究方向:符号信息学习、统计学习、集成学习和强化学习,并将集成学习列为机器学习四大研究方向之首。到目前为止,集成学习仍然是机器学习中最热门的研究领域之一。Robert与Yoav Freund提出了非常有效的AdaBoost机器学习算法[47],该算法成功地应用于人脸识别,并将AdaBoost人脸识别算法做到数码相机所用的视频图像芯片之中。此外,基于统计学习理论的快速发展,学者们提出了一种称为支持向量机的学习算法,富有优良的识别性能,尤其是出色的泛化能力,因此人们对这一研究领域表现出了广泛的兴趣。此项技术目前已成为现今机器学习领域的研究热点,并成功地应用于解决很多实际问题。

目前,人工神经网络,如 BP 神经网络(BPNN)[7,48]、Kohonen 神经网络[49]、径向基(RBF)神经网络[50]、小波神经网络[51-52]和广义径向基函数(GRBF)神经网络[53],与生物、数学、信息融合技术、光学和其他理论结合在一起,在信号处理、模式识别、分析数据、预测和分类等方面取得了一定的成果。Tao Ji 等人[54]提出了一种基于骨料到膏体、最小膏体含量、修正 Tourfar 模型和人工神经网络的混凝土配合比设计算法。郭凌云[55]对正常乳腺超图像和病变乳腺超图像进行小波分解,再进行小波去噪处理和小波特征提取,利用人工神经网络对图像的特征参数进行统计分析,判断是否患乳腺癌。Zahedi 等人[56]应用 ANN 和主成分分析(Principle Componet Analysis,PCA)方法预测德黑兰证券交易所的股票价格。该方法能准确预测和识别股票价格的影响因素。Kumar Chandar 等人[57]利用离散小波变换将金融时间序列数据分解为 BPNN 的输入变量,对未来股价进行预测。1989 年,美国贝尔实验室的学者[58]教授等给出目前卷积神经网络(Convolutional Neural Network,CNN)最为流行的一种形式,推导出基于反向传播算法的高效的训练方法,成功应用于英语手写字体识别。近些年,伴随着深度学习的热潮,CNN 再次受到学术界和工业界的关注和推崇,并提出了多种 CNN[59-61]形式,广泛应用于关于语音识别和图像分类等问题。

1.2.3 机器学习与群智能优化算法的结合

迄今为止,已有大量的群智能算法被提出来解决各种实际问题,而人工神经网络初始化参数的任意性使得预测与分类具有一定的泛化性,目前已有很多群智能算法优化人工神经网络的这些参数以获得更高的准确率,降低预测误差。Qiu 等人[7]利用 GA 优化 ANN 模型获得最优的权值和偏差预测日本股市指数的走向。彭司华[62]将遗传算法和 LVQ 神经网络相结合进行高维空间的特征选择,对白血病和大肠癌基因芯片数据进行了分类,还将遗传算法和支持向量机技术结合,并采用滤波策略,用来进行高维空间的特征选择,对多类别癌症基因芯片表达谱数据进行了分类研究。本书的大部分内容就是我们将群智能算法与机器学习相结合应用于预测,分类与识别。

1.3 发展概述

本节围绕合成孔径雷达目标识别,MEMS 矢量水听器信号去噪和 DOA 估计,基于基因表达谱的癌症分类,传染病预测,机器人转向与地表水水质分类,空气质量指数预测与分类,股票指数预测进行讨论。

1.3.1　合成孔径雷达目标识别

雷达是一个有源系统,发射出的电磁波可以使我们观察到以前无法观察的地球表面特征[63]。作为一种有源系统,合成孔径雷达(synthetic aperture radar,SAR)是一种主动式的观测系统[64],主动发射能量而不依赖太阳光照,确保了全天时观察,而且云,雾和降水对微波影响都不大,保证了全天候成像,从而 SAR 系统就具备了连续观测运动现象的能力[65]和具有全天时,全天候的工作能力[66]。因此 SAR 已安装在卫星,舰船等多种平台上[67],已广泛应用于目标探测与追踪等方面[66]。

世界各国投入了大量的精力进行 SAR 目标识别问题的研究,其中美国处在领先地位,比较著名的 SAR ATR 系统包括陆军实验室的 SAR ATR 系统和美国 Sandia 国家实验室的 SAR ATR 系统等[68]。SAR ATR 系统是在雷达对目标进行检测和定位的基础上,根据目标和环境的雷达回波信号,提取目标特征,实现目标类别的判定。近年来,研究 SAR 图像的目标识别主要集中于基于美国运动和静止目标获取与识别(Moving and Stationary Target Acquisition and Recognition,MSTAR)的实测 SAR 地面静止目标数据[69]。国内对 SAR 的研究则相对较晚,不过现已在 SAR 图像的地物分割,分类和匹配以及舰船,道路识别等方面已经取得了一定的成果[69]。

SAR 图像的研究从算法实现的各个角度考虑,可以区分为有监督和无监督的算法,基于统计理论和神经网络的算法,分割和聚类的算法等[70]。目前已有研究 SAR 图像的方法有:基于模板匹配的 SAR 目标识别方法[69-72],基于模型的 SAR 图像目标识别方法[69,73,74],小波域非负矩阵分解特征提取方法[75],孪生卷积神经网络方法[76],迁移学习与深度卷积神经网络相结合的方法[77]和深度记忆卷积神经网络[78]等。特别是卷积神经网络作为深度学习的一种,能够直接将二维图像作为网络的输入,经卷积,池化等操作后可自动从原图中提取出低维抽象的特征[79],且权值共享等策略大大减少了权值数量,降低了网络训练的复杂程度[80]。

1.3.2　MEMS 矢量水听器信号去噪和 DOA 估计

近年来 MEMS 矢量水听器[81,82]因其优良的性能而被广泛使用于海洋,湖泊等水声环境中。但水声环境中的噪声复杂多变,MEMS 矢量水听器收集到的源信号带有噪声,因此,有必要实现水声信号的信噪分离。波达方向角(Direction Of Arrival,DOA)估计是阵列信号处理领域的研究热点之一,在雷达、声呐、导航、无线通信、语音处理和射电天文学等领域具有较为广泛的应用[83-85]。

目前已存在用来消除各种信号中的噪声和校正基线漂移的许多方法,例如有限脉冲响应[86],无限脉冲响应(Infinite Impulse Response,IIR)[87],自适应滤波器[88],小波变换方法[89],一般的硬阈值小波收缩方法[90],改进的小波阈值法[91],经验模态分解(Empirical Mode Decomposition,EMD)[92],集成经验模态分解(Ensemble Empirical Mode Decomposition,EEMD)[93],变分模态分解(Variational Mode

Decomposition，VMD)[94]等。

研究 DOA 估计的经典方法有多重信号分类(Multiple Signal Classification，Music)算法[95,96]，最大似然估计(Maximum likelyhood Estimation，ML)算法[95]和旋转不变子空间算法(Estimation of Signal Parameters via Rotational Invariance Technique，ESPRIT)[95,96]，这些算法以参数估计结果精确度高以及在低信噪比情况下的良好估计效果著称。随着计算机的发展和科学技术的进步，群智能算法与机器学习也应用于信号的 DOA 估计中，例如自组织神经网络[96]，BP 神经网络[97]，灰狼算法[97]，人工鱼群算法[98]，引力搜索算法[99]，果蝇算法优化广义回归神经网络[100]。

1.3.3　基于基因表达谱的癌症分类

1999 年首先提出基于基因表达谱的癌症分类是急性髓系白血病和急性淋巴细胞白血病的分类，这与以前的生物学知识分类完全不同[101]。自此以后，基于基因表达的癌症分类越来越引起研究人员的注意[102-104]，成为研究热点问题之一。目前已经在癌症分类中采用了很多方法，如 SVM[105-107]、独立因子分析[108]、间隔值分类[109]、基于粒子群优化的改进的间隔值分类[110]和 k 最近邻域[111]、遗传算法[112]、决策树[112]、人工神经网络(Artificial Neural Network，ANN)[113]等分类方法被广泛用于基因表达谱数据的分类。Furey 等[114]分别以卵巢癌、结肠癌和白血病为研究对象，通过计算信噪比提取特征基因，运用 SVM 的方法分析基因表达谱数据，建立肿瘤预测模型。

1.3.4　传染病预测

准确监测和跟踪传染病有助于减少传染病的传播并将其风险降到最低，帮助卫生官员制定预防措施，并促进诊所和医院管理人员获得最佳人员配置和储备决策，有助于卫生官员制定预防措施和协助诊所医院管理人员[115]。

准确地实时监测、早期检测和预测传染病，已经存在很多方法，如基于互联网搜索的谷歌流感趋势(Google Flu Trends，GFT)预测方法[116]，自回归综合移动平均(Autoregressive Integrated Moving Average，ARIMA)模型预测 H1N1 流感[117]，采用集成神经网络即组合自适应提升框架 AdaBoost(Adaptive Boosting)和回声状态网络(Echo State Network)预测艾滋病[118]。文献[119]总结了传染病预测的各种方法，如人工神经网络及其变形、贝叶斯网络、图及其变形、决策树等。文献[120]探讨了利用人工智能方法分析大量传染病数据，有效地检测这些传染病。

1.3.5　机器人移动转向与地表水水质分类

机器人协助或取代人类的工作，广泛应用于医学、军事、工业和人类的日常生活等多个领域，特别是移动机器人因为具有非常强的实用性而被广泛研究[121]。例如：文献[122]利用模糊 Elman 网络算法建立了移动机器人路径规划模型实现最优的路径规划；文献[123]对多蚁群优化算法、融合蚁群算法在移动机器人路径规划方面的应用进行了分类比较与分析；文献[124]提出了一种预测越野移动机器人单轮打滑的新方法。

地表水的质量对人类的生活和身体健康状况都有着非常重要的影响。随着时代和社会的进步，人们对于地表水的质量研究的关注度正在逐渐增加，例如：文献[125]建立了小型水质遥感影像样本数据库，利用卷积神经网络模型实现对运河水质的快速分类；文献[126]采取聚类算法对目标值进行分类，通过计算各个数据点到聚类中心的距离来判别每个水样的类别；文献[127]利用图像分割方法，求取鱼体的质心坐标，通过鱼体的运动轨迹图像，制作正常与异常水质下两种轨迹图像数据集，建立卷积神经网络对 Inception-v3 网络提取的特征进行分类。

1.3.6　空气质量指数的预测与分类

随着人们生活水平的提高以及能源的大量消耗和污染物排放，人们生活的环境遭到了很大的破坏，特别是空气污染造成的雾霾天气，严重影响着人们的日常生活和身心健康。因此，空气质量预测与分类对指导人们生活和工作具有极其重要的意义[128]。

很多研究人员致力于空气质量的预测与分类，并取得了很好的成绩。目前已存在很多空气质量指数（Air Quality Index，AQI）预测与分类的方法，如随机森林算法[129]，小波 Mallat 算法和 BP 神经网络[130]，社区划分的非线性回归[131]，以互补集合经验模态分解（Complementary Ensemble Empirical Mode Decomposition，CEEMD）为基础的 CEEMD-Elman 模型[132]，递归神经网络[133]，改进的指数递减惯性权重-粒子群优化算法去优化径向基函数神经网络[50]，时变惯性权重策略的 PSO 与重力搜索算法（GSA）相结合的混合算法 TVIW-PSO-GSA[135] 以及粒子群优化极限学习机[135]。

1.3.7　股票指数预测

股票市场存在于我们的生活中，影响着人们的日常生活。预测股票指数的方法包括人工神经网络[7-56,57,136-148]、SVM[146,149-150]、自回归综合移动平均（ARIMA）模型[137,150]、自适应指数平滑模型[136]、期望理论[151]和多元回归模型[152-153]等。

目前，群智能算法的提出及其应用广泛，使得机器学习与之相结合构建新的模型预测股票趋势或股票价格。例如：Qiu 等人[7]利用 GA 优化 ANN 模型获得最优的权值和偏差预测日本股市指数的走向；Chong 等人[154]最近对深度学习网络在股市预测中的应用进行了系统分析，并使用深度学习网络对韩国 KOSPI38 股票收益率进行了预测；Salim Lahmiri[155]利用奇异谱分析将股票价格时间序列分解为少量独立分量作为预测因子，并结合 PSO 对支持向量回归机（Support Vector Regression，SVR）参数进行优化预测。

1.3.8 预测性能指标

评价模型预测性能的 5 种指标为均方误差(Mean Square Error,MSE)、平均绝对误差(Mean Absolute Error,MAE)、根均方误差(Root Mean Square Error,RMSE)、平均绝对百分比误差(Mean Absolute Percentage Error,MAPE)和决定系数 R^2,具体定义如下:

$$\text{MSE} = \frac{1}{Q} \sum_{s=1}^{Q} (y_s - t_s)^2 \tag{1-1}$$

$$\text{MAE} = \frac{1}{Q} \sum_{s=1}^{Q} |y_s - t_s| \tag{1-2}$$

$$\text{RMSE} = \frac{1}{Q} \sqrt{\sum_{s=1}^{Q} (y_s - t_s)^2} \tag{1-3}$$

$$\text{MAPE} = \frac{1}{Q} \sum_{s=1}^{Q} \left| \frac{y_s - t_s}{t_s} \right| \times 100\% \tag{1-4}$$

$$R^2 = \frac{\left(Q \sum_{s=1}^{Q} y_s t_s - \sum_{s=1}^{Q} y_s \sum_{s=1}^{Q} t_s \right)^2}{\left(Q \sum_{s=1}^{Q} t_s^2 - \left(\sum_{s=1}^{Q} t_s \right)^2 \right) \left(Q \sum_{s=1}^{Q} y_s^2 - \left(\sum_{s=1}^{Q} y_s \right)^2 \right)} \tag{1-5}$$

式中: y_s 和 t_s 分别为第 s 个样本的预测值和目标值($s=1,2,\cdots,Q$), Q 是样本数。

1.4 本书的主要内容

本书主要总结了作者在近几年关于群智能算法与机器学习的研究成果,其主要内容为:

第 1 章介绍了群智能算法与机器学习在预测与分类识别方面的研究状态与进展,给出了预测模型的评价指标。

第 2 章将卷积神经网络分别与随机森林和决策树相结合建立了混合模型 CNN-RF 和 CNN-PCA-DT 实现 SAR 目标识别,利用基准函数极值寻优验证提出的改进 Harris 鹰优化算法(IHHO)的有效性,并将 IHHO 优化支持向量机实现 SAR 目标识别。

第 3 章将变分模态分解、遗传算法分别与小波阈值处理相结合实现 MEMS 矢量水听器的去噪,利用基准函数极值寻优验证提出的改进飞鼠搜索算法(ISSA)的有效性,并将 ISSA 优化支持向量机的参数实现 DOA 估计。

第 4 章利用人工神经网络对结肠癌和子宫内膜癌进行分类识别以及改进的灰狼算法优化 Elman 神经网络的参数实现子宫内膜癌的分类识别。

第 5 章利用改进的人工蜂群算法优化 BP 神经网络对中国手足口病发病人数进

行预测；利用基准函数极值寻优验证提出的改进蚁狮算法(IALO)的有效性，并利用 IALO 优化 BP 神经网络对中国流感进行预测；改进的人工树算法、改进的遗传算法和改进的多元分类器分别优化神经网络预测美国流感样疾病。

第 6 章将改进的粒子群算法与重力搜索算法相结合优化 BP 神经网络实现地表水水质分类和移动机器人的转向分类识别；利用主成分分析法对数据进行降维，利用改进的粒子群优化算法优化支持向量机实现移动机器人的转向分类。

第 7 章分别利用 ISSA 算法、指数递减的惯性权重的粒子群算法、改进的鲸优化算法、时变惯性权重的粒子群算法与重力搜索算法相结合的算法、改进的思维进化算法、飞蛾扑火算法优化机器学习对空气质量指数进行预测或等级分类。

第 8 章将改进的正余弦算法与 BP 神经网络相结合和 IHHO 算法与极限学习机相结合，对美国的两类股票指数进行预测，同时考虑了 Google Trends 的影响；指数递减的惯性权重的粒子群优化算法与 AdaBoost 算法相结合的混合算法优化广义径向基神经网络对上证综合指数进行预测。

第 2 章

基于机器学习的合成孔径雷达目标识别

2.1 引言

在具有全天时、全天候和远距离探测等优势的雷达中,合成孔径雷达(SAR)技术逐渐成熟,为自动目标识别(Automatic Target Recognition,ATR)技术的发展提供了强有力的技术支持。SAR 图像预处理是在尽可能保留图像原始信息的前提下,完成图像滤波、减少噪声等操作[156],特征提取是从图像中提取出具有鉴别性的特征,分类器是完成对未知目标的身份识别操作。但是,SAR 成像的特点决定了 SAR 图像几何失真较大且含有大量被称为相干斑的乘性噪声[157],这使得传统的图像处理技术已经难以满足海量雷达数据的分类精度要求。

MSTAR 数据集是由美国国防高级研究计划局(DARPA)和美国空军研究实验室(AFRL)合作资助研究并公开的数据集。本章在 MSTAR 数据库的基础上讨论了基于卷积神经网络(CNN)的 SAR 目标识别以及基于群智能算法与 SVM 的 SAR 目标识别。

2.2 基于 CNN 的合成孔径雷达目标识别

CNN 可以直接对二维图像进行处理[80],能够高效地从大量数据中学习到优于人工提取的特征,并且随着训练样本的增加,提取出的特征更加有利于目标的分类识别[158]。目前,常用的分类器有决策树(DT)[159]、支持向量机(SVM)[160]、随机森林(RF)[161]、贝叶斯分类器[162]等。但现有的 MSTAR 数据库中的数据较少,很多研究人员对原有数据进行扩充[163],再进行 SAR 图像的特征提取和目标识别。本节将CNN 分别与随机森林、决策树结合对 SAR 进行目标识别。

2.2.1 基本 CNN

本节所采用的 CNN 结构,输入的图像就是本节要研究的 SAR 图像,如图 2-1 所示。图 2-1 包括输入、两层卷积层、两层池化层、全连接层和输出层。输出层采用 Softmax 分类器,池化层采用平均池化。

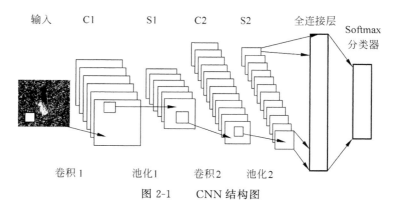

图 2-1   CNN 结构图

1. 卷积层

卷积层主要是用来提取图像的特征,由多个可学习的滤波器(即卷积核)组成。在卷积操作中,卷积核在原始图像中以一定的步长卷积整个图像,卷积核与原图像的连接权值不同,会得到代表不同特征的特征图。

2. 池化层(下采样层)

池化层是连接在卷积层后的结构,主要功能是将高维特征提取成低维的抽象特征,常用的滤波器大小有 3×3,2×2,步长为 2,不宜使用尺寸更大的滤波器,这样会丢失掉更多的图像信息。

一般来说,有平均池化和最大池化两种形式。最大池化是在输入图像的不同 $n \times n$ 的块的所有像素中选出最大值;平均池化是对不同的 $n \times n$ 的像素块计算平均值,两种操作均将输出图像在两个维度上缩小为原来的 $1/n$。同时,池化层的特征图个数永远与其前面相连接的卷积层特征图数一致。

3. 全连接层

输入的图像数据经卷积、池化操作后,将得到的二维特征模式拉成一个向量,与输出层以全连接方式相连。

4. 输出层

输出层的主要功能是分类,将全连接层的特征向量作为输出层的输入,对其进行分类识别,输出层的输出节点数与要分类的类别数相同。常用的分类器有 Softmax 分类器、SVM 分类器、决策树分类器等。

2.2.2 数据集

本节所选取的数据集是 MSTAR 公开数据集。MSTAR 数据集是美国国防高级研究计划局和美国空军研究实验室提供的实测 SAR 地面静止军用目标数据集,由 X 波段 SAR 传感器采集,采用用于水平发送和水平接收(HH)极化方式,0.3m× 0.3m 高分辨率聚束式成像模式。

MSTAR 数据集包括 10 类军事目标,每类目标包含 0°～360°不同方位角的大量图片,目标有自行榴弹炮(2S1)、装甲车(BMP2、BRDM2、BTR60、BTR70)、坦克(T62、T72)、推土机(D7)、军用卡车(ZIL131)、自行火炮(ZSU234)。图 2-2 展示了这些目标的光学图像和相应的 SAR 图像。

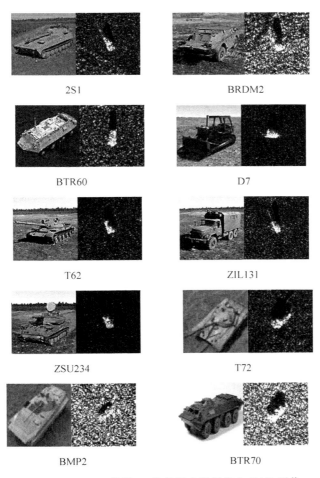

图 2-2 MSTAR 数据 10 类目标光学图像和 SAR 图像

本节选取 D7（推土机）、ZIL131（军用卡车）和 ZSU234（自行火炮）三类军事 SAR 图像进行 SAR 目标识别，以 17°俯仰角下的 SAR 图像为训练样本，以 15°俯仰角下的 SAR 图像为测试样本。这三类军事 MSTAR 原始数据信息如表 2-1 所列。

表 2-1　MSTAR 原始数据

目标种类	训练集		测试集		图大小
	角度	样本数	角度	样本数	
D7	17°	299	15°	274	178×178
ZIL131	17°	299	15°	274	192×193
ZSU234	17°	299	15°	274	157×158

2.2.3　数据预处理

对于 CNN，当训练样本足够多时，CNN 才可以提取到有代表性的特征，同时防止过拟合。因此，在 SAR 目标识别之前，需要对数据进行扩充，采用加噪、平移、旋转、镜像[65]等方式来增加数据集，以得到足够多的训练样本，更加接近于真实情况。对原始样本采用加噪、平移、旋转、镜像等方法扩充后，训练样本扩充为原来的 36 倍。最终的训练样本有 32400 个，测试样本有 5400 个。因为 SAR 图像数据本身包含很大的乘性斑点噪声和背景杂波，给目标识别过程增加了难度，所以需要对训练数据进行一定的预处理。由于目标均处在 SAR 图像中间区域，在 SAR 目标识别之前，截取中间部分大小为 64×64，对截取后的图像采取中值滤波进行滤波去噪，并归一化到 [0,1] 区间。图 2-3 是以 ZIL131 图像为例进行数据扩充。

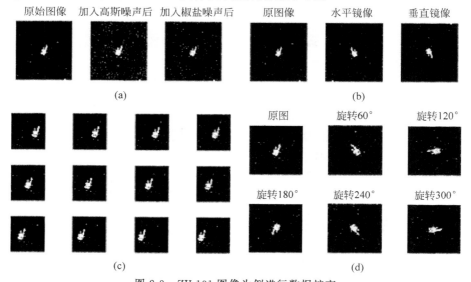

图 2-3　ZIL131 图像为例进行数据扩充

（a）加入高斯噪声、椒盐噪声；（b）镜像；（c）平移；（d）旋转（逆时针旋转，间隔为 60°）

2.2.4　基于 CNN 与 RF 的合成孔径雷达目标识别

传统的 CNN 分类时,一般采用 Softmax 分类器,但达到的效果并不理想。本节首先对 MSTAR 数据库进行数据扩充,在采用卷积神经网络对 SAR 图像提取特征向量,通过用 RF 分类器[164]取代 CNN 的 Softmax 分类器进行分类。实验结果表明,CNN 与 RF 分类器相结合在 SAR 图像识别分类中效果要比传统 CNN、CNN 与 SVM 相结合[165]的分类效果好。

1. RF 概述[164]

RF 算法是 Breimans 的"Bootstrap aggregating"思想和 Ho 的"random subspace"方法,实质上是包含多个决策树的分类器。在 RF 算法中决策树之间是没有关联的,当测试数据进入 RF 时,其实就是让每一棵决策树进行分类,最后取所有决策树中分类结果最多的那类为最终的结果[164]。

设 M 是样本的属性个数,整数 m 满足条件: $m \in \mathbf{Z}^+$ 且 $m < M$。随机森林算法的具体步骤如下:

步骤 1　基于 Bootstrap 方法重采样,随机产生 T 个训练集 $S_1, S_2, \cdots, S_T$。

步骤 2　每个训练集生成对应的决策树 $C_1, C_2, \cdots, C_T$,在每个内部节点上选择属性前,从 M 个属性中随机抽取 m 个属性作为当前节点的分裂属性集,并以这 m 个属性中最好的分裂方式对该节点进行分裂(一般而言,在整个森林的生长过程中, m 的值维持不变)。

步骤 3　每棵决策树都完整成长,不进行剪枝。

步骤 4　对于测试集样本 X,利用每棵决策树进行测试,得到对应的类别 C_1, $C_2, \cdots, C_T$。

步骤 5　采用投票的方法,将 T 棵决策树中输出最多的类别作为测试集样本 X 所属的类别。

2. CNN-RF 算法

RF 实质上是一个由很多决策树构成的分类器模型。当测试数据输入 RF 时,每棵决策树对其进行分类,最后取所有决策树中分类结果最多的那类为最终的结果。RF 具有对参数不敏感、不易发生过拟合、训练速度快的优点,比较适合处理多分类问题。

本节在传统 CNN 的基础上经过两层卷积、两层池化操作后,提取出图像的特征向量,如图 2-1 所示,并将 CNN 中的 Softmax 分类器替换为 RF 分类器,将提取出的特征输入到 RF 分类器中进行分类识别,进而得出结果。这样就将 CNN 与 RF 分类器结合在一起,得到 CNN-RF 算法。CNN-RF 算法的流程图如图 2-4 所示。

CNN-RF 算法的具体步骤如下:

步骤 1　对批量读入的训练数据及测试数据截取相同尺寸大小,经去噪并归一

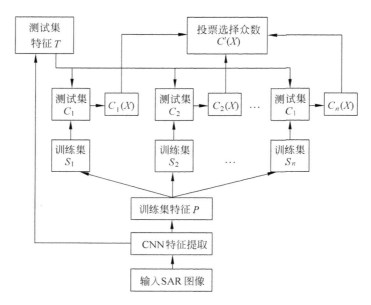

图 2-4   CNN-RF 算法流程图

化到特定区间,得到批量的训练数据及测试数据,并输入 CNN。

步骤 2   用一定大小的卷积核以固定步长卷积整个图像,得到卷积层 C1。

步骤 3   将卷积层 C1 得到的图像下采样生成池化层 S1。

步骤 4   重复步骤 2 和步骤 3 得到卷积层 C2,池化层 S2。

步骤 5   把池化层 S2 得到的二维数据伸展为一维数据,得到训练及测试样本的特征向量。

步骤 6   将步骤 5 得到的特征向量作为 RF 分类器的训练集 P 和测试集 T。

步骤 7   利用 Bootstrap 方法重采样,在训练集 T 中随机产生 n 个训练集 S_1, $S_2, \cdots, S_n$。

步骤 8   利用每个训练集,生成对应的决策树 $C_1, C_2, \cdots, C_n$,在每个内部节点上选择属性前,从 M 个属性中随机抽取 $0 < m < M$ 个属性作为当前节点的分裂属性集,并以这 m 个属性集中最好的分裂方式对该节点进行分裂。

步骤 9   对于测试样本集,用每棵决策树进行测试,得到对应的类别 $C_1(X)$, $C_2(X), \cdots, C_n(X)$。

步骤 10   采用投票方法,将 n 棵决策树中输出最多的类别作为测试样本集 X 所属的类别。

3. 基于 CNN-RF 算法的 SAR 目标识别的整体框架

将原始数据进行扩充后,得到带有标签的 SAR 图像的训练集、测试集。基于 CNN-RF 算法的 SAR 目标识别的整体框架如图 2-5 所示。

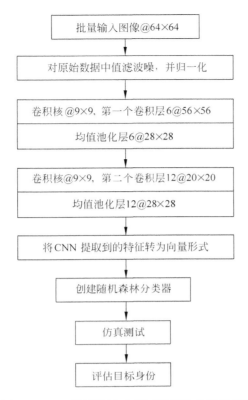

图 2-5 SAR 目标识别 CNN-RF 算法的整体框架

4. 基于 CNN-RF 算法的 SAR 目标识别的整体框架

本节通过 CNN 来学习 SAR 图像的特征,采用的训练参数为:批训练块设为 10,学习率 0.1,两层卷积核大小均取为 9×9,第一层卷积核数目为 6,第二层卷积核数目为 12。经卷积、池化操作后,可以提取出训练集与测试集特征向量,训练特征向量的大小为 1200×32400,测试特征向量的大小为 1200×5400。

利用传统的 CNN 算法、CNN-SVM 算法(将传统 CNN 中的 Softmax 分类器替换为 SVM 分类器)和本节提出的 CNN-RF 算法实现 SAR 目标识别,得到的平均分类准确率如表 2-2 所列。

表 2-2 三种实验的平均分类准确率

算 法	训练样本数	测试样本数	分类准确率/%
CNN	32400	5400	96.33
CNN-SVM	32400	5400	98.33
CNN-RF	32400	5400	99.33

由表 2-2 可知,传统 CNN 算法的 SAR 目标识别的准确率为 96.33%;CNN-SVM 算法的 SAR 目标识别的分类准确率为 98.33%,比传统 CNN 算法的分类准确率高出 2%;CNN-RF 算法得到 SAR 目标识别的分类准确率为 99.33%,比传统 CNN 算法的分类准确率高出 3%,且高于 CNN-SVM 算法的分类准确率,由此充分证明了本节所提出 CNN-RF 算法的有效性。

5. 结论

本节在传统的 CNN 神经网络的基础上通过卷积层和池化层提取 SAR 图像的特征,作为全连接层的输入,并将 CNN 中的 Softmax 分类器替换为 RF 分类器,得到了 CNN-RF 算法。通过与 CNN、CNN-SVM 算法的比较,基于 CNN-RF 算法的 SAR 目标识别的准确率高达 99.33%,说明了 CNN-RF 算法在 SAR 目标识别中是有效的。虽然本书提出的算法,在 SAR 图像的识别方面取得了不错的效果,但是卷积神经网络和随机森林分类器仍存在操作时间过长等问题,针对此问题,还可以提出其他的特征提取及分类等改进方法。

2.2.5　基于 CNN-PCA-DT 算法的 SAR 目标识别

主成分分析法(PCA)可以将高维数据投影至低维平面上,以达到降维的效果[166],因此本节在数据扩充的基础上先将 CNN 提取出的图像特征保存下来,然后将高维特征向量通过 PCA 降至低维,再将降维后的特征输入决策树(DT)分类器进行分类。实验结果表明,CNN、PCA 和 DT 相结合的模型适合于 SAR 目标识别。

1. DT 分类器概述[164]

DT 分类器[164]是由根节点、内部节点、叶子节点三个基本组成部分构成的,其中每个叶子节点代表一个类别。DT 分类器采用自顶向下的递归方式,从树的根节点开始,在它的内部节点上进行属性值的测试比较,然后按照给定实例的属性值确定对应的分支,最后在决策树的叶子节点得到分类结果。这个过程在以新的节点为根的子树上重复。到目前为止,DT 生成算法最有影响力的 DT 学习算法是 ID3(Iterative Dichotomic version 3)算法和 C4.5 算法,而 C4.5 算法是在 ID3 的基础上进行的改进。本节在 SAR 目标识别中采用的是 DT 的 C4.5 算法。

C4.5 算法利用 Quinlan 在 1987 年提出的悲观剪枝法处理拟合问题,基本思路是:若使用叶子节点代替原来的子树,误差率能够下降,则用该叶子节点代替原来的子树。C4.5 算法就是使用训练集生成决策树,并用训练集进行剪枝,不需要独立的剪枝集。

设目标属性具有 c 个不同的值,集合 S 相对于 c 个状态的分类的熵(entropy)定义为

$$\text{Entropy}(S) = \sum_{i=1}^{c}(-p_i \log_2 p_i) \tag{2-1}$$

式中：p_i 为子集合中第 i 个属性值的样本数所占的比例。熵刻画了任意样例集的纯度(purity)。

由式(2-1)得到：若集合 S 中的所有样本均属于同一类，则 $\text{Entropy}(S) = 0$；若两个类别的样本数不相等，则 $\text{Entropy}(S) \in (0,1)$。若集合 S 为布尔型集合，即集合 S 中的所有样本属于两个不同的类别，则当两个类别的样本数相等时，$\text{Entropy}(S) = 1$。

定义信息增益为

$$\text{Gain}(S,A) = \text{Entropy}(S) = \sum_{v \in V(A)} \frac{|S_v|}{|S|} \text{Entropy}(S_v) \tag{2-2}$$

式中：$V(A)$ 为属性 A 的值域；S_v 为集合 S 中属性 A 上值等于 v 的子集。

信息增益率定义为

$$\text{Gain Ratio}(S,A) = \frac{\text{Gain}(S,A)}{\text{Split Information}(S,A)} \tag{2-3}$$

式中：$\text{Split Information}(S,A)$ 为分裂信息量，定义为

$$\text{Split Information}(S,A) = \sum_{i=1}^{c} \frac{|S_i|}{|S|} \log_2 \frac{|S_i|}{|S|} \tag{2-4}$$

设 Examples 为训练样本集合，Attribute List 为候选属性集合。C4.5 算法的基本步骤如下：

步骤 1　建立决策树的根节点 N。

步骤 2　若所有样本均属于同一类别 C，则返回 N 作为一个叶子节点，并标志为 C 类别。

步骤 3　若 Attribute List 为空，则返回作为一个叶子节点，并标志为该节点所含样本中类别最多的类别。

步骤 4　计算 Attribute List 中各个候选属性的信息增益率，选择最大的信息增益率对应的属性 Atribute *，标记为根节点 N。

步骤 5　根据属性 Atribute * 值域中的每个值 V_i，从根节点 N 产生相应的一个分支，并记 S_i 为 Examples 集合中满足 Atribute * $=V_i$ 条件的样本子集合。

步骤 6　若 S_i 为空，则将相应的叶子节点标志为 Examples 样本集合中类别最多的类别；否则，将属性 Atribute * 从 Attribute List 中删除，返回步骤 1，递归创建子树。

2. CNN-PCA-DT 算法

本节在传统 CNN(激活函数是 Sigmoid 激活函数)的基础上经过两个卷积层和两个池化层提取出图像的特征向量，大样本的数据无疑会为训练提供丰富的信息，但也在一定程度上增加了数据处理的工作量，并且提取出的图像特征向量中，变量之间存在大量的冗余，从而增加了问题分析的复杂性，进而可以利用 PCA，通过投影的方式，将这些特征向量降维至低维平面上，提取出向量的主要特征，极大程度上保留数据特征的同时降低了图像相邻像素之间的相关性，从而达到对所收集数据进行全面

分析的目的。最后,将 CNN 中的 Softmax 分类器替换为 DT 分类器,就得到了 CNN-PCA-DT 算法。

CNN-PCA-DT 算法的具体步骤如下:

步骤 1   对批量读入的图像数据截取相同尺寸大小,经去噪并归一化到特定区间,输入卷积网络。

步骤 2   用一定大小的卷积核,步长为 1,卷积整个图像,得到卷积层 C1。

步骤 3   采用平均池化,滤波器大小为 2×2,步长为 2,将卷积层 C1 得到的图片下采样生成池化层 S1。

步骤 4   重复步骤 2、步骤 3 得到卷积层 C2、池化层 S2。

步骤 5   把池化后的二维数据伸展为一维数据,再采用 PCA 对其降维,选取的主成分保留对原始变量 90% 的解释程度,得到全连接层。

步骤 6   将全连接层的特征向量传给决策树,根据上述介绍的 C4.5 决策树生成算法,利用 Matlab 自带的统计工具箱函数 ClassificationTree.fit,即可基于训练集的特征向量创建一个决策树分类器,由决策树训练模型并分类识别测试数据,最后得到分类结果。

3. CNN-PCA-DT 中参数的确定

CNN-PCA-DT 算法实现 SAR 目标识别,是通过如下方式确定参数:批训练块的大小、学习率、卷积核的大小及卷积核的数量。

1)批训练块的大小

设学习率为 0.1,C1 的卷积核数为 5,卷积核大小为 5×5,C2 的卷积核数为 10,大小为 5×5。块大小分别取 10,20,30,40,50,SAR 的目标识别准确率如表 2-3 所列。由表 2-3 看出,随着分块的变大,准确率呈下降趋势。因此,本节对批训练块的大小取 10。

表 2-3   不同分块大小取得的准确率

块大小	10	20	30	40	50
准确率/%	95.31	86.33	79.29	75.22	73.67

2)学习率

批训练块大小设为 10,卷积层 C1 的卷积核数为 5,卷积核大小为 5×5,C2 的卷积核数为 10,大小为 5×5。学习率分别取 0.01,0.1,1,SAR 的目标识别准确率如表 2-4 所列。由表 2-4 看出,学习率不同,准确率相差较大,当学习率为 0.1 时,取得的准确率最大为 92.33%。在 CNN-PCA-DT 算法中,学习率大小取 0.1。

表 2-4   不同学习率取得的准确率

学习率	0.01	0.1	1
准确率/%	85.83	92.33	33.33

3）卷积核大小

批训练块大小设为 10,学习率为 0.1,C1 的卷积核数为 5,C2 的卷积核数为 10。卷积核分别取 $5\times5,7\times7,9\times9,11\times11$。SAR 的目标识别准确率如表 2-5 所列。由表 2-5 看出,两层卷积核大小不同,取得的准确率也不尽相同,当两层的卷积核大小均为 9×9 时,取得的准确率最大,为 95.78%。在 CNN-PCA-DT 中,C1 与 C2 的卷积核大小均取为 9×9。

表 2-5　卷积核大小不同时取得的准确率

第一层	5×5	7×7	9×9	11×11
第二层	5×5	7×7	9×9	11×11
准确率/%	86.72	93.63	95.78	94.33

4）卷积核数量

批训练块大小设为 10,学习率为 0.1,两层卷积核大小均取为 9×9。C1 的卷积核数分别为 5,6 和 12,C2 的卷积核数量分别为 10,12 和 12,SAR 的目标识别准确率如表 2-6 所列。由表 2-6 可以看出,当 C1 的卷积核数为 6,C2 的卷积核数为 12 时,取得的准确率最大为 96.33%。

表 2-6　卷积核数量不同时取得的准确率

第一层	5	6	12
第二层	10	12	12
准确率/%	89.67	93.33	96.29

4. 基于 CNN-PCA-DT 算法的 SAR 目标识别的整体框架

将原始数据通过平移、旋转等操作对数据进行扩充后,得到带有标签的 SAR 图像的训练集、测试集。基于 CNN-PCA-DT 算法 SAR 目标识别的整体框架如图 2-6 所示。

5. 实验结果与分析

通过上述方法确定的 CNN 的训练参数:批训练块设为 10,学习率 0.1,两层卷积核大小均取为 9×9,C1 的卷积核数为 6,C2 的卷积核数为 12。经卷积、池化操作后,提取出训练集与测试集的特征向量,训练特征的大小为 1200×32400,测试特征的大小为 1200×5400。

利用传统的 CNN 算法、CNN-DT 算法(将传统 CNN 中的 Softmax 分类器替换为 DT 分类器)和本节提出的 CNN-PCA-DT 算法实现 SAR 目标识别,得到的平均分类准确率如表 2-7 所列。由表 2-7 可以知道,传统的 CNN 的 SAR 目标识别的准确率为 96.33%;CNN-DT 得到 SAR 目标识别的分类准确率为 94.27%,相比 CNN 的分类准确率略低;由于采用 PCA 方法将特征向量降至低维,随后用决策树分类,

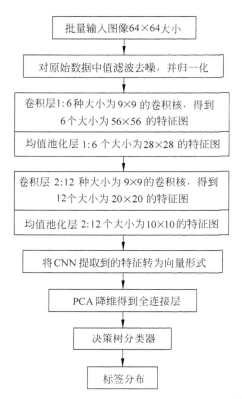

图 2-6　基于 CNN-PCA-DT 算法 SAR 目标识别的整体框架

最终得到一个 12 层的决策树,CNN-PCA-DT 算法的 SAR 目标识别的分类准确率为 99.60%,相比于传统的 CNN 准确率要高出 3.27%,比 CNN-DT 的分类准确率高出 5.33%。由此充分证明了 CNN-PCA-DT 改进算法的有效性。

表 2-7　三种实验的平均分类准确率

算　法	训练样本数	测试样本数	分类准确率/%
CNN	32000	5400	96.33
CNN-DT	32000	5400	94.27
CNN-PCA-DT	32000	5400	99.60

　　为了进一步说明本节所提算法的有效性,将本节的识别结果与相关文献的识别分类准确率进行对比,如表 2-8 所列。

表 2-8　本节实验与相关文献方法对比

算　法	CNN	CNN-PCA-DT	文献[167]	文献[65]	文献[168]
分类准确率/%	96.33	99.60	90.37	94.51	99.40

在表 2-8 中,文献[167]采用改进的 CNN 具有 3 个卷积层、3 个池化层,卷积核的大小都是 5×5,识别准确率达 90.37%;文献[65]采用了多种数据扩充方法扩充样本数量,提取图像丰富的特征,最终得到的识别准确率为 94.51%;文献[168]是将 CNN 与 SVM 两者相结合,达到了 99.40% 的识别精度。通过对比,可得本书所提出的 CNN-PCA-DT 算法更为有效。

6. 结论

本节在传统的 CNN 的基础上通过卷积层和池化层提取 SAR 图像的特征,利用 PCA 进行降维,得到低维的主要特征,作为全连接层的输入,并将 CNN 中的 Softmax 分类器替换为 DT 分类器,得到了 CNN-PCA-DT 算法。通过与 CNN、CNN-DT 算法比较,实验结果表明,CNN-PCA-DT 算法使得 SAR 目标识别的准确率高达 99.60%。另外,将本书所得结果与相关文献进行对比,证明了 CNN-PCA-DT 算法在 SAR 目标识别中是有效的。

2.3　基于 Harris 鹰优化算法与支持向量机的 SAR 目标识别

本节利用粒子群优化(PSO)算法的速度和位置更新方式与人工树(AT)算法的交叉算子,对 2019 年提出的 Harris 鹰优化算法(HHO)[28]进行了改进,得到改进的 Harris 鹰优化算法,记为 IHHO。首先利用 23 个基准函数对 IHHO 算法进行测试,结果表明 IHHO 优于比较算法:蚁狮优化器(ALO)[30]、蜻蜓算法(DA)[31]、差分进化算法(DE)[19]、遗传算法(GA)[9]、灰狼优化(GWO)算法[32]、飞蛾扑火优化(MFO)算法[33]、正余弦算法(SCA)[37]、鲸优化算法(WOA)[29]、PSO[10]、AT[25] 和 HHO[28],且具有很强的竞争力。进而将 IHHO 与支持向量机(SVM)结合起来建立了分类模型 IHHO-SVM 实现 SAR 目标识别。

2.3.1　基本算法

1. Harris 鹰优化算法[28]

2019 年提出的 Harris 鹰优化算法(HHO)[28]是一种新的基于种群的、自然启发的、无梯度的优化算法。与其他群智能算法相似,受 Harris 鹰的捕食、突袭和不同攻击策略的启发,HHO 算法也有探索和开发阶段。图 2-7 详细显示了 HHO 算法的探索阶段(exploration)和开发阶段(exploitation)。

生活在美国亚利桑那州南部[169]的群居猛禽 Harris 鹰,其特殊之处是它与其他家庭成员生活在一起,且它们之间具有独特的合作觅食活动,表现在追踪、包围、攻击并捕获猎物的团队协作能力方面。据 1998 年 Bednarz 报道,Harris 鹰在晨曦进行合作捕猎,其余时间栖息在群居地的大树或电线杆上。Harris 鹰进行捕猎时,逐个地进行短途飞行降落在较高的栖息树上,通过这种方式,鹰偶尔会在目标位置上进行

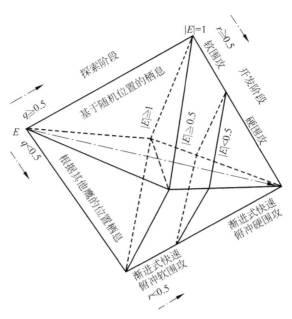

图 2-7　HHO 的不同阶段

"蛙跳"动作,它们会重新聚合在一起并分裂几次,积极寻找躲藏的猎物,通常是兔子。

　　Harris 鹰捕捉猎物的主要策略是"突然袭击",俗称"七杀"策略。在这种智能策略中,几只鹰从不同方向协同攻击,同时飞向正在逃逸的兔子。Harris 鹰几秒钟内就能迅速捕捉到猎物,但猎物有逃跑的能力和行为,而"七杀"策略就是 Harris 鹰要在猎物附近进行多次短距离、快速的俯冲。Harris 鹰根据环境的动态特性和猎物的逃逸方式进行各种追逐方式。当最优的鹰(领袖)俯冲向猎物而迷失方向时,就会出现一种转换策略,而这种追逐将由其他家族成员继续进行。这些合作策略的主要优点是,在 Harris 鹰的这种追逐下,正在逃逸的兔子筋疲力尽,这增加了兔子的脆弱性。此外,正逃逸的兔子无法恢复它的防御能力,最后,它无法逃脱 Harris 鹰的围攻,因为鹰群中有一只鹰是最强大和有经验的,它可以毫不费力地捕获疲倦的兔子并与其他成员分享它。

　　1) 探索阶段

　　本小节提出了 HHO 算法的探索机制。通常 Harris 鹰用其强有力的眼睛追踪和探测猎物,但有时也因为猎物隐藏得好使得 Harris 鹰也不容易发现猎物。因此,Harris 鹰需要栖息在某处等待、观察,并监测猎物,这期间可能需要花费几个小时。在 HHO 算法中,将 Harris 鹰看作是候选解,在每一次迭代中,最优候选解看作是预期猎物或近似最优解。在 HHO 算法中,Harris 鹰任意栖息在某些位置,并根据两种栖息策略发现猎物。考虑每种栖息策略的概率 q 相等,则当 $q < 0.5$ 时,Harris 鹰根据其他家族成员的位置栖息(当进行攻击时足够靠近)在猎物兔子附近;当 $q \geq 0.5$

时,Harris 鹰栖息在任意高大的树上（任意位置在其群居地的范围内），Harris 鹰的这两种策略的数学模型为

$$X(t+1) = \begin{cases} X_{rand}(t) - r_1 \mid X_{rand}(t) - 2r_2 X(t) \mid, & q \geqslant 0.5 \\ (X_{rabbit}(t) - X_m(t)) - r_3(LB + r_4(UB - LB)), & q < 0.5 \end{cases} \quad (2\text{-}5)$$

式中：$X(t+1)$ 为第 $t+1$ 次迭代中 Harris 鹰的位置；$X_{rabbit}(t)$ 为第 t 次迭代中猎物兔子的位置；$X(t)$ 为第 t 次迭代中 Harris 鹰的位置；r_1、r_2、r_3、r_4 和 q 为区间$(0,1)$内的任意数，且在每次迭代中都要更新；LB 和 UB 分别为 Harris 鹰位置的下界和上界；$X_{rabbit}(t)$ 为第 t 次迭代结束从群体中任意选择的一只 Harris 鹰的位置；而 $X_m(t)$ 为第 t 次迭代结束群体位置的平均位置。

建立在群居地附近范围(LB, UB)任意产生位置的简单模型。方程$(2\text{-}5)$的第一条规则是基于随机位置和其他鹰产生解，第二条规则是目前的最佳位置与群体的平均位置的差加上变量范围的任意尺度的分量，当 r_4 的值接近 1 时，缩放系数 r_3 进一步增加规则的任意性，并且还可能出现类似的分布模式。在这个规则中，给 LB 中加了一个任意缩放的移动长度。然后，该分量的随机缩放系数提供了更多的变化趋势，并探索特征空间的不同区域。尽管可以构造不同的更新规则，但是我们采用的是能够模拟鹰行为的最简单规则。可以采用不同的方法获得平均位置 $X_m(t)$，例如，最简单的规则定义为

$$X_m(t) = \frac{1}{N} \sum_{i=1}^{N} X_i(t) \quad (2\text{-}6)$$

式中：$X_i(t)$ 为第 t 次迭代中第 i 只鹰的位置；N 为种群中 Harris 鹰的数量。

2）从探索阶段转移到开发阶段

HHO 算法从探索阶段转移到开发阶段后，根据猎物的逃逸能量在不同的开发行为之间切换。在猎物逃逸的过程中，它的能量 E 是呈现递减模式的，定义为

$$E = 2E_0\left(1 - \frac{t}{T}\right) \quad (2\text{-}7)$$

式中：T 为最大迭代数；E_0 为能量的初始状态。HHO 算法中，E_0 在每次迭代中总是在区间$(-1,1)$内任意变化。当 E_0 的值从 0 减少到 -1，说明兔子身体疲乏；当 E_0 的值从 0 增加到 1，说明兔子的体能增强。在迭代过程中动态的逃逸能量 E 是递减的，当逃逸能量$\mid E \mid \geqslant 1$ 时，鹰通过不同的区域探索兔子的位置，因此 HHO 算法执行的是探索阶段；当逃逸能量$\mid E \mid < 1$ 时，HHO 算法进入开发阶段并开发解的邻域。简单地说，当$\mid E \mid \geqslant 1$ 时，HHO 算法执行的是探索阶段；而当$\mid E \mid < 1$ 时，HHO 算法执行的是开发阶段。

3）开发阶段

在开发阶段，Harris 鹰攻击在上个阶段观察到的猎物，这时 Harris 鹰执行的是突袭行动，然而猎物总是企图逃离这种危险，因此在实际情形中存在不同的追逐方式。根据猎物的逃逸行为和 Harris 鹰的追逐策略，在 HHO 算法中采用四种可能的

策略模拟 Harris 鹰捕获猎物的攻击阶段。

假设 r 是在突袭之前猎物成功逃逸($r<0.5$)或未能成功逃逸($r\geqslant0.5$)的概率。无论猎物做什么,Harris 鹰总是用软或硬围攻捕捉猎物,这意味着鹰会根据猎物的现有能量从不同的方向软或硬围攻猎物。在实际情形中,鹰越来越接近于目标猎物,通过采用突袭提高了协作捕杀兔子的概率。随着迭代的进行,正逃逸的兔子将会损失越来越多的能量,然后鹰加紧围攻,会毫不费力地抓住筋疲力尽的猎物。利用 E 参数对该策略进行建模且使 HHO 算法能够在软硬围攻过程之间切换:当 $|E|\geqslant0.5$ 时,实行软围攻;当 $|E|<0.5$ 时,实行硬围攻。

根据 r 和 E,HHO 算法中模拟攻击阶段的四种可能的策略为软围攻、硬围攻、渐进式快速俯冲软围攻和渐进式快速俯冲硬围攻。

(1) 软围攻

当 $r\geqslant0.5$ 且 $|E|\geqslant0.5$ 时,HHO 算法中的攻击阶段是软围攻。在此阶段,猎物兔子仍然有足够的能量,企图通过一些任意的误导性跳跃进行逃逸,但最终未能成功。在这些尝试中,Harris 鹰软包围它,兔子更加筋疲力尽后 Harris 鹰再执行突袭行动。采用如下规则模拟这种行为

$$X(t+1)=\Delta X(t)-E\mid JX_{\text{rabbit}}(t)-X(t)\mid \tag{2-8}$$

$$\Delta X(t)=X_{\text{rabbit}}(t)-X(t) \tag{2-9}$$

式中:$\Delta X(t)$ 为第 t 次迭代中兔子的位置与鹰的位置的差;$J=2(1-r_5)$ 为兔子在整个逃逸过程中任意跳跃强度,r_5 是区间 $(0,1)$ 内的任意数。在每次迭代中 J 值任意变化,模拟了兔子运动的本性。

(2) 硬围攻

当 $r\geqslant0.5$ 且 $|E|<0.5$ 时,HHO 算法的攻击阶段是硬围攻。在这个阶段,猎物筋疲力尽,逃逸的能量很低。此外,Harris 鹰几乎不用包围目标猎物就执行突袭行动。在这种情况下,鹰的位置更新如下:

$$X(t+1)=X_{\text{rabbit}}-E\mid\Delta X(t)\mid \tag{2-10}$$

(3) 渐进式俯冲软围攻

当 $r<0.5$ 且 $|E|\geqslant0.5$ 时,HHO 算法中攻击阶段是渐进式俯冲软围攻阶段。在这个阶段,兔子有足够逃逸的能力,在突袭行动之前鹰还要进行软围攻。渐进式俯冲软围攻阶段比软围攻阶段更智能化。

为了数学模拟猎物的逃逸模式和叶蛙运动,在 HHO 算法中引入了 levy 飞行(LF)概念。LF 用来模拟在逃逸阶段猎物(特别是兔子)的真实的折线欺骗运动以及正逃逸的猎物周围鹰不规则的、出其不意的快速俯冲。事实上,鹰在兔子周围进行了团结协作的快速俯冲,根据猎物的欺骗性的运动试图纠正鹰的位置和方向。

受鹰捕食行为的启发,假设当鹰想在竞争环境中捕捉猎物,鹰能够渐进式地选择飞向猎物的最可能的俯冲。因此,假设鹰能够根据以下规则:

$$Y=X_{\text{rabbit}}(t)-E\mid JX_{\text{rabbit}}(t)-X(t)\mid \tag{2-11}$$

确定下一步行动完成软围攻。然后,鹰将这种运动的可能结果与之前的俯冲进行比较,以确定这是否是一次好的俯冲。当它们发现猎物在做更多欺骗性的动作时意识到这种俯冲不合理,它们在接近兔子时也开始做不规则的、突如其来的和快速的俯冲。故假设 Harris 鹰的渐进式俯冲是根据 LF 模式确定的规则:

$$Z = Y + \mathbf{S} \times LF(D) \tag{2-12}$$

式中:D 为讨论问题的变量个数;$\mathbf{S}$ 为 $1 \times D$ 的任意向量;LF 为 levy 飞行函数,定义为

$$LF(x) = 0.01 \times \frac{u \times \sigma}{|v|^{\frac{1}{\beta}}}, \quad \sigma = \left(\frac{\Gamma(1+\beta) \times \sin\left(\frac{\pi\beta}{2}\right)}{\Gamma\left(\frac{1+\beta}{2}\right) \times \beta \times 2^{\frac{\beta-1}{2}}} \right)^{\frac{1}{\beta}} \tag{2-13}$$

式中:u、v 为区间(0,1)内的任意数;β 为一个默认常量,设为 1.5。

因此,在渐进式俯冲软围攻阶段鹰位置的更新的最终策略由下式确定:

$$X(t+1) = \begin{cases} Y, & F(Y) < F(X(t)) \\ Z, & F(Z) < F(X(t)) \end{cases} \tag{2-14}$$

其中 Y 和 Z 分别由式(2-11)和式(2-12)确定。

(4) 渐进式快速俯冲硬围攻

当 $r < 0.5$ 且 $|E| < 0.5$ 时,HHO 算法中攻击阶段是渐进式快速俯冲硬围攻。在这个阶段,兔子没有足够的能量逃离,且在鹰突袭行动之前就进行了硬围攻且捕杀了猎物。在猎物方面,这一步的情形类似于软围攻,但这一次,鹰尽力减少其与正逃跑的猎物之间平均位置的距离。因此,渐进式快速俯冲硬围攻所遵循的规则如下:

$$X(t+1) = \begin{cases} Y, & F(Y) < F(X(t)) \\ Z, & F(Z) < F(X(t)) \end{cases} \tag{2-15}$$

Y 和 Z 分别是由式(2-16)和式(2-17)确定:

$$Y = X_{\text{rabbit}}(t) - E \mid JX_{\text{rabbit}}(t) - X_m(t) \mid \tag{2-16}$$

$$Z = Y + S \times LF(D) \tag{2-17}$$

其中 $X_m(t)$ 是由方程(2-6)确定。

4) 计算复杂度

HHO 算法的计算复杂度主要依赖三个过程:初始化,适应度值计算,鹰位置的更新。注意到有 N 只鹰,初始化过程的计算复杂度是 $O(N)$,更新机制的计算复杂度是 $O(T \times N) + O(T \times N \times D)$,由最优位置的搜索和鹰的位置更新构成,其中 T 是最大迭代次数,D 是特定问题变量的个数。因此,HHO 算法的计算复杂度是 $O(N \times (T + TD + 1))$。

2. 粒子群优化算法[10]

1995 年,Eberhart 和 Kennedy 提出的粒子群优化(PSO)算法[10]最初被用来模

拟鸟类在觅食过程中的智能集体行为。在 PSO 算法中,一只鸟,也称为一个粒子,对应优化问题的一个解。在搜索空间中每个粒子根据粒子本身及其邻域中的粒子改变它的位置和速度,搜索过程中每个粒子通常与群中的其他粒子共享信息,群通信拓扑称为全局邻域[170]。这种信息共享机制有助于获得群体的全局最优解。

设 PSO 算法中有 m 个粒子,第 i 个粒子的位置和速度分别为 $L_i = (l_{i1}, l_{i2}, \cdots, l_{iD})$ 和 $v_i = (v_{i1}, v_{i2}, \cdots, v_{iD})(i=1,2,\cdots,m)$,其中 $l_{id} \in [l_d, u_d]$,l_d 和 u_d 是 l_{id} 的下界和上界$(d=1,2,\cdots,D)$。第 i 个粒子的适应度函数为 $f(L_i)$,局部最优位置为 $p_i = (p_{i1}, p_{i2}, \cdots, p_{iD})$,种群的全局最优位置为 $p_g = (p_{g1}, p_{g2}, \cdots, p_{gD})$。第 i 个粒子的位置和速度的更新公式为

$$v_i^{t+1} = \omega v_i^t + c_1 r_1 (p_i^t - L_i^t) + c_2 r_2 (p_g^t - L_i^t) \tag{2-18}$$

$$L_i^{t+1} = L_i^t + v_i^{t+1} \tag{2-19}$$

式中:t 为第 t 次迭代;c_1 和 c_2 为加速度系数且为正常数;r_1 和 r_2 为区间 $[0,1]$ 上的任意数;ω 为惯性权重。若 ω 是常数,PSO 算法是静态的;若 ω 是随迭代次数变化的,PSO 算法是动态的或自适应的[10]。

3. 人工树算法[25]

2017 年,Li 等人提出的人工树(AT)算法[25]是模拟了树的生长规律的算法。在自然界最常见的树上,靠近树的树干分布很少的树枝,这些树枝较粗,细枝在接合处总是与其他树枝结合形成粗枝,且整棵树只有一根树干,同时树的生长过程中相伴着有机物质的传递过程。在 AT 算法中,有机物的传递过程被看作是问题的优化过程,树枝位置表示变量,树枝表示解,每个树枝的厚度是解的评价指标,较粗的树枝代表较好的解,最粗的树干代表最优解。

设 D 维向量 $x_i = (x_{i1}, x_{i2}, \cdots, x_{iD})(i=1,2,\cdots,SN)$ 是第 i 个树枝的位置,其中 SN 是树枝的枝数,D 是优化问题中决策变量的个数。AT 算法给出了树枝的三种更新方式:交叉算子、自进化算子和任意算子,以及树枝领域的概念。图 2-8 是树的生长规律,用以辅助理解 AT 算法的流程图。在图 2-8 中,假设通过光合作用在叶片中产生的有机物质转移到相邻的树枝上,树枝更新的方向与有机物质的传递方向相同,因此实现有机物质连续传递的两种选择对应于树枝的交叉算子和自进化算子。再计算每个树枝的领域和每个领域内的树枝密度,估计每个树枝更适合的更新方式,进而更新这些树枝并找到新的较粗的树枝,这些有机物质被传递到较粗的树枝上。重复这个过程,直到达到最粗的树干。因此,有机物质的传递过程是自上而下的,并通过所有的树枝。

具体的 AT 算法如下:

1)产生初始树枝

初始化阶段,在搜索空间中任意选择的 SN 个点作为初始树枝的种群,初始树枝的位置定义为

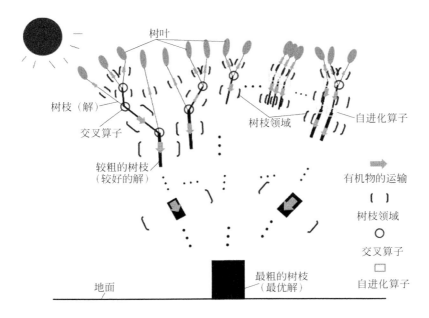

图 2-8 树的生长规律

$$x_{ij} = x_{ij}^{\min} + \text{rand}(0,1) \times (x_{ij}^{\max} - x_{ij}^{\min}) \quad (i=1,2,\cdots,SN; j=1,2,\cdots,D)$$

$$(2\text{-}20)$$

式中：$x_{ij}^{\max}$ 和 $x_{ij}^{\min}$ 分别为第 i 个树枝的第 j 个变量上界和下界；$\text{rand}(0,1)$ 为 0 与 1 之间的任意数。通过计算这些初始树枝的适应度值得到初始种群的最优解 $f(x_{\text{best}})$ 和最优的决策变量 x_{best}。

2）树枝领域

每个树枝都有自己的领域，且该领域内的树枝的数量不能太多，但会发生领域的重叠，而领域的重叠发生在树枝集中的领域。在一个领域内，存在的树枝总数应该限制在一定范围内，较粗的树枝有较大的领域。树枝 x_i 的领域定义为

$$Vi(x_i) = (L + L \times \text{fit}(x_i)) \times 2 \tag{2-21}$$

式中：L 为常数；$\text{fit}(x_i)$ 为树枝 x_i 的适应度值。$\text{fit}(x_i)$ 越大，树枝 x_i 越好。

对于最小值问题，树枝 x_i 的适应度为

$$\text{fit}(x_i) = \begin{cases} \dfrac{1}{f(x_i)+1}, & f(x_i) \geqslant 0 \\ 0, & f(x_i) < 0 \end{cases} \tag{2-22}$$

式中：$f(x_i)$ 为树枝 x_i 的解。

第 i 个树枝 x_i 和第 j 个树枝 x_j 的欧几里得距离为

$$\text{Dis}_{ij} = \| x_i - x_j \|_2 \tag{2-23}$$

设 x_i 是当前树枝的位置，则 x_i 的领域为 $\{x_j | \text{Dis}_{ij} < Vi(x_i)\}$。设 Tol 是拥挤容

忍度，N_b 是这个领域内其他树枝的个数，通过 N_b 和 Tol 之间的关系确定树枝领域内是否拥挤。

3）自进化算子

对当前任意的树枝位置 x_i，若 $N_b > \text{Tol}$，则在树枝 x_i 领域内是拥挤的，这时采用自进化算子对树枝进行更新。自进化算子的更新方式为

$$x_{\text{new}} = x_i + \text{rand}(0,1) \times (x_{\text{best}} - x_i) \tag{2-24}$$

式中：x_{best} 为目前最优的树枝位置。

4）交叉算子

对当前任意的树枝位置 x_i，若 $N_b < \text{Tol}$，则采用交叉算子对树枝进行更新。在树枝的半个领域内随机搜索树枝，并通过随机线性插值将其与当前树枝合并，得到新的树枝。交叉算子的更新方式为

$$x_0 = x_i + \text{rand}(-1,1) \times \frac{Vi(x_i)}{2} \tag{2-25}$$

$$x_{\text{new}} = \text{rand}(0,1) \times x_0 + \text{rand}(0,1) \times x_i \tag{2-26}$$

式中：$\text{rand}(-1,1)$ 为 -1 和 1 之间的任意数。

5）任意算子

将自进化算子或交叉算子生成的新树枝的粗度与原树枝的粗度进行比较，若新树枝较粗时，则新树枝将取代旧树枝，否则该新树枝被拒绝，并且继续由自进化算子或交叉算子生成另一个新树枝。若新树枝总是比原树枝差，并且搜索次数达到 Li，我们有理由认定在这个领域内没有更好的树枝。这时利用任意算子替换原算子，在搜索空间内任意生成一个新的树枝。AT 算法中最大搜索数 $Li(x_i)$ 定义为

$$Li(x_i) = N \times \text{fit}(x_i) + N \tag{2-27}$$

式中：N 为常数；$Li(x_i)$ 为最大搜索数，与适应度值 $\text{fit}(x_i)$ 成比例。

6）更新最优值

为了得到本次迭代中最粗的树枝，对每个树枝的解进行了比较。对于最小值问题，当前最优值为

$$f(x_c^{\text{best}}) = \min(f(x_1), f(x_2), \cdots, f(x_{SN})) \tag{2-28}$$

式中：$f(x_c^{\text{best}})$ 和 x_c^{best} 分别为当前迭代中的最优解和最优的决策变量。

通过比较前一次迭代和当前迭代中最优解，得到新的最优解。如果当前迭代的最优解较好，解和决策变量需要更新为新的，否则保持前一个最优解，放弃当前循环中的最优解。

总之，AT 算法给出了树枝的三种更新方式：交叉算子、自进化算子和任意算子，且每个树枝都有自己的领域。当领域中的树枝数超过一定数时，树枝的更新方法为自进化算子，否则，树枝的更新方法为交叉算子。但若搜索数超过预先定义的最大搜索数，则 AT 算法中树枝更新方式为任意算子。这三种树枝的更新方式中，交叉算子和自进化算子是主要更新方式，而任意算子是补充更新方式。

2.3.2 改进的 Harris 鹰算法

1. IHHO 算法

鹰在空中飞翔时,它既有速度又有位置。受 PSO 算法的启发,在 HHO 算法的探索阶段,鹰的速度定义为

$$v(t+1) = \omega \times v(t) + c_1 \times \mathrm{rand}(0,1) \times (p(t) - X(t)) + c_2 \times \mathrm{rand}(0,1) \times$$
$$(X_{\mathrm{rabbit}}(t) - X(t)) \tag{2-29}$$

式中: ω 为惯性权重; c_1 和 c_2 为加速度系数; $v(t)$ 为第 t 次迭代的速度; $p(t)$ 为第 t 次迭代中的局部最优鹰。若 $q < 0.5$,Harris 鹰根据其他家族成员的位置(攻击猎物时一起团结协作)和猎物兔子的位置进行栖息;若 $q \geqslant 0.5$,Harris 鹰栖息在其群居地的任何一棵大树上。Harris 鹰根据 q 的值采用相应的栖息方式为

$$X(t+1) = \begin{cases} v(t+1) + x_{\mathrm{rand}}(t) - r_1 \mid X_{\mathrm{rand}}(t) - 2r_2 X(t) \mid, & q \geqslant 0.5 \\ v(t+1) + (X_{\mathrm{rabbit}} - X_m(t)) - r_3(\mathrm{LB} + r_4(\mathrm{UB} - \mathrm{LB})), & q < 0.5 \end{cases} \tag{2-30}$$

受 AT 算法的交叉算子的启发,在 HHO 算法的渐进式快速俯冲软围攻阶段,Harris 鹰确定下一次执行软围攻的运动的规则为

$$Y = X_{\mathrm{rabbit}}(t) - E \mid J X_{\mathrm{rabbit}}(t) - X(t) \mid \tag{2-31}$$

且鹰根据 LF 模式进行俯冲遵循的规则为

$$Z = Y + \mathrm{rand}(0,1) \times LF(D) \tag{2-32}$$

因此,渐进式快速俯冲软围攻阶段更新鹰的位置为

$$X(t+1) = \begin{cases} \mathrm{rand}(0,1) \times Y + \mathrm{rand}(0,1) \times X(t), & F(Y) < F(X(t)) \\ \mathrm{rand}(0,1) \times Z + \mathrm{rand}(0,1) \times X(t), & F(Z) < F(X(t)) \end{cases} \tag{2-33}$$

在渐进式快速俯冲硬围攻阶段,Harris 鹰确定下一次执行硬围攻的位置更新为

$$Y = X_{\mathrm{rabbit}}(t) - E \mid J X_{\mathrm{rabbit}}(t) - X_m(t) \mid \tag{2-34}$$

且 Harris 鹰根据 LF 模式进行俯冲遵循的规则为

$$Z = Y + \mathrm{rand}(0,1) \times LF(D) \tag{2-35}$$

因此,在渐进式快速俯冲硬围攻条件下 Harris 鹰的位置更新为

$$X(t+1) = \begin{cases} \mathrm{rand}(0,1) \times Y + \mathrm{rand}(0,1) \times X(t), & F(Y) < F(X(t)) \\ \mathrm{rand}(0,1) \times Z + \mathrm{rand}(0,1) \times X(t), & F(Z) < F(X(t)) \end{cases} \tag{2-36}$$

这样 PSO 算法与 HHO 算法相结合以及 AT 的交叉算子与 HHO 算法相结合一起改进了 HHO 算法,记为 IHHO。

IHHO 算法的流程图如图 2-9 所示。

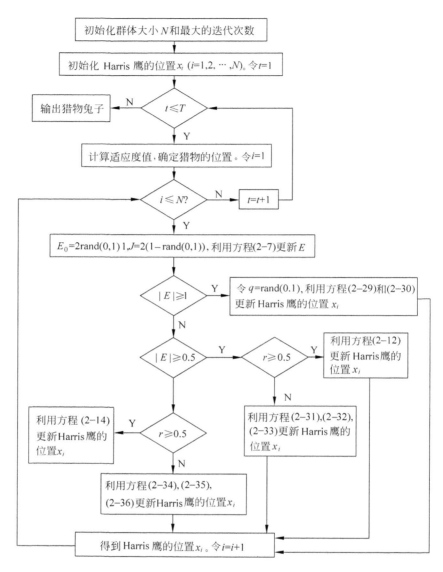

图 2-9　IHHO 算法流程图

2. IHHO 算法的计算复杂度

根据 HHO 算法与 IHHO 算法的比较,这两种算法的计算复杂性主要依赖三个方面:初始化、适应度值和鹰的更新。设 N 是群体中鹰的个数。在 IHHO 算法中,在初始化阶段引入了鹰的速度,这样 IHHO 算法的初始化阶段的计算复杂度是 $O(2N)$,也就是 $O(N)$,这与 HHO 算法相同。尽管 IHHO 算法的攻击阶段的更新位置向量是通过在渐进式俯冲软硬围攻中引入了 AT 算法的交叉因子,但是 IHHO

算法的计算复杂度并没有改变。这样更新位置的计算复杂度是 $O(T \times N) + O(T \times N \times D)$，其中 T 是最大迭代次数，D 是解决问题的变量的个数。因此，IHHO 的计算复杂度是 $O(N \times (T + TD + 1))$，与 HHO 算法相同。

3. 收敛速度

算法的收敛速度定义为

$$\lim_{k \to \infty} \frac{\| X^{(k+1)} - X^* \|}{\| X^{(k)} - X^* \|^{\beta}} = \sigma \in (0,1) \tag{2-37}$$

当 $\beta = 1$ 时，算法具有线性收敛速度，这种情况下该算法被认为是最差的算法；当 $\beta = 2$ 时，该算法具有二次收敛速度，被认为是最佳算法；当 $\beta \in (1,2)$ 时，该算法具有超线性收敛速度，被认为是较好的算法。

本节所提出的 IHHO 算法的收敛速度是由 2.3.3 节表 2-9～表 2-11 所给出的 23 个基准函数根据方程(2-37)计算的，计算结果为 $\beta = 2$ 和 $\sigma \in (0,1)$。因此，所提出的 IHHO 是最佳算法，且有二次收敛速度。

2.3.3　函数极值寻优

1. 23 个基准函数

本节采用 23 个基准函数验证 IHHO 算法的有效性，这些基准函数来源于文献[25,28,30,171-172]，如表 2-9～表 2-11 所列。表 2-9、表 2-10 和表 2-11 分别列出了 7 个单峰函数 $F_1(x) \sim F_7(x)$，6 个多峰函数 $F_8(x) \sim F_{13}(x)$ 和 10 个维数固定的函数 $F_{14}(x) \sim F_{23}(x)$ 的表达式、维数和最小值。

表 2-9　单峰基准函数 $F_1(x) \sim F_7(x)$

函数表达式	维　数	范　围	$f_{\min}$
$F_1(x) = \sum_{i=1}^{n} x_i^2$	30,100,300,500	$[-100,100]$	0
$F_2(x) = \sum_{i=1}^{n} \| x_i \| + \prod_{i=1}^{n} \| x_i \|$	30,100,300,500	$[-10,10]$	0
$F_3(x) = \sum_{i=1}^{n} \left(\sum_{j=1}^{i} x_j \right)^2$	30,100,300,500	$[-100,100]$	0
$F_4(x) = \max\{ \| x_i \|, 1 \leqslant i \leqslant n \}$	30,100,300,500	$[-100,100]$	0
$F_5(x) = \sum_{i=1}^{n-1} (100(x_{i+1} - x_i^2)^2 + (x_i - 1)^2)$	30,100,300,500	$[-30,30]$	0
$F_6(x) = \sum_{i=1}^{n} ([x_i + 0.5])^2$	30,100,300,500	$[-100,100]$	0
$F_7(x) = \sum_{i=1}^{n} i x_i^2 + \text{rand}[0,1)$	30,100,300,500	$[-1.28,1.28]$	0

表 2-10   多峰基准函数 $F_8(x) \sim F_{13}(x)$

函数表达式	维数	范围	f_{min}
$F_8(x) = \sum_{i=1}^{n}(-x_i \sin\sqrt{x_i})$	30,100,300,500	$[-500,500]$	-418.9829 ×维数
$F_9(x) = \sum_{i=1}^{n}(x_i^2 - 10\cos(2\pi x_i) + 10)$	30,100,300,500	$[-5.12,5.12]$	0
$F_{10}(x) = -20\exp\left(0.2\sqrt{\frac{1}{n}\sum_{i=1}^{n}x_i^2}\right) - \exp\left(\frac{1}{n}\sum_{i=1}^{n}\cos(2\pi x_i)\right) + 20 + e$	30,100,300,500	$[-32,32]$	0
$F_{11}(x) = \frac{1}{4000}\sum_{i=1}^{n}x_i^2 - \prod_{i=1}^{n}\cos\left(\frac{x_i}{\sqrt{i}}\right) + 1$	30,100,300,500	$[-600,600]$	0
$F_{12}(x) = \frac{\pi}{n}\left(10\sin(\pi y_1) + \sum_{i=1}^{n-1}(y_i-1)^2 \times (1+\sin^2(\pi y_{i+1})) + (y_n^2-1)^2\right) + \sum_{i=1}^{n}u(x_i,10,100,4)$ $y_i = 1 + \frac{x_i+1}{4}$, $u(x_i,a,k,m) = \begin{cases} k(x_i-a)^m, & x_i > a \\ 0, & -a < x_i < a \\ k(-x_i-a)^m, & x_i < -a \end{cases}$	30,100,300,500	$[-50,50]$	0
$F_{13}(x) = 0.1\left(\sin^2(3\pi x_1) + \sum_{i=1}^{n}(x_i-1)^2 \times (1+\sin^2(3\pi x_i+1)) + (x_n-1)^2 \times (1+\sin^2(2\pi x_n))\right) + \sum_{i=1}^{n}u(x_i,5,100,4)$	30,100,300,500	$[-50,50]$	0

表 2-11   固定维数的基准函数 $F_{14}(x) \sim F_{23}(x)$

函数表达式	维数	范围	f_{min}
$F_{14}(x) = \left(\frac{1}{500}\sum_{j=1}^{25}\frac{1}{j + \sum_{i=1}^{2}(x_i - a_{ij})^6}\right)^{-1}$	2	$[-65,65]$	0.998
$F_{15}(x) = \sum_{i=1}^{11}\left(a_i - \frac{x_1(b_i^2 + b_i x_2)}{b_i^2 + b_i x_3 + x_4}\right)^2$	4	$[-5,5]$	0.00030
$F_{16}(x) = 4x_1^2 - 2.1x_1^4 + \frac{1}{3}x_1^6 + x_1 x_2 - 4x_2^2 + 4x_2^4$	2	$[-5,5]$	-1.0316
$F_{17}(x) = \left(x_2 - \frac{5.1}{4\pi^2}x_1^2 + \frac{5}{\pi}x_1 - 6\right)^2 + 10\left(1 - \frac{1}{8\pi}\right)\cos x_1 + 10$	2	$[-5,5]$	3

续表

函数表达式	维数	范围	f_{min}
$F_{18}(x)=(1+(x_1+x_2+1)^2(19-14x_1+3x_1^2-14x_2+6x_1x_2+3x_2^2))\times(30+(2x_1-3x_2)^2(18-32x_1+12x_1^2+48x_2-36x_1x_2+27x_2^2))$	2	$[-2,2]$	-3.86
$F_{19}(x)=-\sum_{i=1}^{4}c_i\exp\left(-\sum_{j=1}^{3}a_{ij}(x_j-p_{ij})^2\right)$	3	$[1,3]$	-3.32
$F_{20}(x)=-\sum_{i=1}^{4}c_i\exp\left(-\sum_{j=1}^{6}a_{ij}(x_j-p_{ij})^2\right)$	6	$[0,1]$	0
$F_{21}(x)=-\sum_{i=1}^{5}((X-a_i)(X-a_i)^{\mathrm{T}}+c_i)^{-1}$	4	$[0,10]$	-10.1532
$F_{21}(x)=-\sum_{i=1}^{7}((X-a_i)(X-a_i)^{\mathrm{T}}+c_i)^{-1}$	4	$[0,10]$	-10.4028
$F_{21}(x)=-\sum_{i=1}^{10}((X-a_i)(X-a_i)^{\mathrm{T}}+c_i)^{-1}$	4	$[0,10]$	-10.5363

本节将 IHHO 算法与其他已有的优化算法（ALO、DA、DE、GA、GWO、MFO、SCA、WOA、PSO、AT 和 HHO）进行比较，评价指标是优化结果的平均值（Avg.）和标准差（Std.）。

2. 实验参数设置

本节的实验环境是 Windows 10 64bit 专业版 64GB 的 RAM 的计算机安装的 Matlab R2004a。对于这 12 个可比较的算法，群体大小为 30，最大迭代次数设为 500。每个比较的算法独立运行 30 次。这 12 个算法的相关参数设置如表 2-12 所列。

表 2-12　12 个比较算法的参数

算　　　法	参　　　数	值
ALO	比率 I	$I=10^{\omega}\dfrac{t}{T}$，其中常数 $\omega=\begin{cases}2, & t>0.1T\\3, & t>0.5T\\4, & t>0.75T\\5, & t>0.9T\\6, & t>0.95T\end{cases}$
DA	常数 β	1.5
DE	尺度因子	0.2
	交叉概率	0.4
GA	交叉概率	0.4
	变异概率	0.01
GWO	收敛常数 a	$a=2-\dfrac{2t}{T}$

续表

算　　法	参　　数	值
MFO	收敛常数 a	$a = -1 - \dfrac{t}{T}$
SCA	空间因子 b 常数 a	1 2
WOA	收敛常数 a	$a = 2 - \dfrac{2t}{T}$
PSO	惯性权重 ω 加速度系数 c_1 加速度系数 c_2	1 2 2
HHO	常数 β	1.5
IHHO	常数 β 惯性权重 ω 加速度系数 c_1 加速度系数 c_2	1.5 1 2 2

注: t 和 T 分别表示当前迭代和最大迭代次数。

3. 实验结果

1) IHHO 算法与 AT、PSO 和 HHO 算法比较

本节我们讨论了 AT、PSO、HHO 和 IHHO 算法对函数 $F_1(x) \sim F_{13}(x)$ 在 30, 100, 300 和 500 不同维数的条件下的函数极值寻优,还讨论了 AT、PSO、HHO 和 IHHO 算法对固定维数的函数 $F_{14}(x) \sim F_{23}(x)$ 的函数极值寻优,相应的结果分别如表 2-13 和表 2-14 所列。表 2-13 和表 2-14 分别列出了基准函数 $F_1(x) \sim F_{13}(x)$ 和 $F_{14}(x) \sim F_{23}(x)$ 的最小值(Min)、最大值(Max)、Avg. 值和 Std. 值。

从表 2-13 可以看到,对于不同维数的基准函数,IHHO 算法的性能优于 AT、PSO 和 HHO 算法。对于相同的算法,大部分基准函数 $F_1(x) \sim F_{13}(x)$ 的 Avg. 随着维数的增加而增加。但对于 AT 算法,函数 $F_7(x)$ 的 Avg. 值随着维数的增加而减少。

在维数分别为 30, 100, 300 和 500 的基准函数 $F_1(x)$, $F_3(x)$, $F_4(x)$, $F_8(x) \sim F_{11}(x)$ 上,IHHO 算法的结果均达到了最小的 Avg. 值,而在维数分别为 30, 100, 300 和 500 的基准函数 $F_2(x)$, $F_5(x)$, $F_6(x)$, $F_{12}(x)$, $F_{13}(x)$ 上,AT 算法的结果均达到了最小的 Avg. 值。但对于维数分别为 30, 100, 300 和 500 的基准函数 $F_2(x)$, $F_5(x)$, $F_6(x)$, $F_{12}(x)$, $F_{13}(x)$,IHHO 算法优于 HHO 和 PSO 算法,而 AT 算法优于 PSO、HHO 和 IHHO 算法。对于基准函数 $F_7(x)$,维数分别为 30 和 100 时 IHHO 算法的结果为最小的 Avg. 值,而维数分别为 300 和 500 时 AT 的结果为最小的 Avg. 值,因此 IHHO 算法是最适合解决多维函数的优化问题。

表 2-13　不同维数的基准函数 $F_1(x) \sim F_{13}(x)$ 的结果

函数	维数	PSO 30	PSO 100	PSO 300	PSO 500	AT 30	AT 100	AT 300	AT 500	HHO 30	HHO 100	HHO 300	HHO 500	IHHO 30	IHHO 100	IHHO 300	IHHO 500
$F_1(x)$	Min	3.11E-01	4.65E+01	2.66E+03	7.66E+03	1.58E-29	5.72E-22	3.85E-17	2.49E-14	3.54E-115	1.55E-111	7.46E-110	9.51E-110	3.89E-196	3.63E-196	1.38E-197	1.59E-197
	Max	1.07E+00	1.67E+02	6.49E+03	1.42E+04	2.24E-16	9.95E-13	9.34E-11	2.28E-09	1.94E-95	1.63E-94	5.22E-93	6.14E-96	2.39E-178	3.27E-173	1.89E-176	3.58E-169
	Avg.	5.18E-01	9.19E+01	3.89E+03	1.13E+04	8.86E-18	3.85E-14	6.98E-12	2.55E-10	9.36E-97	7.92E-96	2.43E-94	2.38E-97	1.22E-179	1.09E-174	6.32E-178	1.19E-170
	Std.	1.37E-01	3.41E+01	9.31E+02	1.48E+03	4.09E-17	1.81E-13	1.86E-11	4.68E-10	3.70E-96	3.23E-95	9.64E-94	1.13E-96	0.00E+00	0.00E+00	0.00E+00	0.00E+00
$F_2(x)$	Min	2.56E+00	3.34E+02	1.80E+02	3.09E+02	0.00E+00	0.00E+00	0.00E+00	5.25E-303	8.66E-63	9.19E-61	6.66E-60	4.55E-58	2.74E-103	3.06E-100	3.85E-101	5.93E-98
	Max	8.57E+00	5.27E+02	2.27E+02	4.34E+02	0.00E+00	0.00E+00	0.00E+00	1.75E-304	2.01E-49	8.60E-46	9.89E-49	2.90E-47	1.93E-89	8.29E-90	2.78E-89	1.79E-88
	Avg.	4.85E+00	4.40E+01	1.97E+02	3.62E+02	0.00E+00	0.00E+00	0.00E+00	0.00E+00	1.56E-50	2.92E-47	6.10E-50	1.46E-48	6.71E-91	3.56E-91	1.02E-90	8.36E-90
	Std.	1.26E+00	5.66E+00	1.18E+01	2.35E+01	0.00E+00	0.00E+00	0.00E+00	0.00E+00	4.14E-50	1.57E-46	1.96E-49	5.53E-48	3.52E-90	1.54E-90	5.06E-90	3.41E-89
$F_3(x)$	Min	7.71E+01	1.11E+04	1.49E+05	3.67E+05	3.54E-22	8.44E-24	5.85E-19	2.53E-16	3.32E-102	1.01E-95	4.59E-81	2.48E-87	1.01E-167	1.69E-172	6.77E-151	5.91E-151
	Max	7.40E+03	6.86E+04	9.73E+05	2.29E+06	4.23E-15	1.24E-14	3.70E-12	9.46E-10	8.19E-74	1.60E-59	1.07E-34	1.57E-26	2.59E-142	1.01E-116	3.08E-103	2.43E-76
	Avg.	1.25E+03	3.23E+04	3.48E+05	1.06E+06	2.92E-16	1.24E-14	4.64E-13	1.07E-10	4.49E-75	5.33E-61	3.58E-36	5.25E-28	8.67E-144	3.36E-118	1.03E-104	2.11E-78
	Std.	1.66E+03	1.55E+04	1.74E+05	5.12E+05	8.17E-16	3.05E-14	9.93E-13	2.51E-10	1.58E-74	2.91E-60	1.96E-35	2.87E-27	4.74E-143	1.84E-117	5.62E-104	4.44E-77
$F_4(x)$	Min	7.16E-01	6.61E+00	1.20E+02	1.38E+02	3.16E-13	1.93E-13	3.43E-08	1.81E-07	1.14E-56	1.74E-56	3.12E-57	2.43E-56	4.73E-98	1.28E-98	2.12E-97	2.86E-98
	Max	5.98E+00	1.11E+01	1.62E+01	1.83E+01	7.78E-09	9.56E-08	3.10E-04	4.47E-04	7.08E-48	1.58E-45	1.41E-47	1.89E-47	1.47E-88	3.01E-87	1.66E-88	3.62E-88
	Avg.	2.36E+00	9.61E+00	1.41E+01	1.56E+01	4.55E-10	1.07E-08	3.00E-05	8.37E-05	6.08E-49	5.28E-47	9.07E-49	1.09E-48	9.58E-90	1.11E-88	6.43E-90	1.38E-89
	Std.	9.53E-01	1.16E+00	1.07E+00	1.03E+00	1.41E-09	2.07E-08	6.79E-05	1.02E-04	1.81E-48	2.88E-46	3.07E-48	3.65E-48	3.51E-89	5.48E-88	3.03E-89	6.60E-89
$F_5(x)$	Min	5.65E+01	2.89E+03	2.95E+05	1.20E+06	2.42E-43	2.22E-40	2.96E-27	3.06E-22	2.17E-05	5.62E-05	2.53E-04	9.23E-06	8.97E-02	5.35E-07	5.12E-05	3.79E-05
	Max	4.90E+02	8.52E+03	5.79E+05	2.46E+06	3.99E-27	6.13E-19	6.79E-15	1.61E-13	8.16E-02	2.47E-01	8.87E-01	1.99E+00	7.98E-02	4.55E-01	6.44E-01	1.66E+00
	Avg.	1.98E+02	5.54E+03	4.13E+05	1.69E+06	2.57E-28	4.18E-20	3.17E-16	7.26E-15	1.56E-02	6.12E-02	1.50E-01	3.65E-01	1.14E-02	7.15E-02	1.33E-01	2.46E-01
	Std.	1.23E+02	1.34E+03	8.60E+04	2.65E+05	8.00E-28	1.27E-19	1.24E-15	2.94E-14	1.70E-02	7.22E-02	2.08E-01	5.26E-01	1.70E-02	1.12E-01	1.89E-01	2.46E-01
$F_6(x)$	Min	3.49E+00	5.16E+01	2.36E+03	8.01E+03	6.36E-25	2.71E-20	3.34E-18	3.76E-16	9.69E-04	8.67E-05	4.70E-06	7.03E-05	1.78E-04	4.54E-04	8.90E-07	2.21E-07
	Max	6.68E+00	1.65E+02	5.12E+03	1.61E+04	6.26E-14	2.04E-13	1.26E-09	2.54E-09	7.19E-04	4.11E-02	9.78E-01	2.08E-02	5.81E-04	8.90E-04	4.11E-03	1.67E-02
	Avg.	2.21E-01	8.99E+01	3.61E+03	1.14E+04	2.36E-15	1.17E-14	8.20E-11	3.24E-10	1.48E-04	5.99E-04	1.63E-03	2.80E-03	7.68E-05	2.59E-04	1.04E-04	1.95E-04
	Std.	6.49E-02	2.96E+00	7.32E+02	1.67E+03	1.14E-14	4.21E-14	2.41E-10	6.64E-10	1.89E-04	9.55E-04	2.36E-03	5.26E-03	1.17E-04	2.54E-04	1.06E-03	3.58E-03
$F_7(x)$	Min	6.24E-01	2.21E+00	5.39E+01	9.34E+01	3.00E-03	2.39E-05	3.19E-05	1.03E-05	1.74E-05	5.70E-06	4.02E-06	1.77E-05	1.17E-02	2.54E-04	1.06E-04	3.58E-04
	Max	6.24E+00	1.42E+01	6.36E+02	1.48E+03	1.97E-03	3.04E-04	1.24E-18	2.87E-25	5.85E-04	5.36E-04	9.92E-06	9.85E-04	1.17E-02	3.06E-06	4.31E-05	6.71E-06
	Avg.	2.56E-01	6.24E+00	1.61E+02	4.93E+02	3.46E-05	2.72E-04	1.26E-09	5.54E-05	1.39E-04	1.64E-04	1.94E-04	1.74E-04	8.22E-04	3.68E-06	6.85E-04	4.32E-04
	Std.	1.30E-01	2.42E+00	1.18E+02	3.40E+02	1.39E-04	1.48E-04	1.21E-06	2.05E-17	1.39E-04	1.51E-04	1.98E-04	1.78E-04	1.70E-04	9.99E-05	1.26E-04	1.16E-04

续表

函数	维数	PSO				AT				HHO				IHHO			
		30	100	300	500	30	100	300	500	30	100	300	500	30	100	300	500
$F_8(x)$	Min	-4.33E+03	-6.22E+03	-1.18E+04	-1.56E+04	-5.15E+19	-3.44E+26	-1.48E+43	-3.67E+42	-1.26E+04	-4.19E+04	-1.26E+05	-2.09E+05	-1.26E+04	-4.19E+04	-1.26E+05	-2.09E+05
	Max	-2.17E+03	-4.05E+03	-6.54E+03	-9.17E+03	-6.46E+11	-1.17E+16	-7.15E+20	-2.52E+21	-1.21E+04	-4.11E+04	-1.26E+05	-1.76E+05	-1.23E+04	-4.17E+04	-1.26E+05	-2.04E+05
	Avg.	-2.85E+03	-5.06E+03	-9.38E+03	-1.26E+04	-1.89E+18	-1.18E+25	-4.93E+41	-1.22E+41	-1.26E+04	-4.19E+04	-1.26E+05	-2.08E+05	-1.26E+04	-4.19E+04	-1.26E+05	-2.09E+05
	Std.	4.44E+02	5.43E+02	1.19E+03	1.75E+03	9.40E+18	6.28E+25	2.70E+42	6.70E+41	8.13E+01	1.53E+02	1.76E+01	6.10E+03	4.84E+01	4.66E+01	1.72E+01	1.32E+03
$F_9(x)$	Min	4.17E+01	3.53E+02	1.90E+03	3.54E+03	1.50E-23	8.17E-20	4.97E-17	1.46E-12	0.00E+00	0.00E+00	0.00E+00	0.00E+00	0.00E+00	0.00E+00	0.00E+00	0.00E+00
	Max	1.04E+02	5.25E+02	2.28E+03	4.09E+03	8.03E-13	2.23E-10	1.84E-08	7.62E-08	0.00E+00	0.00E+00	0.00E+00	0.00E+00	0.00E+00	0.00E+00	0.00E+00	0.00E+00
	Avg.	6.44E+01	4.40E+02	2.02E+03	3.76E+03	4.06E-14	2.39E-11	2.21E-09	8.45E-09	0.00E+00	0.00E+00	0.00E+00	0.00E+00	0.00E+00	0.00E+00	0.00E+00	0.00E+00
	Std.	1.66E+01	3.64E+01	8.54E+01	1.07E+02	1.47E-13	5.25E-11	3.92E-09	1.67E-08	0.00E+00	0.00E+00	0.00E+00	0.00E+00	0.00E+00	0.00E+00	0.00E+00	0.00E+00
$F_{10}(x)$	Min	2.78E+00	6.49E+00	7.92E+00	8.68E+00	7.77E-05	7.43E-05	2.74E-05	4.67E-05	8.88E-16	8.88E-16	8.88E-16	8.88E-16	8.88E-16	8.88E-16	8.88E-16	8.88E-16
	Max	7.21E+00	9.17E+00	1.03E+01	9.97E+00	2.02E-02	1.07E-02	4.38E-03	9.40E-03	8.88E-16	8.88E-16	8.88E-16	8.88E-16	8.88E-16	8.88E-16	8.88E-16	8.88E-16
	Avg.	4.56E+00	7.83E+00	8.98E+00	9.37E+00	4.66E-03	2.79E-03	1.45E-03	3.35E-03	8.88E-16	8.88E-16	8.88E-16	8.88E-16	8.88E-16	8.88E-16	8.88E-16	8.88E-16
	Std.	1.02E+00	6.91E-01	5.13E-01	3.44E+00	4.70E-03	2.42E-03	1.36E-03	2.71E-03	0.00E+00	0.00E+00	0.00E+00	0.00E+00	0.00E+00	0.00E+00	0.00E+00	0.00E+00
$F_{11}(x)$	Min	1.56E+00	7.60E+00	2.75E+01	4.65E+01	3.32E-25	3.49E-22	1.62E-13	2.46E-12	0.00E+00	0.00E+00	0.00E+00	0.00E+00	0.00E+00	0.00E+00	0.00E+00	0.00E+00
	Max	2.32E+00	9.28E+00	3.04E+01	5.00E+01	1.04E-13	8.75E-09	2.86E-07	3.61E-08	0.00E+00	0.00E+00	0.00E+00	0.00E+00	0.00E+00	0.00E+00	0.00E+00	0.00E+00
	Avg.	1.93E+00	8.52E+00	2.88E+01	4.87E+01	5.92E-15	2.92E-10	1.94E-08	3.61E-12	0.00E+00	0.00E+00	0.00E+00	0.00E+00	0.00E+00	0.00E+00	0.00E+00	0.00E+00
	Std.	2.08E-01	4.11E-01	7.10E-01	7.81E-01	2.13E-14	1.60E-09	5.65E-08	7.51E-08	0.00E+00	0.00E+00	0.00E+00	0.00E+00	0.00E+00	0.00E+00	0.00E+00	0.00E+00
$F_{12}(x)$	Min	2.40E-01	2.81E+00	5.97E+00	8.96E+00	4.80E-58	2.04E-47	3.74E-34	7.65E-32	1.76E-11	7.43E-12	4.88E-09	9.40E-09	7.17E-08	1.19E-10	5.40E-09	1.77E-09
	Max	5.45E+00	7.03E+00	1.55E+01	1.74E+01	1.02E-38	2.00E-32	2.72E-19	2.79E-19	4.97E-05	1.94E-05	1.70E-05	1.97E-05	6.39E-05	3.28E-05	2.66E-05	2.48E-05
	Avg.	2.66E+00	4.41E+00	8.88E+00	1.21E+01	8.32E-40	9.25E-34	9.59E-21	1.45E-20	1.08E-05	4.51E-06	3.80E-06	2.77E-06	7.36E-06	6.13E-06	3.45E-06	2.45E-06
	Std.	1.15E+00	9.97E-01	1.91E+00	2.26E+00	2.45E-39	3.68E-33	4.96E-20	5.27E-20	1.52E-05	4.88E-06	4.97E-06	4.15E-06	1.32E-05	8.91E-06	5.61E-06	4.74E-06
$F_{13}(x)$	Min	2.44E-01	1.09E+00	5.03E+02	3.57E+03	8.34E-60	1.51E-50	2.50E-41	4.45E-30	2.42E-06	5.01E-07	4.21E-06	6.46E-07	1.54E-06	1.00E-07	1.17E-06	1.88E-06
	Max	1.54E+01	2.30E+02	2.64E+03	2.75E+04	2.71E-32	3.46E-28	3.40E-18	4.56E-18	7.54E-04	1.01E-04	2.39E-03	5.47E-03	9.38E-04	3.21E-04	1.40E-03	3.75E-03
	Avg.	3.33E+00	1.41E+02	1.24E+03	1.12E+04	1.39E-33	1.34E-29	1.79E-19	3.23E-19	1.47E-04	7.98E-05	3.08E-04	7.51E-04	1.36E-04	7.21E-05	1.97E-04	5.57E-04
	Std.	3.79E+00	2.51E+01	6.32E+02	5.52E+03	5.54E-33	6.34E-29	6.48E-19	9.83E-19	1.70E-04	1.19E-04	4.65E-04	1.14E-03	1.98E-04	9.13E-05	3.39E-04	8.57E-04

表 2-14 固定维数的基准函数 $F_{14}(x) \sim F_{23}(x)$ 的结果

函数		PSO	AT	HHO	IHHO
$F_{14}(x)$	Min	9.98E−01	2.00E−03	9.98E−01	9.98E−01
	Max	1.17E+01	2.00E−03	5.93E+00	9.98E−01
	Avg.	5.61E+00	2.00E−03	1.69E+00	9.98E−01
	Std.	3.42E+00	8.82E−19	1.49E+00	1.15E−06
$F_{15}(x)$	Min	3.32E−04	0.00E+00	3.09E−04	3.09E−04
	Max	2.06E−03	9.89E−06	1.57E−03	7.08E−04
	Avg.	6.93E−04	4.60E−07	4.18E−04	3.77E−04
	Std.	3.39E−04	1.92E−06	2.78E−04	8.96E−05
$F_{16}(x)$	Min	−1.03E+00	−1.03E+00	−1.03E+00	−1.03E+00
	Max	−1.03E+00	3.24E−04	−1.03E+00	−1.03E+00
	Avg.	−1.03E+00	−4.07E−01	−1.03E+00	−1.03E+00
	Std.	9.27E−05	5.08E−01	2.90E−10	1.53E−09
$F_{17}(x)$	Min	3.98E−01	3.73E−03	3.98E−01	3.98E−01
	Max	4.00E−01	7.11E−03	3.98E−01	3.98E−01
	Avg.	3.98E−01	5.13E−03	3.98E−01	3.98E−01
	Std.	5.04E−04	9.09E−04	2.50E−05	5.97E−05
$F_{18}(x)$	Min	3.00E+00	3.54E−09	3.00E+00	3.00E+00
	Max	3.03E+00	1.89E−08	3.00E+00	3.00E+00
	Avg.	3.01E+00	7.36E−09	3.00E+00	3.00E+00
	Std.	1.10E−02	3.66E−09	7.83E−07	8.08E−06
$F_{19}(x)$	Min	−3.86E+00	−3.86E+00	−3.86E+00	−3.86E+00
	Max	−3.86E+00	−3.83E+00	−3.85E+00	−3.78E+00
	Avg.	−3.86E+00	−3.85E+00	−3.86E+00	−3.85E+00
	Std.	1.50E−03	8.41E−03	3.43E−03	1.67E−02
$F_{20}(x)$	Min	−3.31E+00	−3.20E+00	−3.24E+00	−3.31E+00
	Max	−2.98E+00	−2.81E+00	−2.81E+00	−2.85E+00
	Avg.	−3.23E+00	−3.06E+00	−3.05E+00	−3.15E+00
	Std.	9.44E−02	9.07E−02	1.11E−01	1.28E−01
$F_{21}(x)$	Min	−1.01E+01	−6.18E+00	−9.89E+00	−1.02E+01
	Max	−2.61E+00	−1.85E+00	−5.02E+00	−1.01E+01
	Avg.	−5.55E+00	−3.29E+00	−5.53E+00	−1.01E+01
	Std.	3.12E+00	9.81E−01	1.46E+00	2.64E−02
$F_{22}(x)$	Min	−1.04E+01	−7.04E+00	−1.03E+01	−1.04E+01
	Max	−1.83E+00	−2.47E+00	−2.75E+00	−1.01E+01
	Avg.	−6.89E+00	−4.04E+00	−5.34E+00	−1.04E+01
	Std.	3.48E+00	1.12E+00	1.37E+00	6.56E−02
$F_{23}(x)$	Min	−1.05E+01	−7.91E+00	−1.02E+01	−1.05E+01
	Max	−1.67E+00	−2.19E+00	−5.10E+00	−1.03E+01
	Avg.	−6.02E+00	−3.80E+00	−5.29E+00	−1.05E+01
	Std.	3.90E+00	1.14E+00	9.31E−01	4.74E−02

从表 2-14 可以看到,在基准函数 $F_{14}(x) \sim F_{18}(x)$,$F_{21}(x) \sim F_{23}(x)$ 上,IHHO 算法的 Avg. 值达到最优值,说明 IHHO 算法优于 PSO、AT 和 HHO 算法。特别是,PSO、HHO 和 IHHO 算法在函数 $F_{16}(x)$ 上均达到了最优值 -1.0316,HHO 和 IHHO 算法在函数 $F_{17}(x)$,$F_{18}(x)$ 上分别达到了最优值 0.398 和 3,PSO 和 HHO 算法在函数 $F_{19}(x)$ 上达到了最优值 -3.86,PSO 算法在函数 $F_{20}(x)$ 达到了最小的 Avg. 值。由此可见,对于固定维数的基准函数,IHHO 算法有较好的函数优化性能。

2) IHHO 算法与其他算法比较

根据上述实验设置执行 ALO、DA、DE、GA、GWO、MFO、SCA、WOA、PSO、AT、HHO 和 IHHO 算法,维数分别为 30,100,300 和 500 的基准函数 $F_1(x) \sim F_{13}(x)$ 以及固定维数的基准函数 $F_{14}(x) \sim F_{23}(x)$ 的 Avg. 值和 Std. 分别如表 2-15 ~ 表 2-19 所列。从表 2-15 ~ 表 2-19 可以得到相同的结果:所提出的 IHHO 算法在所有维数上都是最优的。

无论函数 $F_1(x)$,$F_3(x)$,$F_4(x)$,$F_8(x) \sim F_{11}(x)$ 的维数是 30,100,300 或 500,IHHO 算法达到最接近函数实际最优值的函数 Avg. 值,而在函数 $F_2(x)$,$F_5(x)$,$F_6(x)$,$F_{12}(x)$,$F_{13}(x)$ 上,AT 算法达到最接近函数实际最优值的函数 Avg. 值。另外,在函数 $F_{14}(x) \sim F_{18}(x)$,$F_{21}(x) \sim F_{23}(x)$,IHHO 算法达到最接近函数实际最优值的函数 Avg. 值;ALO、DA、GWO、MFO、SCA、WOA、PSO、HHO 和 IHHO 算法在函数 $F_{16}(x)$ 上都达到最优值 -1.0316;ALO、DA、GWO、MFO、WOA、PSO、HHO 和 IHHO 算法在函数 $F_{17}(x)$ 上都达到最优值 0.398;DA、GWO、MFO、SCA、WOA、HHO 和 IHHO 算法在函数 $F_{18}(x)$ 上都达到了最优值 3;ALO、DA、GWO、MFO、WOA、PSO 和 HHO 算法在函数 $F_{19}(x)$ 上达到最优值 -3.86;PSO 和 MFO 算法在函数 $F_{20}(x)$ 上达到最接近于实际最优值 -3.32 的 Avg. 值。因此,所提出的 IHHO 算法优于 ALO、DA、DE、GA、GWO、MFO、SCA、WOA、PSO、AT 和 HHO 算法,且更适合函数优化。

3) Wilcoxon 检验

在本节,进一步用秩和检验中的 Wilcoxon 检验[173]来验证所提 IHHO 算法的有效性,比较结果如表 2-20 所列,其中

$$R^+ = \sum_{d_i > 0} \mathrm{rank}(d_i) + \frac{1}{2} \sum_{d_i = 0} \mathrm{rank}(d_i) \tag{2-38}$$

$$R^- = \sum_{d_i < 0} \mathrm{rank}(d_i) + \frac{1}{2} \sum_{d_i = 0} \mathrm{rank}(d_i) \tag{2-39}$$

$$T = \max\{R^+, R^-\} \tag{2-40}$$

式中:d_i 为两种算法在 N 个函数中的第 i 个函数上的性能得分之差;R^+ 和 R^- 分别为第二种算法分别优于第一种算法与第一种算法优于第二种算法的函数的秩和。然后,如果 T 小于或等于 N 自由度下 Wilcoxon 分布的值(见表 B.12[174]),则拒绝平均值相等的原假设。

表2-15　维数为30的基准函数 $F_1(x)$～$F_{13}(x)$ 的结果

函数		ALO	DA	DE	GA	GWO	MFO	SCA	WOA	PSO	AT	HHO	IHHO
$F_1(x)$	Avg.	1.22E−03	2.33E+03	6.83E+04	2.53E+04	1.88E−27	1.67E+03	2.32E+01	5.82E−74	5.18E−01	8.86E−18	9.36E−97	1.22E−179
	Std.	1.41E−03	1.07E+03	7.43E+03	6.45E+03	2.50E−27	3.79E+03	5.73E+01	2.80E−73	1.37E−01	4.09E−17	3.70E−96	0.00E+00
$F_2(x)$	Avg.	2.72E+01	1.60E+01	2.00E+13	3.05E+02	1.17E−16	3.48E+01	1.57E−02	1.79E−51	4.85E+00	0.00E+00	1.56E−50	6.71E−91
	Std.	3.33E+01	5.52E+00	7.36E+13	8.40E+02	1.04E−16	2.09E+01	1.68E−02	4.58E−51	1.26E+00	0.00E+00	4.14E−50	3.53E−90
$F_3(x)$	Avg.	4.56E+03	1.65E+04	1.51E+05	5.82E+04	8.11E−06	1.99E+04	9.21E+03	4.57E+04	1.25E+03	2.92E−16	4.49E−75	8.67E−144
	Std.	2.10E+03	9.41E+03	3.73E+04	2.11E+04	1.66E−05	1.35E+04	7.17E+03	1.57E+04	1.66E+03	8.17E−16	1.58E−74	4.74E−143
$F_4(x)$	Avg.	1.79E+01	3.22E+01	8.81E+01	7.75E+01	6.38E−07	6.68E+01	3.45E+01	4.22E+01	2.36E+00	4.55E−10	6.08E−49	9.58E−90
	Std.	4.34E+00	9.07E+00	2.73E+00	5.83E+00	4.97E−07	8.96E+00	1.29E+01	2.93E+01	9.53E−01	1.41E−09	1.81E−48	3.51E−89
$F_5(x)$	Avg.	4.29E+02	4.96E+05	2.50E+08	5.69E+07	2.72E+01	2.54E+04	2.10E+04	2.80E+01	1.98E+02	2.57E−28	1.56E−02	1.14E−02
	Std.	6.10E+02	5.72E+05	3.87E+07	2.09E+07	6.55E−01	4.00E+04	5.03E+04	5.18E−01	1.23E+02	8.00E−28	2.16E−02	1.70E−02
$F_6(x)$	Avg.	1.38E−03	1.96E+03	6.85E+04	2.41E+04	7.34E−01	3.35E+03	1.56E+01	4.23E−01	6.68E−01	2.36E−15	1.48E−04	7.68E−05
	Std.	1.11E−03	1.21E+03	8.19E+03	6.53E+03	3.09E−01	7.61E+03	1.79E+01	2.73E−01	2.21E−01	1.14E−14	1.89E−04	1.17E−04
$F_7(x)$	Avg.	2.65E−01	6.58E−01	1.25E+02	3.04E+01	2.00E−03	4.65E+00	1.24E−01	5.70E−03	2.57E−01	2.45E−03	1.39E−04	1.29E−04
	Std.	1.27E−01	3.76E−01	1.89E+01	1.24E+01	8.98E−04	6.68E+00	1.02E−01	6.10E−03	1.30E−01	2.54E−04	1.39E−04	1.70E−04
$F_8(x)$	Avg.	−5.53E+03	−5.34E+03	−2.24E+03	−2.22E+03	−6.03E+03	−8.36E+03	−3.82E+03	−1.04E+04	−2.85E+03	−1.89E+18	−1.26E+04	−1.26E+04
	Std.	3.67E+02	6.28E+02	6.40E+02	5.33E+02	1.11E+03	6.98E+02	2.55E+02	1.76E+03	4.440E+02	9.40E+18	8.13E+01	4.84E+01
$F_9(x)$	Avg.	7.73E+01	1.74E+02	4.49E+02	2.05E+02	3.92E+00	1.74E+02	4.33E+01	0.00E+00	6.44E+01	4.06E−14	0.00E+00	0.00E+00
	Std.	2.30E+01	4.16E+01	2.76E+01	2.26E+01	6.34E+00	4.42E+01	3.47E+01	0.00E+00	1.66E+01	1.47E−13	0.00E+00	0.00E+00
$F_{10}(x)$	Avg.	5.37E+00	1.05E+01	2.07E+01	1.78E+01	1.07E−13	1.49E+01	1.38E+01	4.80E−15	4.56E+00	4.66E−03	8.88E−16	8.88E−16
	Std.	3.41E+00	1.86E+00	2.06E−01	8.96E−01	1.56E−14	7.21E+00	8.81E+00	2.53E−15	1.02E+00	4.70E−03	0.00E+00	0.00E+00
$F_{11}(x)$	Avg.	6.59E−02	1.82E+01	6.11E+01	2.19E+02	2.27E−03	1.90E+01	2.61E+00	0.00E+00	1.93E+02	5.92E−15	0.00E+00	0.00E+00
	Std.	4.28E−02	9.89E+00	7.46E+01	4.73E+01	6.03E−03	4.36E+01	2.02E+04	0.00E+00	2.08E+01	2.13E−14	0.00E+00	0.00E+00
$F_{12}(x)$	Avg.	1.35E+01	3.83E+03	5.85E+08	1.38E+08	4.60E−02	4.43E+01	6.72E+04	2.23E−02	2.66E+00	8.32E−40	1.08E−05	7.36E−06
	Std.	4.24E+00	1.49E+04	1.44E+08	9.87E+07	2.60E−02	1.51E+02	3.58E+05	1.28E−02	1.15E+00	2.45E−39	1.52E−05	1.32E−05
$F_{13}(x)$	Avg.	2.28E+01	2.29E+05	1.21E+09	2.55E+08	7.10E−01	1.37E+07	1.72E+06	5.13E−01	3.33E+00	1.39E−33	1.47E−04	1.36E−04
	Std.	1.75E+01	4.09E+05	2.14E+08	1.44E+08	2.78E−01	7.49E+07	1.72E+06	2.81E−01	3.79E+00	5.54E−33	1.70E−04	1.98E−04

表 2-16　维数为 100 的基准函数 $F_1(x) \sim F_{13}(x)$ 的结果

函数		ALO	DA	DE	GA	GWO	MFO	SCA	WOA	PSO	AT	HHO	IHHO
$F_1(x)$	Avg.	4.29E+03	2.44E+04	2.77E+05	2.16E+05	1.31E-12	6.53E+04	1.05E+04	1.02E-73	9.19E+01	3.85E-14	7.92E-96	1.09E-174
	Std.	2.08E+03	1.14E+04	1.19E+04	1.79E+04	1.38E-12	1.52E+03	7.79E+03	4.82E-73	3.41E+01	1.81E-13	3.23E-95	0.00E+00
$F_2(x)$	Avg.	1.33E+26	7.99E+01	2.18E+49	5.15E+38	3.93E-08	2.36E+02	8.97E+00	4.90E-49	4.40E+01	0.00E+00	2.92E-47	3.56E-91
	Std.	6.53E+26	2.90E+01	5.34E+49	2.40E+39	1.21E-08	4.57E+01	7.47E+00	1.82E-48	5.66E+00	0.00E+00	1.57E-46	1.54E-90
$F_3(x)$	Avg.	7.71E+04	2.32E+05	1.52E+06	7.58E+05	6.38E+02	2.30E+05	2.25E+05	1.01E-06	3.23E+04	1.24E-14	5.33E-61	3.36E-118
	Std.	2.42E+04	8.10E+04	4.01E+05	2.11E+05	7.26E+02	5.27E+04	4.83E+04	2.77E-05	1.55E-04	3.05E-14	2.91E-60	1.84E-117
$F_4(x)$	Avg.	3.34E+01	5.84E+01	9.63E+01	9.44E+01	1.16E+00	9.30E+01	9.02E+01	7.71E-01	9.61E+00	1.07E-08	5.28E-47	1.11E-88
	Std.	3.23E+00	8.73E+00	1.14E+00	1.68E+00	1.28E+00	2.56E+00	2.41E+01	2.25E-01	1.16E+00	2.07E-08	2.88E-46	5.48E-88
$F_5(x)$	Avg.	6.72E+05	2.44E+07	1.19E+09	8.19E+08	9.81E+01	1.85E+08	1.38E+08	9.82E+01	5.54E+03	4.18E-20	6.12E-02	7.15E-02
	Std.	4.07E+05	1.18E+07	1.07E+08	1.04E+08	5.30E-01	8.95E+07	4.59E+07	2.40E-01	1.34E+03	1.27E-19	7.22E-02	1.12E-01
$F_6(x)$	Avg.	4.14E+03	2.19E+04	2.74E+05	2.13E+05	1.00E+01	6.75E+04	1.10E+04	4.23E+00	8.99E+01	1.17E-14	5.99E-04	2.59E-04
	Std.	1.70E+03	9.61E+03	1.37E+04	1.49E+04	1.05E+00	2.04E+04	7.95E+03	1.40E+00	2.96E+01	4.21E-14	9.55E-04	2.54E-04
$F_7(x)$	Avg.	4.78E+00	3.20E+01	1.89E+03	1.31E+03	6.93E-03	2.70E+02	1.29E+02	4.23E+00	6.24E+00	2.72E-04	1.64E-04	1.40E-04
	Std.	1.64E+00	1.84E+01	1.82E+02	1.39E+02	2.99E-03	1.23E+02	6.97E+01	1.40E+00	2.42E+00	1.48E-05	1.51E-04	9.99E-05
$F_8(x)$	Avg.	-1.81E+04	-1.03E+04	-4.34E+03	-4.37E+03	-1.54E+04	-2.28E+04	-7.18E+03	-3.51E+04	-5.06E+03	-1.18E+25	-4.19E+04	-4.19E+04
	Std.	7.40E-12	1.55E+03	8.38E+02	1.48E+03	4.06E+03	2.23E+03	5.89E+02	5.55E+03	5.43E+02	6.28E+25	1.53E+02	4.66E+01
$F_9(x)$	Avg.	3.75E+02	7.96E+02	1.63E+03	1.33E+03	1.03E+01	8.55E+02	2.28E+02	0.00E+00	4.40E+02	2.39E-11	0.00E+00	0.00E+00
	Std.	5.52E+01	1.44E+02	6.01E+01	6.69E+01	9.91E+00	8.11E+01	7.36E+01	0.00E+00	3.64E+01	5.25E-11	0.00E+00	0.00E+00
$F_{10}(x)$	Avg.	1.36E+01	1.40E+01	2.10E+01	2.04E+01	1.32E-07	1.99E+01	1.93E+01	4.32E-15	7.83E+00	2.79E-03	8.88E-16	8.88E-16
	Std.	1.08E+00	1.96E+00	6.52E-02	1.79E-01	5.12E-08	1.29E-01	3.54E+00	2.38E-15	6.91E-01	2.42E-03	0.00E+00	0.00E+00
$F_{11}(x)$	Avg.	4.89E+01	2.11E+02	2.46E+03	1.92E+03	4.32E-03	5.79E+02	8.39E+01	0.00E+00	8.52E+02	2.92E-10	0.00E+00	0.00E+00
	Std.	2.09E+01	1.15E+02	1.28E+02	1.33E+02	1.18E-02	1.26E+02	4.60E+01	0.00E+00	4.11E+01	1.60E-09	0.00E+00	0.00E+00
$F_{12}(x)$	Avg.	1.60E+02	1.56E+07	2.88E+09	1.81E+09	2.76E-01	3.11E+08	2.93E+08	5.42E-02	4.41E+00	9.25E-34	4.51E-06	6.13E-06
	Std.	2.46E+02	1.50E+07	2.96E+08	3.18E+08	5.52E-02	1.44E+08	1.51E+08	2.30E-02	9.97E-01	3.68E-33	4.88E-06	8.91E-06
$F_{13}(x)$	Avg.	1.40E+05	6.49E+07	5.31E+09	3.63E+09	6.73E-01	6.37E+08	5.66E+08	3.00E+00	1.41E+02	1.34E-29	7.98E-06	7.21E-05
	Std.	2.05E+05	5.92E+07	4.84E+08	4.70E+08	5.64E-01	2.41E+08	2.68E+08	1.05E+00	2.51E+01	6.34E-29	1.19E-04	9.13E-05

表 2-17　维数为 300 的基准函数 $F_1(x) \sim F_{13}(x)$ 的结果

函数		ALO	DA	DE	GA	GWO	MFO	SCA	WOA	PSO	AT	HHO	IHHO
$F_1(x)$	Avg.	8.90E+04	6.77E+04	8.91E+05	8.24E+05	1.25E-05	5.60E+05	9.27E+04	1.36E-71	3.89E+03	6.98E-12	2.43E-94	6.32E-178
	Std.	1.93E-04	3.72E+04	2.17E+04	2.08E+04	6.47E-06	2.47E+04	3.60E+04	4.29E-71	9.31E+02	1.86E-11	9.64E-94	0.00E+00
$F_2(x)$	Avg.	2.03E+116	3.18E+02	1.76E+161	1.00E+147	5.50E-04	8.92E-16	6.20E+01	3.04E-49	1.97E+02	0.00E+00	6.10E-50	1.02E-90
	Std.	1.11E+117	1.06E+02	Inf	3.04E+147	1.40E-04	2.78E+01	3.14E+01	1.10E-48	1.18E+01	0.00E+00	1.96E-49	5.06E-90
$F_3(x)$	Avg.	7.00E-05	2.22E+06	1.49E+07	6.77E+06	9.13E+04	1.82E+06	2.45E+06	1.17E+07	3.48E+05	4.64E-13	3.58E-36	1.03E-104
	Std.	2.17E-05	6.18E+05	4.97E+06	2.74E+06	2.86E+04	3.18E+05	6.11E+05	3.85E+06	1.74E+05	9.93E-13	1.96E-35	5.62E-104
$F_4(x)$	Avg.	4.52E+01	7.40E+01	9.86E+01	9.86E+01	4.67E+01	9.82E+01	9.82E+01	8.67E+01	1.41E+01	3.00E-05	9.07E-49	6.43E-90
	Std.	4.62E+00	8.25E+00	6.35E-01	5.45E-01	8.11E-01	6.94E-01	7.55E-01	1.68E-01	1.07E+00	6.79E-05	3.07E-48	3.03E-89
$F_5(x)$	Avg.	4.64E+07	1.19E+08	4.11E+09	3.64E+09	2.98E+02	2.26E+09	9.63E+08	2.97E+02	4.13E+05	3.17E-16	1.50E-01	1.33E-01
	Std.	1.80E+07	7.64E+07	1.64E+08	1.62E+08	3.30E-01	2.26E+08	2.94E+08	2.28E-01	8.60E+04	1.24E-15	2.08E-01	1.89E-01
$F_6(x)$	Avg.	9.29E+04	7.74E+04	8.97E+05	8.22E+05	4.95E-01	5.64E+05	9.61E+04	1.73E+01	3.61E+03	8.20E-11	1.63E-03	1.04E-03
	Std.	1.84E+04	4.96E+04	2.47E+04	3.22E+04	1.51E+00	3.24E+04	4.87E+04	4.19E+00	7.32E+02	2.41E-10	2.36E-03	1.06E-03
$F_7(x)$	Avg.	2.22E+02	5.11E+02	1.99E+04	1.77E+04	2.51E-02	1.02E+04	4.27E+03	4.02E-03	1.61E+02	3.46E-05	1.94E-04	1.56E-04
	Std.	7.85E+01	4.93E+02	8.46E+02	7.54E+02	5.59E-03	9.08E+02	9.12E+02	4.12E-03	1.18E+02	1.21E-06	1.98E-04	1.26E-04
$F_8(x)$	Avg.	-5.42E+04	-1.79E+04	-6.77E+03	-6.48E+03	-3.97E+04	-4.65E+04	-1.22E+04	-1.06E+05	-9.38E+03	-4.93E+41	-1.26E+05	-1.26E+05
	Std.	7.40E+01	2.47E+03	1.56E+03	1.65E+03	3.09E+03	3.21E+03	9.80E+02	1.70E+04	1.19E+03	2.70E+42	1.76E+01	1.72E+01
$F_9(x)$	Avg.	1.91E+03	2.61E+03	5.21E+03	4.84E+03	3.89E+01	3.70E+03	7.81E+01	0.00E+00	2.02E+03	2.21E-09	0.00E+00	0.00E+00
	Std.	1.90E+02	4.67E+02	1.11E+02	9.25E+01	1.46E+01	1.06E+02	3.73E+02	0.00E+00	8.54E+01	3.92E-09	0.00E+00	0.00E+00
$F_{10}(x)$	Avg.	1.55E+01	1.45E+01	2.11E+01	2.09E+01	2.27E-04	2.01E+01	1.98E+01	4.44E-15	8.98E+00	1.45E-03	8.88E-16	8.88E-16
	Std.	6.94E-01	2.05E+00	3.17E-02	2.87E-02	5.46E-05	9.63E-02	2.87E+00	2.64E-15	5.13E-01	1.36E-03	0.00E+00	0.00E+00
$F_{11}(x)$	Avg.	8.79E+02	6.67E+02	8.08E+03	7.41E+03	1.24E-02	5.05E+03	1.04E+03	0.00E+00	2.88E+02	1.94E-08	0.00E+00	0.00E+00
	Std.	1.78E+02	3.22E+02	2.67E+02	2.21E+02	2.35E-02	2.35E+02	3.78E+02	0.00E+00	7.10E+01	5.65E-08	0.00E+00	0.00E+00
$F_{12}(x)$	Avg.	4.26E+06	1.13E+08	1.02E+10	8.75E+09	6.20E-01	5.16E+09	2.85E+09	9.25E-02	8.88E+00	9.59E-21	3.80E-06	3.45E-06
	Std.	4.74E+06	7.54E+07	5.06E+10	5.12E+08	4.65E-02	4.45E+08	5.36E+08	3.77E-02	1.91E+00	4.96E-20	4.97E-06	5.61E-06
$F_{13}(x)$	Avg.	5.71E+07	4.15E+08	1.83E+10	1.63E+10	2.74E+01	9.83E+09	5.13E+09	1.04E+01	1.24E+03	1.79E-19	3.08E-04	1.97E-04
	Std.	3.52E+07	2.41E+08	7.50E+08	9.49E+08	8.67E-01	8.37E+08	1.05E+02	3.75E-01	6.32E+02	6.48E-19	4.65E-04	3.39E-04

表 2-18　维数为 500 的基准函数 $F_1(x) \sim F_{13}(x)$ 的结果

函数		ALO	DA	DE	GA	GWO	MFO	SCA	WOA	PSO	AT	HHO	IHHO
$F_1(x)$	Avg.	2.14E+05	1.69E+05	1.52E+06	1.46E+06	1.57E-03	1.16E+06	2.18E+05	3.75E-70	1.13E+04	2.55E-10	2.38E-97	1.19E-170
	Std.	3.95E+04	1.03E+05	3.54E-04	3.00E+04	7.33E-04	3.44E+04	7.78E+04	1.69E-69	1.48E+03	4.68E-10	1.13E-96	0.00E+00
$F_2(x)$	Avg.	1.10E+225	5.99E+02	1.04E+268	3.38E+261	1.10E-02	1.01E+118	1.03E+02	2.23E-49	3.62E+02	1.75E-304	1.46E-48	8.36E-90
	Std.	Inf	1.75E+02	Inf	Inf	1.73E-03	4.45E+118	5.74E+01	7.62E-49	2.35E+01	0.00E+00	5.53E-48	3.41E-89
$F_3(x)$	Avg.	2.00E+06	6.39E+06	3.61E+07	2.24E+07	3.19E+05	5.15E+06	7.12E+06	2.99E+07	1.06E+06	1.07E-10	5.25E-28	8.11E-78
	Std.	7.41E+05	1.82E+06	1.31E+07	8.22E+06	7.80E+04	1.06E+06	1.43E+06	1.03E+07	5.12E+05	2.51E-10	2.87E-27	4.44E-77
$F_4(x)$	Avg.	4.98E+01	7.65E+01	9.93E+01	9.91E+01	6.61E+01	9.89E+01	9.91E+01	8.02E+01	1.56E+01	8.37E-05	1.09E-48	1.38E-89
	Std.	5.98E+00	9.47E+00	2.74E-01	3.23E-01	3.82E+00	3.67E-01	2.28E-01	2.01E+01	1.03E+00	1.02E-04	3.65E-48	6.60E-89
$F_5(x)$	Avg.	1.57E+08	2.81E+08	7.11E+09	6.67E+09	4.98E+02	5.07E+09	1.70E+09	4.96E+02	1.69E+06	7.26E-15	3.65E-01	2.46E-01
	Std.	4.61E+07	2.41E+08	2.29E+08	2.18E+08	3.64E-01	1.78E+08	4.03E+08	5.23E-01	2.65E+05	2.94E-14	5.26E-01	3.67E-01
$F_6(x)$	Avg.	2.20E+05	7.37E+04	1.52E+03	1.46E+06	9.18E+01	1.16E+06	2.51E+05	3.41E+01	1.14E+04	3.24E-10	2.80E-03	1.95E-03
	Std.	4.01E+04	1.93E+03	3.35E+04	2.66E+04	2.16E+00	3.05E+04	7.75E+04	1.02E+01	1.67E+03	6.64E-10	5.26E-03	3.58E-03
$F_7(x)$	Avg.	1.01E+03	1.93E+03	1.52E+06	5.40E+04	4.96E-02	3.95E+04	1.45E+04	3.97E-03	4.93E+02	5.54E-18	1.74E-04	1.59E-04
	Std.	4.22E+02	1.65E+03	3.35E+04	2.25E+03	1.13E-02	2.08E+03	2.81E+03	5.23E-03	3.40E+02	2.05E-17	1.78E-04	1.16E-04
$F_8(x)$	Avg.	-9.03E+04	-2.33E+04	-8.96E+03	-8.64E+03	-5.79E+04	-6.05E+04	-1.53E+04	-1.74E+05	-1.26E+04	-1.22E+41	-2.08E+05	-2.09E+05
	Std.	1.48E-11	3.02E+03	2.09E+03	2.46E+03	3.09E+03	4.62E+03	1.12E+03	2.84E+04	1.75E+03	6.70E+41	6.10E+03	1.32E+03
$F_9(x)$	Avg.	3.80E+03	4.39E+03	8.80E+03	8.43E+03	8.21E+01	6.96E+03	1.17E+03	0.00E+00	3.76E+03	8.45E-09	0.00E+00	0.00E+00
	Std.	2.38E+02	6.30E+02	1.04E+02	1.31E+02	2.25E+01	1.37E+02	4.39E+02	0.00E+00	1.07E+02	1.67E-08	0.00E+00	0.00E+00
$F_{10}(x)$	Avg.	1.60E+01	1.48E+01	2.11E+01	2.10E+01	1.82E+01	2.02E+01	1.88E+01	4.20E-15	9.37E+00	3.35E-03	8.88E-16	8.88E-16
	Std.	5.21E-01	1.92E+00	2.46E-02	2.38E-02	2.76E-01	1.60E-01	3.86E+00	2.27E-15	3.44E+01	2.71E-03	0.00E+00	0.00E+00
$F_{11}(x)$	Avg.	1.90E+03	1.21E+03	1.38E+04	1.31E+04	8.90E-03	1.05E+04	1.77E+03	0.00E+00	4.87E+03	3.61E-08	0.00E+00	0.00E+00
	Std.	3.59E+02	6.64E+02	2.35E+02	3.61E+02	2.71E-02	3.39E+02	6.38E+02	0.00E+00	7.81E+01	7.51E-08	0.00E+00	0.00E+00
$F_{12}(x)$	Avg.	3.46E+07	4.18E+08	1.75E+10	1.64E+10	7.58E-01	1.19E+10	6.15E+09	8.78E-02	1.21E+01	1.45E-20	2.77E-06	2.45E-06
	Std.	2.59E+07	2.87E+08	7.64E+08	6.26E+08	5.60E-02	6.32E+08	1.21E+09	4.55E-02	2.26E+00	5.27E-20	4.15E-06	4.74E-06
$F_{13}(x)$	Avg.	2.61E+08	1.01E+09	3.23E+10	2.96E+10	5.11E+01	2.23E+10	9.42E+09	1.99E+01	1.12E+04	3.23E-19	7.51E-04	5.57E-04
	Std.	1.33E+08	7.54E+08	1.01E+09	9.66E+08	1.43E+00	1.27E+09	1.96E+09	5.45E+00	5.52E+03	9.83E-19	1.14E-03	8.57E-04

表 2-19　固定维数的基准函数 $F_{14}(x) \sim F_{23}(x)$ 的结果

函数		ALO	DA	DE	GA	GWO	MFO	SCA	WOA	PSO	AT	HHO	IHHO
$F_{14}(x)$	Avg.	2.78E+00	1.33E+00	1.21E+02	6.07E+00	4.82E+00	2.67E+00	2.13E+00	3.35E+00	5.61E+00	2.00E-03	1.69E+00	9.98E-01
	Std.	1.99E+00	8.35E-01	1.26E+02	5.19E+00	4.34E+00	2.67E+00	1.90E+00	3.85E+00	3.42E+00	8.82E-19	1.49E+00	1.15E-06
$F_{15}(x)$	Avg.	2.92E-03	5.41E-03	2.51E-01	1.64E-02	5.10E-03	1.61E-03	1.04E-03	8.24E-04	6.93E-04	4.60E-07	4.18E-04	3.77E-04
	Std.	5.95E-03	7.63E-03	2.71E-01	1.84E-02	8.57E-03	3.56E-03	3.69E-04	4.89E-04	3.39E-04	1.92E-06	2.78E-04	8.96E-05
$F_{16}(x)$	Avg.	-1.03E+00	-1.03E+00	9.74E-01	-8.47E-01	-1.03E+00	-1.03E+00	-1.03E+00	-1.03E+00	-1.03E+00	-4.07E-01	-1.03E+00	-1.03E+00
	Std.	1.11E-13	2.17E-07	1.64E-01	1.48E-01	2.75E-08	6.78E-16	6.64E-05	1.46E-09	9.27E-05	5.08E-01	2.90E-10	1.53E-09
$F_{17}(x)$	Avg.	3.98E-01	3.98E-01	1.62E+00	5.68E-01	3.98E-01	3.98E-01	4.00E-01	3.98E-01	3.98E-01	5.13E-03	3.98E-01	3.98E-01
	Std.	1.07E-13	9.17E-07	1.21E+00	7.64E-01	2.95E-06	0.00E+00	3.48E-03	4.35E-05	5.04E-04	9.09E-04	2.50E-05	5.97E-05
$F_{18}(x)$	Avg.	3.90E+00	3.00E+00	7.92E+02	3.59E+01	3.00E+00	3.00E+00	3.00E+00	3.00E+00	3.01E+00	7.36E-09	3.00E+00	3.00E+00
	Std.	4.93E+00	1.03E-08	1.14E+03	3.88E+01	3.70E-05	1.45E-15	8.90E-05	1.01E-04	1.10E-02	3.66E-09	7.83E-07	8.08E-06
$F_{19}(x)$	Avg.	-3.86E+00	-3.86E+00	-3.23E+00	-3.40E+00	-3.86E+00	-3.86E+00	-3.85E+00	-3.86E+00	-3.86E+00	-3.85E+00	-3.86E+00	-3.85E+00
	Std.	2.47E-13	1.03E-03	4.39E-01	3.31E-01	2.40E-03	1.44E-03	2.66E-03	1.07E-02	1.50E-03	8.41E-03	3.43E-03	1.67E-02
$F_{20}(x)$	Avg.	-3.28E+00	-3.25E+00	-1.54E+00	-1.61E+00	-3.28E+00	-3.23E+00	-2.88E+00	-3.21E+00	-3.23E+00	-3.06E+00	-3.05E+00	-3.15E+00
	Std.	5.86E-02	9.43E-02	5.58E-01	6.22E-01	7.18E-02	6.55E-02	4.37E-01	1.83E-01	9.44E-02	9.07E-02	1.11E-01	1.28E-01
$F_{21}(x)$	Avg.	-5.77E+00	-6.52E+00	-4.53E-01	-1.31E+00	-1.00E+01	-7.14E+00	-1.32E+00	-7.67E+00	-5.55E+00	-3.29E+00	-5.53E+00	-1.01E+01
	Std.	2.63E+00	2.45E+00	1.46E-01	7.50E-01	8.41E-01	3.38E+00	1.25E+00	2.90E+00	3.12E+00	9.81E-01	1.46E+00	2.64E-02
$F_{22}(x)$	Avg.	-7.77E+00	-8.11E+00	-6.67E-01	-1.40E+00	-1.04E+01	-7.84E+00	-3.29E+00	-8.15E+00	-6.89E+00	-4.04E+00	-5.34E+00	-1.04E+01
	Std.	3.12E+00	2.87E+00	3.23E-01	9.25E-01	9.18E-04	3.45E+00	1.85E+00	2.74E+00	3.48E+00	1.12E+00	1.37E+00	6.56E-02
$F_{23}(x)$	Avg.	-6.12E+00	-7.05E+00	-8.14E-01	-1.63E+00	-1.04E+01	-8.18E+00	-3.84E+00	-7.88E+00	-6.02E+00	-3.80E+00	-5.29E+00	-1.05E+01
	Std.	3.32E+00	3.16E+00	2.54E-01	1.15E+00	9.79E-01	3.44E+00	1.73E+00	3.14E+00	3.90E+00	1.14E+00	9.31E-01	4.74E-02

表 2-20　Wilcoxon 检验

算　　法	$F_1(x)\sim F_{13}(x)$			$F_{14}(x)\sim F_{23}(x)$			$F_1(x)\sim F_{23}(x)$		
IHHO v. s.	R^+	R^-	T	R^+	R^-	T	R^+	R^-	T
ALO	0	91	91	18.5	36.5	36.5	64	212	212
DA	0	91	91	21	34	34	73	203	203
AT	46	45	46	12	43	43	110	166	166
DE	0	91	91	0	55	55	0	276	276
GA	0	91	91	0	55	55	0	276	276
GWO	0	91	91	30	25	25	95	181	181
MFO	0	91	91	15.5	39.5	39.5	48	228	228
PSO	0	91	91	13	42	42	39	237	237
SCA	0	91	91	1.5	53.5	53.5	8	268	268
WOA	5.5	85.5	85.5	18.5	36.5	36.5	69.5	206.5	206.5
HHO	23	68	68	14	41	41	76	200	200

对于显著水平 $\alpha=0.05$，从表 2-20 可以观察到 T 全都大于表 B.12[174]确定的 30 维函数 $F_1(x)\sim F_{13}(x)$ 的 $T_{0.05(1),13}=21$，$T_{0.05(2),13}=17$，大于表 B.12[174]确定的函数 $F_{14}(x)\sim F_{23}(x)$ 的 $T_{0.05(1),10}=10$，$T_{0.05(2),10}=8$，大于表 B.12[174]确定的函数 $F_1(x)\sim F_{23}(x)$ 的 $T_{0.05(1),23}=83$，$T_{0.05(2),23}=73$，表明拒绝平均值相等的原假设。还观测到仅有函数 $F_1(x)\sim F_{13}(x)$ 得到的 IHHO 算法的 R^+ 大于 AT 算法的 R^-，而其余情况下，R^- 全都大于 R^+，表明 IHHO 算法优于其余 11 个比较算法，且有较强的竞争力。

4）IHHO 算法对 12 个移位函数的影响

本节我们讨论了将 12 个基准函数 $F_1(x)\sim F_7(x)$ 和 $F_9(x)\sim F_{13}(x)$ 平移 a 个单位得到的 12 个移位函数 $SF_1(x)\sim SF_{12}(x)$，也就是说，基准函数 $F_1(x)\sim F_7(x)$ 变为移位函数 $SF_1(x)\sim SF_7(x)$，基准函数 $F_9(x)\sim F_{13}(x)$ 变为移位函数 $SF_8(x)\sim SF_{12}(x)$。这 12 个移位函数的最优解变为 $(a,a,\cdots,a)$，远离最初解 $(0,0,\cdots,0)$。例如，基准函数 $F_1(x)=\sum_{i=1}^{n}x_i^2$ 的全局最优解是 $(0,0,\cdots,0)$，其中 $x_i\in[-100,100]$ $(i=1,2,\cdots,n)$，而移位函数 $F_1(x)=\sum_{i=1}^{n}(x_i-a)^2$ 的全局最优解是 $(a,a,\cdots,a)$，其中 $x_i\in[-100+a,100+a](i=1,2,\cdots,n)$。

根据上述实验设置，对这 12 个移位函数的每个函数独立运行 IHHO 算法 30 次。当平移单元 a 以步长 0.2 从 -2 变化到 2 时，得到了这 12 个移位函数的平均值，如图 2-10 所示。从图 2-10 可以看到，尽管这 12 个移位函数 $SF_1(x)\sim SF_{12}(x)$ 是由 12 个基准函数 $F_1(x)\sim F_7(x)$ 和 $F_9(x)\sim F_{13}(x)$ 通过简单地将每个变量平移 a 个单元得到的，但移位函数 $SF_1(x)\sim SF_{12}(x)$ 的 Avg. 值随着变量的平移而变化，进而从图 2-10 得到的结论表明移位函数影响 IHHO 算法的函数极值寻优。

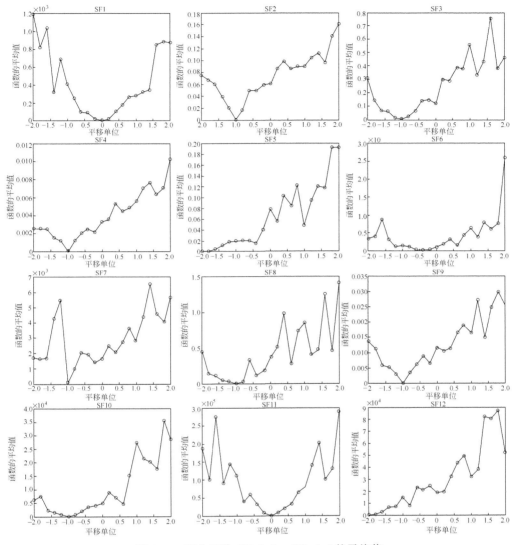

图 2-10 移位函数 $SF_1(x)\sim SF_{12}(x)$ 的平均值

4. 讨论

根据上述在 23 个基准函数上所做的实验,我们获得所提出的混合算法 IHHO 在这些基准函数上大部分都有最小的 Avg. 值。首先对四种不同维数的基准函数 $F_1(x)\sim F_{13}(x)$,将 IHHO 算法与 PSO、AT 和 HHO 算法进行比较,实验结果是 IHHO 算法优于 PSO、AT 和 HHO 算法。然后在四种不同维数的基准函数 $F_1(x)\sim F_{13}(x)$ 和 10 个固定维数的基准函数 $F_{14}(x)\sim F_{23}(x)$ 上 IHHO 算法与 ALO、DA、DE、GA、GWO、MFO、SCA、WOA、AT 和 HHO 算法进行比较,结果表明 IHHO 算法也是这些算法中最好的算法。但在 PSO 和 IHHO 算法中,惯性权重 ω 的取值为 1,这可能导致函数的最小 Avg. 值比较高。因此,合适地选取惯性权重 ω 可能改进函数的优化。

2.3.4　基于 IHHO 和 SVM 的 SAR 目标识别

1. 数据源

为了进一步评估所提出 IHHO 算法的性能,在本节将 IHHO 算法与 SVM 结合起来建立新的分类模型 IHHO-SVM,对公共的 MSTAR 数据集实现 SAR 目标识别。公共的 MSTAR 数据集是由美国国防研究计划局和美国空军研究实验室合作资助研究并公开的数据集。本节所采用的 MATAR 数据集包括三种类型的目标:BMP2、BTR70 和 T72,如图 2-11 所示。BMP2 类型有三类 SN_9563、SN_9566 和 SN_C21,BTR70 类型只有一类 SN_C71,T72 类型有三类 SN_132、SN_812 和 SN_S7。在所使用的 MSTAR 数据集中,俯角为 17°的 SAR 图像是训练集,而俯角为 15°的图像是测试集,MSTAR 数据集的具体内容如表 2-21 所列。

(a)　　　　　　　　(b)　　　　　　　　(c)

图 2-11　MSTAR 数据集的三种类型

(a) BTR70; (b) BMP2; (c) T72

表 2-21　MSTAR 数据集

类型	子类	训练集		测试集		图像大小
		俯角	数目	俯角	数目	
BMP2	SN_9563	17°	233	15°	195	128×128
	SN_9566	17°	232	15°	196	128×128
	SN_C21	17°	233	15°	196	128×128
BTR70	SN_C71	17°	233	15°	196	128×128
T72	SN_132	17°	232	15°	196	128×128
	SN_812	17°	231	15°	195	128×128
	SN_S7	17°	228	15°	191	128×128
总数			1622		1365	

2. 数据预处理

先从 SAR 图像中分割出 64×64 的中心区域,再将这些获得的图像拉长为 4096 维向量,将 BMP2、BTR70 和 T72 这三种类型的分类分别标签为 1,2 和 3,从而由表 2-21 可以看到本节所用的 SAR 图像有 1622 个训练数据和 1365 个测试数据,最后采用主成分分析法对训练数据和测试数据进行降维。当这 2987 个数据的累计贡献率达到 70% 时,前 191 个主成分被认为是新数据的维数,进而利用这 2987 个新191 维数据对 SAR 图像进行目标识别。

3. 基于 IHHO 和 SVM 的分类器

本节中,SVM 中需要优化的两个参数是惩罚参数 C 和 RBF 核函数参数 γ。IHHO 算法中,群体中每个个体由惩罚参数 C 和 RBF 核函数参数 γ 组成,IHHO 算法的适应度函数取样本的分类准确率,定义为

$$分类准确率 = \frac{正确分类的样本个数}{总的样本个数} \tag{2-41}$$

利用 IHHO 算法优化 SVM 的惩罚参数 C 和 RBF 核函数参数 γ 实现 SAR 的目标识别,建立了基于 IHHO 算法和 SVM 的实现 SAR 目标识别的混合模型 IHHO-SVM。

4. 实验结果

本节提出了在 Matlab R2014a 环境中基于 IHHO-SVM 的 SAR 目标识别方法。上述 23 个基准函数的优化问题说明了 IHHO 算法优于 ALO、DA、DE、GA、GWO、MFO、SCA、WOA、PSO、AT 和 HHO 算法。特别是 IHHO、AT 和 HHO 算法也优于 ALO、DA、DE、GA、GWO、MFO、SCA、WOA 和 PSO 算法。而 IHHO 算法是受 AT 和 PSO 算法的启发,在 HHO 算法的基础上进行改进的。因此,在这节中,仅使用 PSO、AT、HHO 和 IHHO 优化 SVM 的惩罚参数 C 和 RBF 核函数参数 γ 建立模型 PSO-SVM、AT-SVM、HHO-SVM 和 IHHO-SVM 进行比较。因此本节使用 5 种模型 SVM、PSO-SVM、AT-SVM、HHO-SVM 和 IHHO-SVM 用于 SAR 目标识别。PSO-SVM、AT-SVM、HHO-SVM 和 IHHO-SVM 中参数的选择如表 2-22 所列。根据表 2-22,在区间 $[0.5, 2]$ 中任意选择惩罚参数 C 和核函数参数 γ。

表 2-22 模型 PSO-SVM、AT-SVM、HHOSVM 和 IHHO-SVM 的参数

参 数	值
种群大小	20
最大迭代次数	20
惩罚参数 C 和核函数参数 γ 的下界	0.5
惩罚参数 C 和核函数参数 γ 的上界	2
PSO 和 IHHO 的常数 c_1	2
PSO 和 IHHO 的常数 c_2	2
PSO 和 IHHO 的惯性权重 ω	1

　　分别独立运行 5 个模型 SVM、PSO-SVM、AT-SVM、HHO-SVM 和 IHHO-SVM10 次,得到表 2-23、图 2-12 和图 2-13。在表 2-23 中,Num. 表示正确分类的 SAR 图像数。表 2-23 列出了 BMP2、BTR70 和 T72 这三种类型的实际图像数,这 5 个模型(SVM,PSO-SVM、AT-SVM、HHO-SVM 和 IHHO-SVM)对 BMP2、BTR70 和 T72 这三种类型平均分类正确的 SAR 图像数及其平均分类准确率,表的最后一行是总的图像数,这 5 个模型(SVM、PSO-SVM、AT-SVM、HHO-SVM 和 IHHO-SVM)对所有的测试图像平均分类正确的 SAR 图像数及其平均分类准确率。图 2-12 是用柱状图表示 BMP2、BTR70 和 T72 这三种类型的平均分类准确率和总的平均分类准确率(Totality);图 2-13 是用柱状图表示 BMP2、BTR70 和 T72 这三种类型的

表 2-23　模型 SVM、PSO-SVM、AT-SVM、HHO-SVM 和 IHHO-SVM 的
平均正确分类图像数和平均分类准确率

模型	实际图像数	SVM		PSO-SVM		AT-SVM		HHO-SVM		IHHO-SVM	
		Num.	准确率	Num.	准确率	Num.	准确率	Num.	准确率	Num.	准确率
T72	582	477.1	81.98%	523.4	89.93%	534.8	91.89%	544.3	93.52%	574.4	98.69%
BMP2	196	69.2	35.31%	57.1	29.13%	71.3	36.38%	84	42.86%	150.8	76.94%
BTR70	587	576.7	98.25%	578.1	98.48%	577.8	98.43%	574.7	97.90%	569.3	96.98%
总计	1365	1123	82.27%	1158.6	84.88%	1183.9	86.73%	1203	88.13%	1294.5	94.84%

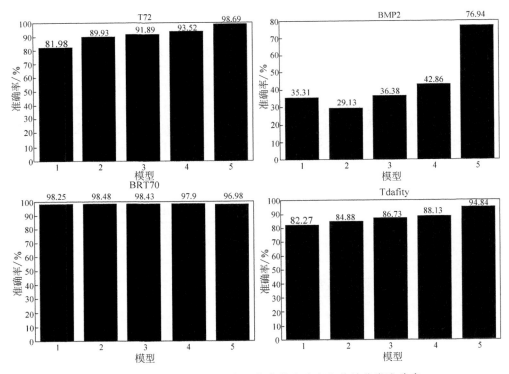

图 2-12　SAR 图像的三种类型的分类准确率和总的分类准确率

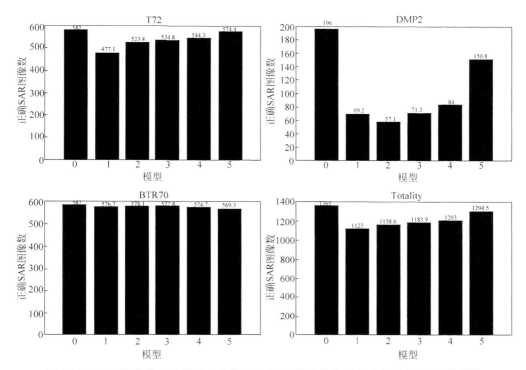

图 2-13　SAR 图像的三种类型的分类正确 SAR 图像数和总的分类正确 SAR 图像数

平均分类正确 SAR 图像数和总的平均正确 SAR 图像数。图 2-12 和图 2-13 中,分别用 1,2,3,4,5 表示模型 SVM、PSO-SVM、AT-SVM、HHO-SVM 和 IHHO-SVM。另外,图 2-13 中,模型 0 表示原始的测试数据。

　　从表 2-23 可以看出 5 个模型中模型 IHHO-SVM 的总的平均分类准确率和平均正确分类 SAR 图像数分别达到 94.84%(1294.5/1365)和 1294.5;对于 T72 和 BMP2 这两种类型的 SAR 目标识别,模型 IHHO-SVM 的平均分类准确率也分别达到了最高值 98.69%(574.4/1365)和 76.94%(150.8/196);对于 BTR70 类型的 SAR 目标识别,模型 PSO-SVM 的平均分类准确率达到最高值 98.48%(578.1/587),且模型 SVM、AT-SVM 和 HHO-SVM 的平均分类准确率也比 IHHO-SVM 的平均分类准确率高,但这 5 个模型的平均分类准确率相差不大。对于 BMP2 类型,这 5 个模型的平均分类准确率都不超过 77%。相同的结果也可以从图 2-12 得出。但是对于 SAR 图像的子类 BTR20,这 5 个模型的平均分类准确率和分类正确 SAR 图像数变化不大,并且存在 SAR 图像的子类 BMP2 方面有进一步提高分类准确率和分类正确 SAR 图像数的可能性。

　　通过表 2-23、图 2-12 和图 2-13 可以看出,模型 IHHO-SVM 优于模型 SVM、PSO-SVM、ATSVM 和 HHO-SVM,且所提出的模型 IHHO-SVM 适合 SAR 的目

标识别。

SAR 目标识别的实验结果表明,所提出的模型 IHHO-SVM 有最高的总的识别准确率,且对 T72 和 BMP2 两种类型也具有最高的识别准确率,而 IHHO-SVM 模型与其他模型 SVM、PSO-SVM、AT-SVM 和 HHO-SVM 的平均准确率差异不大。在这 5 种模型中,BMP2 类型 SAR 识别的平均准确率还不是太高。因此,SAR 图像的 BMP2 类型对 SAR 识别有一定的影响,降低了 SAR 识别的准确率。为了提高 SAR 识别的准确率,需不断地提出基于 HHO 和支持向量机的改进方法。

2.3.5 结论

本节是在 HHO 算法中加入了 PSO 算法和 AT 算法的交叉算子,得到了新的混合算法 IHHO。首先利用 IHHO 算法对 23 个基准函数进行优化。实验结果表明,IHHO 算法优于比较算法 ALO、DA、DE、GA、GWO、MFO、SCA、WOA、AT 和 HHO。特别是对于 4 种不同维数的 $F_1(x) \sim F_{13}(x)$,IHHO 算法优于 PSO、AT 和 HHO 算法。本节还将 IHHO 算法与 SVM 相结合,建立用于 SAR 识别的分类器 IHHO-SVM。与 SVM、PSO-SVM、AT-SVM 和 HHO-SVM 相比,IHHO-SVM 的识别准确率最高,说明混合 IHHO-SVM 模型适合于 SAR 的目标识别。

2.4 本章小结

本章的内容取自文献[175-177]。将卷积神经网络分别与随机森林和决策树结合实现合成孔径雷达目标识别,将 PSO 算法和 AT 算法的交叉算子与 Harris 鹰相结合得到改进的 Harris 鹰算法(IHHO),并将 IHHO 应用于函数优化,与 SVM 相结合实现合成孔径雷达目标识别。对于其他有关 SAR 目标识别的研究还做了很多,如参考文献[178]。

第3章

MEMS水听器的信号去噪与 DOA估计

3.1 引言

MEMS 矢量水听器已用来通过检测系统提取阻力变化实现水声信号检测,且具有优异的性能[82,179-180],广泛应用于海洋、湖泊等水声环境中某些目标的位置、状态参数、类型等信息的探测。但声环境中的噪声是复杂多变的,自然声源和非自然声源[181]将导致采集到的目标信号与大量噪声混合,不可避免地产生基线漂移等失真现象。因此,去噪和校正基线漂移对于进一步的信号检测和识别具有重要意义。

目前,已提出很多算法解决信号的波达方向(Direction of Arrival,DOA)问题,例如,多信号分类(MUSIC)算法[82]、旋转不变子空间(ESPRIT)算法[82]等,这些算法具有精确度高以及在低信噪比情况下的估计误差低的优点。但 MUSIC 算法和ESPRIT 算法都存在一个缺陷:传感器阵列输出数据的协方差阵和特征值分解的计算量较大,运行时间较长,限制了应用的可行性。

本章主要围绕 MEMS 矢量水听器信号的去噪与波达方向角的估计问题进行研究。

3.2 基于变分模态分解和小波阈值处理的去噪和基线漂移去除方法

针对 MEMS 矢量水听器的数据采集中存在的强噪声干扰和基线漂移问题,本节提出了一种基于变分模态分解(VMD)和非线性小波阈值处理(NWT)的联合去噪方法 VMD-NWT。采用 VMD-NWT 方法对模拟信号和中北大学汾河实验数据进行去噪处理。

3.2.1　基本原理

1. 变分模态分解[182]

变分模态分解是将输入的实值信号分解为一组具有有限带宽和在线估计中心频率的固有模态函数(Intrinsic Mode Functions,IMFs)[182]。带宽通过如下步骤进行估计。

步骤 1　对于每种模态,通过 Hilbert 变换计算相关的解析信号来获得其单边谱,$\left(\delta(t)+\dfrac{i}{\pi t}\right)*u_k(t)$,其中 $\delta(t)$ 是 Dirichlet 函数,$i^2=-1$,$*$ 是卷积符号。

步骤 2　对于每种模态,将其频谱调制到对应的"基带",方法是将具有预先估计的中心频率 $\left[\left(\delta(t)+\dfrac{i}{\pi t}\right)*u_k(t)\right]\mathrm{e}^{-i\omega_k(t)}$ 与指数调制信号 $\mathrm{e}^{-i\omega_k(t)}$ 相乘。

步骤 3　通过调制信号的梯度范数的平方估计带宽,得到的约束变分问题如下:

$$
\begin{cases}
\min\limits_{\{u_k\},\{\omega_k\}}\left\{\sum\limits_k\left\|\partial_t\left[\left(\delta(t)+\dfrac{i}{\pi t}\right)*u_k(t)\right]\mathrm{e}^{-i\omega_k(t)}\right\|_2^2\right\}\\
使得 \sum\limits_k u_k=f
\end{cases}
\tag{3-1}
$$

其中 $\{u_k\}=\{u_1,u_2,\cdots,u_K\}$ 和 $\{\omega_k\}=\{\omega_1,\omega_2,\cdots,\omega_K\}$ 分别是所有模态的集合和对应的中心频率。

求解变分问题(3-1)的最优解的方法是通过引入拉格朗日乘数因子将问题(3-1)转化为无约束的变分问题。L 为引入了拉格朗日乘数因子 λ 的函数:

$$
L(\{u_k\},\{\omega_k\},\lambda)=\alpha\left\{\sum\limits_k\left\|\partial_t\left[\left(\delta(t)+\dfrac{i}{\pi t}\right)*u_k(t)\right]\mathrm{e}^{-i\omega_k(t)}\right\|_2^2\right\}+
$$

$$
\left\|f(t)-\sum\limits_k u_k(t)\right\|_2^2+\left\langle\lambda(t),f(t)-\sum\limits_k u_k(t)\right\rangle
\tag{3-2}
$$

式中:α 为数据保真度约束的平衡参数。对方程(3-2)用乘子交替方向法(Alternate Direction Method of Multipliers,ADMM)求解,利用傅里叶域的维纳滤波直接更新最优解。在 VMD 中嵌入维纳滤波,使采样和噪声更加鲁棒。傅里叶域中的模态为

$$
\hat{u}_k^{n+1}(\omega)=\frac{\hat{f}(\omega)-\sum\limits_{l\neq k}\hat{u}_l(\omega)+\dfrac{\hat{\lambda}(\omega)}{2}}{1+2|\alpha|(\omega-\omega_k)^2}
\tag{3-3}
$$

式中:ω 为频率;$\hat{u}_k^{n+1}(\omega)$、$\hat{f}(\omega)$、$\hat{\lambda}(\omega)$ 为 $u_k^{n+1}(t)$、$f(t)$、$\lambda(t)$ 的对应傅里叶变换;n 为第 n 次迭代。在算法中,根据对应模态的功率谱重新估计中心频率。ω_k^{n+1} 的迭代为

$$
\omega_k^{n+1}=\frac{\displaystyle\int_0^\infty\omega|\hat{u}_k^{n+1}(\omega)|^2\mathrm{d}\omega}{\displaystyle\int_0^\infty|\hat{u}_k^{n+1}(\omega)|^2\mathrm{d}\omega}
\tag{3-4}
$$

拉格朗日乘数因子 λ 的更新方式为

$$\hat{\lambda}^{n+1}(\omega)=\hat{\lambda}^{n}(\omega)+\tau\left[\hat{f}(\omega)-\sum_{k}\hat{u}_{k}^{n+1}(\omega)\right] \tag{3-5}$$

式中：τ 为双升阶的步长，将 τ 设置为 0 可以有效地关闭拉格朗日乘子，以确保算法有效收敛。

设 ε 是收敛容忍度（convergence tolerance），直到 $\sum_{k}\dfrac{\parallel u_{k}^{n+1}-u_{k}^{n}\parallel_{2}^{2}}{\parallel u_{k}^{n}\parallel_{2}^{2}}<\varepsilon$ 满足，求解问题（3-1）的迭代才结束。

2. 非线性小波阈值方法

非线性小波阈值方法（NWT）是用来处理含白噪声信号的一种方法。小波变换可以将信号能量集中在少数几个小波系数上，而白噪声在任何基函数上的变换仍然是振幅相同的白噪声。相对而言，有用信号的小波系数一定要大于能量分散、振幅较小的白噪声的小波系数[183]。选取合适的阈值和阈值函数，对噪声信号的小波系数进行阈值化处理，从而达到去除噪声、保持有用信号的目的。目前，Dohono 提出了广泛应用于工程上的硬阈值去噪方法和软阈值去噪方法[184]分别定义为

$$\hat{\omega}_{j,k}=\begin{cases}\omega_{j,k}, & \mid\omega_{j,k}\mid\geqslant\mathrm{thr}\\ 0, & \mid\omega_{j,k}\mid<\mathrm{thr}\end{cases} \tag{3-6}$$

$$\hat{\omega}_{j,k}=\begin{cases}\mathrm{sgn}(\omega_{j,k})(\mid\omega_{j,k}\mid-\mathrm{thr}), & \mid\omega_{j,k}\mid\geqslant\mathrm{thr}\\ 0, & \mid\omega_{j,k}\mid<\mathrm{thr}\end{cases} \tag{3-7}$$

式中：$\omega_{j,k}$ 为含噪观测信号的小波变换系数；$\mathrm{sgn}()$ 为符号函数；thr 为阈值；$\hat{\omega}_{j,k}$ 为真实信号的估计系数。

硬阈值函数在阈值处不连续，导致估计信号产生附加振荡，而软阈值函数避免了额外的振荡，但估计值与真实值之间存在恒定的偏差，因此许多学者试图提出改进的阈值函数来提高小波阈值法的去噪效果。文献[185]提出了软阈值和硬阈值之间的折中方法，定义为

$$\hat{\omega}_{j,k}=\begin{cases}\mathrm{sgn}(\omega_{j,k})(\mid\omega_{j,k}\mid-\beta\cdot\mathrm{thr}), & \mid\omega_{j,k}\mid\geqslant\mathrm{thr}\\ 0, & \mid\omega_{j,k}\mid<\mathrm{thr}\end{cases} \tag{3-8}$$

其中调整系数 β 在区间 $(0,1)$ 内。估计的系数介于软阈值和硬阈值之间，但在阈值点 thr 和 $-\mathrm{thr}$ 处仍不连续。此外，去噪性能取决于 β 的值。

文献[186]提出了一种改进的阈值函数，定义如下：

$$\hat{\omega}_{j,k}=\begin{cases}\omega_{j,k}, & \mid\omega_{j,k}\mid>\mathrm{thr}\\ \mathrm{sgn}(\omega_{j,k})\dfrac{2\mid\omega_{j,k}\mid}{\mathrm{thr}}\left(\mid\omega_{j,k}\mid-\dfrac{\mathrm{thr}}{2}\right), & \dfrac{\mathrm{thr}}{2}\leqslant\mid\omega_{j,k}\mid\leqslant\mathrm{thr}\\ 0, & \mid\omega_{j,k}\mid<\dfrac{\mathrm{thr}}{2}\end{cases} \tag{3-9}$$

该函数克服了硬阈值不连续和软阈值估计系数与实系数之间的恒定偏差的缺点,保留了一些细节信息,但没有根据小波分解尺度对阈值函数进行适当的调整。

在 NWT 中所采用的小波阈值函数为

$$\hat{\omega}_{j,k} = \begin{cases} \omega_{j,k}, & |\omega_{j,k}| > \text{thr} \\ \text{sgn}(\omega_{j,k}) \dfrac{|\omega_{j,k}|}{\dfrac{j}{j+1}\text{thr}} \left(|\omega_{j,k}| - \dfrac{j}{j+1}\text{thr} \right) \cdot (j+1), & \dfrac{j}{j+1}\text{thr} \leqslant |\omega_{j,k}| \leqslant \text{thr} \\ 0, & |\omega_{j,k}| < \dfrac{j}{j+1}\text{thr} \end{cases}$$

(3-10)

式中:j 是分解尺度。该小波阈值函数能够保留细节信息,并根据小波分解尺度自适应变化,具有较好的去噪效果。

3.2.2   基于 VMD 和 NWT 的联合去噪方法

VMD 是一种新的自适应非递归信号分解方法,它能将噪声信号分解为一组相对稳定、噪声较小的 IMF 分量。与 EMD 算法相比,VMD 具有较强的数学理论基础和较高的计算速率,抑制了高频噪声,有效地减少了伪分量、模态混合和端点效应等。小波的频率分辨率在低频比高频高。因此,小波阈值处理方法对非平稳信号和白噪声信号的分析和处理具有较好的去噪效果,能够同时保持信号的时频特性。在此基础上,本节将 VMD 和 NWT 两种方法有效地结合起来,提出了一种基于 VMD 和 NWT 的信号联合去噪方法 VMD-NWT 算法。VMD-NWT 算法的流程图如图 3-1 所示。

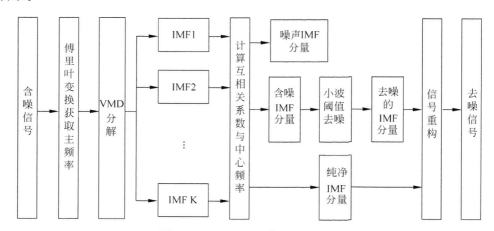

图 3-1   VMD-NWT 算法的流程图

VMD-NWT 算法的具体步骤如下:

步骤 1   用傅里叶变换求出含噪信号的主频率 f_0,用 VMD 求出 IMF 分量。

步骤 2　计算每个 IMF 分量的互相关系数和中心频率 f_k。

步骤 3　根据每个 IMF 的互相关系数,以及中心频率 f_k 和主频率 f_0 的差的绝对值 $|f_k - f_0|$ 确定噪声 IMF 分量、纯净 IMF 分支和含噪 IMF 分量,互相关系数的大小表现了 IMF 分量与信号的相关度,分量所含噪声越高,其互相关系数越低。通常噪声分量的互相关系数为 0,定义微相关的 IMF 分量为噪声 IMF 分量,实相关的分量为含噪 IMF 分量。中心频率越接近于主频率的 IMF 分量越纯净,将中心频率最合理接近主频率的 IMF 分量称为纯净 IMF 分量。

步骤 4　通过采用 db4 小波和 3 层分解的 NWT 处理对含噪的 IMF 分量去噪,舍弃噪声 IMF 分量,保留纯净 IMF 分量不做任何处理。从含噪信号中剖分出的含噪 IMF 分量相对平稳且含噪较少,经 NWT 处理具有更好的去噪效果。

步骤 5　对去噪的含噪 IMF 分量与纯净 IMF 分量进行重构实现对有用信号的提取。

3.2.3　仿真数据去噪

1. 仿真信号

为了定量评价 VMD-NWT 的去噪性能,在已知的干净正弦信号中加入已知的高斯白噪声和基线漂移,模拟 MEMS 矢量水听器接收到的含噪信号。因此,污染信号为

$$f(n) = s(n) + gs(n) + bs(n) \tag{3-11}$$

式中: $f(n)$ 为被破坏的观测信号; $s(n)$ 为无噪的信号源; $gs(n)$ 为在不同分贝噪声下的高斯白噪声; $bs(n)$ 为基线漂移噪声; n 为取样点。

本节采用的仿真源信号是一个正弦信号序列,定义为

$$s(n) = 2 \cdot \sin(2\pi \cdot 400 \cdot n) \tag{3-12}$$

其振幅和频率分别为 2 和 400Hz。 $bs(n)$ 由正弦信号和直流分量叠加而成,如下:

$$bs(n) = \sin(2\pi \cdot 50 \cdot n) + 1 \tag{3-13}$$

由于篇幅有限,本节采用 VMD-NWT 算法对高斯白噪声水平为 4.8270dB 的噪声信号进行处理,从而获得噪声信号,如图 3-2(a)所示。

2. 基于 VMD-NWT 的仿真信号去噪

首先对含噪信号进行傅里叶变换,计算出相应的频谱,得到其主频率 f_0,如图 3-2(b)所示。然后利用 VMD 将含噪信号分解为 K 个 IMF 分量。值得注意的是 K 和 ε 值是对分解结果有重要影响的两个关键因素。通过 EMD 方法对同一信号进行分解,得到 EMD 方法分解的模态数 K'。当 K 分别设置为 K'、$K' \pm 1$、$K' \pm 2$,利用 VMD-NWT 方法进行了大量重复的去噪实验。通过对上述去噪实验结果的分析,实验中本书选取的 K 为 7,设置 ε 为 1×10^{-8} 以确保分解的准确性。IMF 分量及其对应的频谱如图 3-3 所示。从图 3-3 可以看出,IMF3 和 IMF4 具有最高的能量,它们的中心

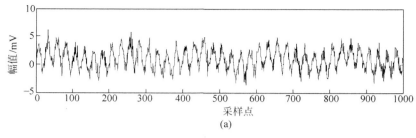

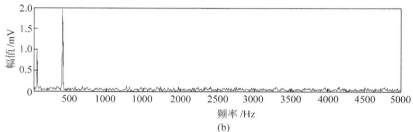

图 3-2　含噪信号及其相应的频谱

（a）含噪信号；（b）含噪信号频谱图

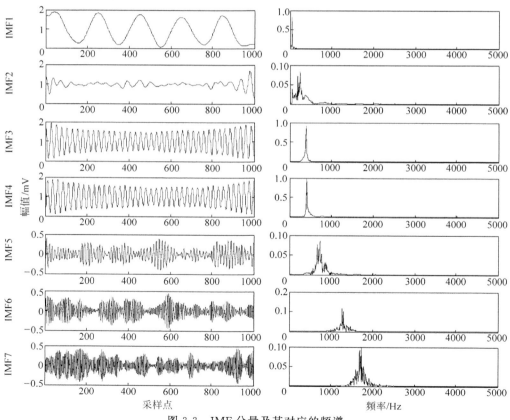

图 3-3　IMF 分量及其对应的频谱

频率也在400Hz左右,最接近主频率f_0。因此,IMF3和IMF4被选为纯净IMF分量。再计算每个IMF的互相关系数,如表3-1所列。从表3-1可以看出,IMF7的自相关系数显著低于其他IMF分量的自相关系数,且IMF7的能量在图3-3中排名第二。因此,IMF7被认为是高频噪声分量,然后被舍弃。将IMF1、IMF2、IMF5和IMF6作为含噪的IMF分量,通过NWT处理对它们进行整体去噪,得到去噪后的IMF分量。最后,已去噪的IMF分量和纯净IMF分量进行信号重构,得到去噪信号。

表 3-1　每个 IMF 分量的自相关系数

IMF 分量	IMF1	IMF2	IMF3	IMF4	IMF5	IMF6	IMF7
自相关系数	0.4127	0.2290	0.6276	0.6211	0.5937	0.1425	0.1081

3. 实验结果

1) 去噪效果比较

本节研究了 VMD-NWT、自适应噪声完全集成经验模态分解(Complete Ensemble Empirical Mode Decomposition with Adaptive Noise,CEEMDAN)与小波阈值(Wavelet Threshold,WT)处理相结合方法(CEEMDAN-WT)、集成经验模态分解(EMD)与 WT 相结合的方法(EEMD-WT)、采用软阈值与硬阈值的折中函数(Compromised Function Between Hard and Soft Threshold)与 WT 相结合的方法(ZWT)对同一噪声信号进行去噪比较,并对 VMD-NWT、CEEMDAN-WT、EEMD-WT 和 ZWT 的去噪效果进行比较,如图 3-4 所示。

从图 3-4(a)可以看出,用 VMD-NWT 得到的去噪信号能很好地拟合源信号,有效地消除了尖锐毛刺,整体变得光滑整齐,失真现象小。去噪信号的基线与源信号的基线几乎完全一致,能很好地校正基线漂移。CEEMDAN-WT、EEMD-WT 和 ZWT 的去噪性能分别如图 3-4(b)、(c)、(d)所示。尽管信号中的大部分白噪声得到了很好的消除,但在信号的极值点存在局部失真现象,使得进一步的信号检测和识别陷入了困境。在图 3-4(b)、(c)中,去噪信号的直流分量基线均已校正至零水平,但整体正弦漂移现象尚未校正,且仍存在显著波动。在图 3-4(d)中,基线漂移现象很难纠正,仍然存在正弦和直流漂移现象。基于以上分析,VMD-NWT 的去噪效果优于 CEEMDAN-WT、EEMD-WT 和 ZWT。

2) 去噪性能指标的比较

为了进一步验证 VMD-NWT 的有效性和优越性,引入了去噪性能指标:信噪比(Signal-to-Noise Ratio,SNR)和根均方误差(RMSE),分别定义为

$$SNR = 10 \lg \left(\frac{\sum\limits_{n} x^2(n)}{\sum\limits_{n} [x(n) - \hat{x}(n)]^2} \right) \tag{3-14}$$

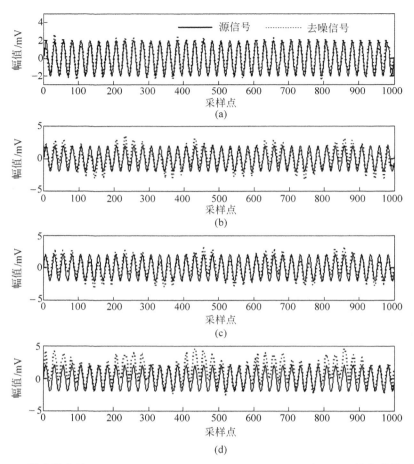

图 3-4　4 种去噪方法 VMD-NWT、CEEMDAN-WT、EEMD-WT 和 ZWT 的去噪效果比较
（a）VMD-NWT；（b）CEEMDAN-WT；（c）EEMD-WT；（d）ZWT

$$\text{RMSE} = \sqrt{\frac{\sum_{n}[x(n) - \hat{x}(n)]^2}{N}} \qquad (3\text{-}15)$$

式中：n 为采样点数；N 为信号的长度；$x(n)$ 为源信号；$\hat{x}(n)$ 为去噪信号。从方程(3-14)和方程(3-15)可以看到 $\sum_{n}[x(n) - \hat{x}(n)]^2$ 的值越小，即观测值和真实值之间的偏差平方和越小，SNR 越高，RMSE 越低。因此，输出信号的 SNR 越高，RMSE 越低，说明观测值与真实值的偏差越小，也就是说去噪效果越好。

　　分别采用 VMD-NWT、CEEMDAN-WT、EEMD-WT 和 ZWT 4 种方法对 5 种不同分贝噪声的含噪信号进行去噪，去噪后的性能指标如表 3-2 所列。

表 3-2　去噪性能比较

高斯白噪声	SNR$_{in}$	性能指标	VMD-NWT	CEEMDAN-WT	EEMDAN-WT	ZWT
9.8524	4.3830	SNR	16.4701	5.8015	5.7492	5.7524
		RMSE	0.2063	0.7252	0.7295	1.2410
4.8270	2.4186	SNR	15.5773	5.0898	5.1459	4.3741
		RMSE	0.2353	0.7873	0.7820	1.2967
−0.5006	−1.3912	SNR	11.2458	3.7665	3.6402	3.3338
		RMSE	0.3875	0.9166	0.9301	1.3823
−4.8572	−5.6965	SNR	11.1812	0.3121	0.8410	0.3487
		RMSE	0.3904	0.3643	1.2838	1.6568
−10.0722	−10.4997	SNR	6.5766	−3.1049	−3.1209	−4.5743
		RMSE	0.6633	2.0221	2.0257	2.5647

在表 3-2 中，第一列表示仅具有高斯白噪声的信号的 SNR 值，第二列表示同时具有高斯白噪声和基线漂移噪声的观测信号的 SNR 值。

我们已经知道，去噪信号的 SNR 越高和 RMSE 越小，去噪效果越好。由表 3-2 可以看出，在不同分贝噪声下，VMD-NWT 的去噪效果明显优于 CEEMDAN-WT、EEMD-WT 和 ZWT 三种方法。CEEMDAN-WT 和 EEMD-WT 的去噪效果相似，均略优于 ZWT。这些都进一步证明了该方法对不同分贝噪声和基线漂移的噪声信号具有较好的去噪效果，证明了本书方法的有效性和实用性。

3.2.4　湖泊实验

根据仿生学原理，MEMS 矢量水听器通过检测电阻的变化来实现水声信号的检测。MEMS 矢量水听器已通过测试，具有灵敏度高、频率响应范围宽、"8"字余弦指向性好等优点[179]。

本节采用的实测数据来源于中北大学 2011 年和 2014 年在汾河进行实验的 fenji 数据。

1. 实验 1：2011 年 10 月的 fenji331Hz 数据

实验中采用的 MEMS 矢量水听器是间隔 1m 的 4 元线阵且固定在岸边，传感器放置在拖船上。随着阵列与拖船之间距离的逐渐增大，采用不同的位置进行抛锚，并利用传感器采集数据。发射信号频率为 331Hz 的声源距离采样频率为 10kHz 的矢量水听器 6m。实验数据分别是从 1 号和 2 号矢量水听器采集到 X 路和 Y 路原始数据任意截取快拍数为 1000 的数据。

图 3-5～图 3-8 给出了实验数据的信号和对应的频谱，以及通过 VMD-NWT 得到的去噪信号和对应的频谱。从图 3-5～图 3-8 的子图（a）和（b）可以看到 1 号矢量水听器的 X 路与 Y 路信号和 2 号矢量水听器的 X 路信号包含少量的噪声，而 2 号矢量水听器的 Y 路信号包含大量的噪声。四路信号都有相对缓慢变化的基线漂移现

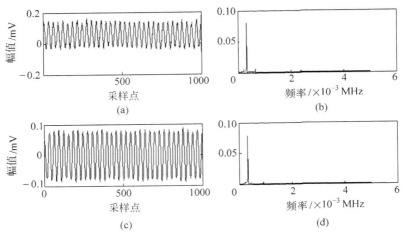

图 3-5　1 号矢量水听器的 X 路信号(2011.10)

（a）含噪的测量信号；（b）含噪测量信号的频谱；（c）去噪的测量信号；（d）去噪的测量信号的频谱

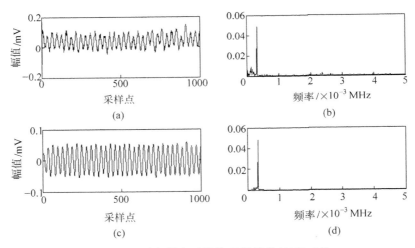

图 3-6　1 号矢量水听器的 Y 路信号(2011.10)

（a）含噪的测量信号；（b）含噪测量信号的频谱；（c）去噪的测量信号；（d）去噪的测量信号的频谱

象,且基线偏离了零水平和存在整体波动。图 3-5～图 3-8 的子图(c)和(d)是通过 VMD-NWT 方法得到的四路信号的去噪信号及其对应的频谱。一方面,图 3-5～图 3-8 的子图(c)中,有效地去除了信号的尖锐毛刺和校正了信号的失真部分,使信号变得平滑整齐。此外,图 3-5～图 3-8 的子图(d)中,信号的能量几乎没有损失。另一方面,对基线漂移进行了良好的校正,并将信号基线校正到零水平。

2. 实验 2：2014 年 9 月的 fenji 数据

实验中采用的矢量水听器是间隔 0.5m 的 5 元阵列且固定在岸边,传感器放置

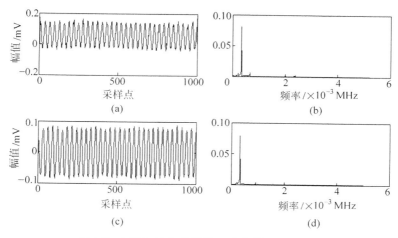

图 3-7　2 号矢量水听器的 X 路信号(2011.10)

(a) 含噪的测量信号；(b) 含噪测量信号的频谱；(c) 去噪的测量信号；(d) 去噪的测量信号的频谱

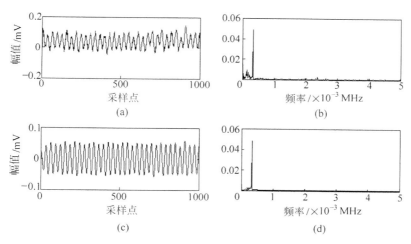

图 3-8　2 号矢量水听器的 Y 路信号(2011.10)

(a) 含噪的测量信号；(b) 含噪测量信号的频谱；(c) 去噪的测量信号；(d) 去噪的测量信号的频谱

在拖船上。矢量水听器放置在水下 2m 的地方,阵列保持水平状态,使水听器不断输出声压和电路信号。调整传感器分别传输 315Hz、500Hz、630Hz、800Hz 和 1000Hz 的单频信号。

在本节,实验数据分别是从 2 号矢量水听器的 X 路采集到的 315Hz、500Hz、630Hz、800Hz 和 1000Hz 的原始信号数据任意截取快拍数为 1000 的信号。图 3-9~图 3-13 分别给出了 315Hz、500Hz、630Hz、800Hz 和 1000Hz 的原始测量信号及其对应的频谱,还有通过 VMD-NWT 方法得到的去噪信号及其对应的频谱。可以看到,图 3-9(a)和(b)中,信号失真很严重,信号基线漂移较大；图 3-10(a)和(b)中,信

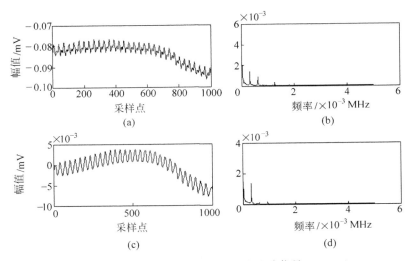

图 3-9　2 号矢量水听器的 315Hz 的 X 路信号(2014.9)

(a) 含噪的测量信号；(b) 含噪测量信号的频谱；(c) 去噪的测量信号；(d) 去噪的测量信号的频谱

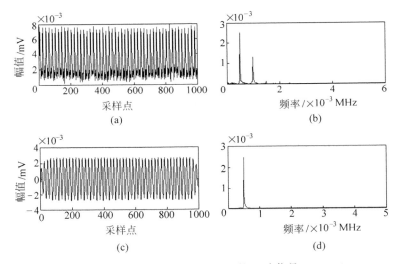

图 3-10　2 号矢量水听器的 500Hz 的 X 路信号(2014.9)

(a) 含噪的测量信号；(b) 含噪测量信号的频谱；(c)去噪的测量信号；(d) 去噪的测量信号的频谱

号下半部有高频噪声,造成信号波形严重失真,信号基线偏离零水平,即有轻微漂移；图 3-11(a)和(b)中,信号上部有低频噪声,下部有高频噪声,使得信号失真严重,基线偏离零水平,有明显漂移；图 3-12(a)和(b)中,信号中存在少量噪声,基线略有偏离零水平,但有明显漂移现象；图 3-13(a)和(b) 中,信号中只存在少量噪声,基线漂移现象不明显。通过 VMD-NWT 方法对测量信号去噪,在图 3-9(c)中,消除了噪声,较好地恢复了波形。但由于原始测量信号波动较大,可能是由于船舶、风暴等外

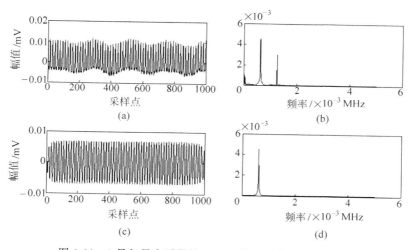

图 3-11　2 号矢量水听器的 630Hz 的 X 路信号（2014.9）

（a）含噪的测量信号；（b）含噪测量信号的频谱；（c）去噪的测量信号；（d）去噪的测量信号的频谱

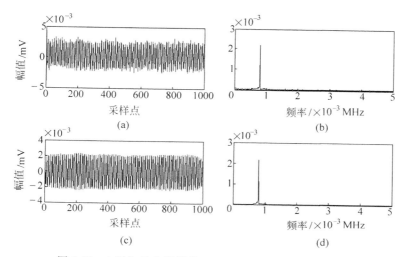

图 3-12　2 号矢量水听器的 800Hz 的 X 路信号（2014.9）

（a）含噪的测量信号；（b）含噪测量信号的频谱；（c）去噪的测量信号；（d）去噪的测量信号的频谱

部环境的突然噪声到达，或硬件设备故障造成的，去噪信号的波动性也比较大，需要进一步处理。VMD-NWT 方法有效地去除了 500Hz、630Hz、800Hz 和 1000Hz 的测量信号中的噪声，保留了原始信号的基本特征，信号失真较小，漂移基线已有效地校正到零水平，如图 3-10（c）～图 3-13（c）所示。同时，从图 3-9～图 3-13 的子图（b）和（d）之间的比较可以知道去噪后的测量信号能量没有损失。

3. 实验结果

从以上两个实验结果可以看出，本书提出的 VMD-NWT 方法能够有效地消除

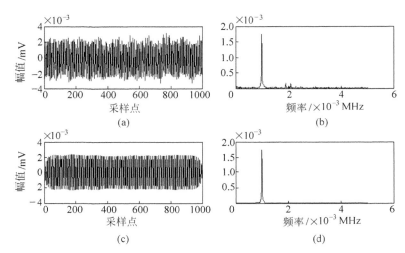

图 3-13　2 号矢量水听器的 1000Hz 的 X 路信号（2014.9）

（a）含噪的测量信号；（b）含噪测量信号的频谱；（c）去噪的测量信号；（d）去噪的测量信号的频谱

绝大多数被测信号的噪声，更好地恢复源信号的基本特性，使基线漂移得到很好的校正。因此，VMD-NWT 方法可以为进一步的 MEMS 矢量水听器信号检测和识别奠定良好的基础。

3.2.5　结论

本书针对 MEMS 矢量水听器数据采集中存在的强噪声干扰和基线漂移问题，提出了一种基于 VMD 和 NWT 处理的信号联合去噪方法，记为 VMD-NWT。该方法原理简单，计算量小，能有效地去除信号中的噪声，校正基线漂移现象。将 VMD-NWT 方法与 CEEMDAN-WT、EEMD-WT 和 ZWT 方法进行了比较，实验结果表明，VMD-NWT 方法在直观的去噪效果和量化的去噪性能指标上均优于 CEEMDAN-WT、EEMD-WT 和 ZWT 方法。在湖试实验中，VMD-NWT 方法有效地消除了实测信号的噪声，保留了信号的基本特性，几乎没有能量损失。基线漂移现象也得到了很好的校正。因此，本书提出的 VMD-NWT 方法具有一定的实际研究价值，为进一步的 MEMS 水听器信号的检测和识别打下了良好的基础。我们未来的研究工作是希望通过使用合适的智能优化算法自适应地找到最佳的 VMD 参数，实现自适应去噪过程。

3.3　基于 IGA-小波软阈值的矢量水听器的去噪方法

本节提出了改进的遗传算法，并通过改进的遗传算法在解空间并行随机搜索，寻找最佳小波阈值。仿真实验和实测实验表明，本节提出的基于改进遗传算法的自适应小波阈值选取方法,有效地提高了软阈值小波变换的去噪性能。

3.3.1　遗传算法[9]

1992年,Holland提出了模拟达尔文进化论的遗传算法(GA)[9]。GA模拟了生命进化机制,即自然选择和遗传进化中的繁殖、交配和突变。在GA中,最优解是通过任意初始化种群、三个算子、繁殖和进化得到的。

1. 染色体表达式

实际问题的每一个可行解都由具有基因类型的结构化字符串数据表示,而结构化字符串数据的不同组合构成了不同的可行解。染色体表示有三种常用方法:二进制编码、符号编码和浮点编码。

2. 初始化种群

任意产生 N 个初始的结构化字符串数据,其中每个结构化字符串数据是一个个体,这样种群是由 N 个个体组成的。

3. 适应度值

根据实际问题,通常以待求解的目标函数确定每个个体的适应度函数,并计算每个个体的适应度值。在整个GA中,适应度函数是必不可少的部分。

4. 遗传算子

在GA中,有三类遗传算子:选择、交叉和变异。

(1)选择。选择算子是根据一定规则从目前种群中选择部分个体作为下一代种群的个体。常用的选择算子有轮盘赌选择方法、排序选择法与最优保存策略。

(2)交叉。交叉算子模拟遗传重组过程,以便将当前的最佳基因转移到下一个群体中并获得新的个体。交叉算子的具体步骤如下:

步骤 1　在种群中任意选择一对个体。

步骤 2　根据个体的长度,随机选择一个整数或多个整数作为交叉位置。

步骤 3　利用交叉概率 $P_c(0 < P_c \leqslant 1)$ 运行交叉算子,在交叉位置上改变基因。这样就获得了新的个体。在GA中,交叉算子有一点相交、两点相交、多点相交或均匀相交。

(3)变异。变异算子模拟了在自然进化中个体的某些基因的变异现象,这样根据变异概率 P_m 获得新个体,变异算子是保持个体多样性的重要方法。

3.3.2　基于改进遗传算法的去噪方法

1. 改进的遗传算法

传统的GA使用固定的遗传算子,种群基因有限,而且不良基因不易被淘汰,这使得收敛速度变慢,易陷入局部最优而不能轻易摆脱;其操作流程也并不能根据种群的基因丰富度和寻优进程自适应调节以达到全局最优和较快的收敛效率。冯磊华等人[187]在进化初期和后期采用自适应调节的交叉、变异概率,却忽略了种群进化的波动性。杨从锐等人[188]提出了一种改进的自适应遗传算法,通过考虑种群的适应度集中分散程度来判断种群间的差异,非线性地自适应调节交叉概率与变异概率的大小。闫春等[189]在文献[188]的基础上,改进了其不足之处,提高了算法性能。

本节是在文献[189]的基础上,对遗传操作策略进行了改进,并在自适应交叉概率和变异概率中引入惩罚因子,激励种群适应度朝着更优的方向发展,提出了一种改进的遗传算法,记为 IGA。

在选择算子方面,使用了一种排序选择方法[190],将种群的适应度从小到大进行排序,最优的 1/4 个体记为群体 1,中间的 1/2 个体进行选择操作,操作完成后记为群体 2。选择概率为

$$
\begin{cases}
p_k^N = Q^N (1-q^N)^{k-1} \\
Q^N = \dfrac{q^N}{1-(1-q^N)^{\frac{L}{2}}}
\end{cases}
\tag{3-16}
$$

式中:p 为种群的选择概率;k 为个体在种群中的排列序号,$k=1,2,\cdots,\dfrac{L}{2}$,$L$ 为种群的个数;N 为当前迭代数;q^N 为最佳个体的选择概率,且随着 N 的变化而变化:

$$
q^N = q^{\max} - (q^{\max} - q^{\min}) \times \frac{N-1}{M-1}
\tag{3-17}
$$

式中:M 为总迭代次数;$q^{\max}$、$q^{\min}$ 为利用传统遗传算法中的轮盘赌法确定的最佳和最差体的选择概率。

随机产生 1/4 的新个体作为群体 3。群体 1、2、3 组成新的种群进行下一步操作。这样的选择操作目的是保留适应度最优个体的基因,淘汰不良基因,提高遗传算法的收敛效率;随机产生的群体 3 保证了种群基因的丰富度,从而使算法较快地找到全局最优解。

在交叉算子方面,将种群适应度排序后,最低的前 1/4 个体记为群体 1,在群体 1 中随机选择一个个体记为个体 a,在适应度排序最高的前 1/2 个体中随机选择个体记为个体 b,个体 a 和 b 即为交叉操作的两个父本,交叉概率 p_c 的自适应公式为

$$
p_c = \begin{cases}
k_1 \dfrac{\arcsin\left(\dfrac{f_{\min}}{f_{\text{avg}}}\right)}{\dfrac{\pi}{2}} + \sigma_c, & \arcsin\left(\dfrac{f_{\min}}{f_{\text{avg}}}\right) < \dfrac{\pi}{6} \\
k_1\left(1 - \dfrac{\arcsin\left(\dfrac{f_{\min}}{f_{\text{avg}}}\right)}{\dfrac{\pi}{2}}\right) + \sigma_c, & \arcsin\left(\dfrac{f_{\min}}{f_{\text{avg}}}\right) \geqslant \dfrac{\pi}{6}
\end{cases}
\tag{3-18}
$$

式中：$f_{\min}$ 为最低适应度值；f_{avg} 为种群平均适应度值；$\dfrac{f_{\min}}{f_{\text{avg}}}$ 为种群适应度的集中分散程度；$\sigma(c)$ 为交叉概率的惩罚因子[191]，它是根据平均适应度发展趋势随机产生的且与当前迭代次数相关的属于区间 $[-0.2, 0.2]$ 内的实数。当前进化代数下种群最优的 $1/4$ 个体的适应度平均值与前一代相比，如果发展方向是积极的，则惩罚因子为正；反之，则惩罚因子为负。当 $\sigma(c)=0$ 时，即为文献[188]中提出的交叉概率的自适应公式。

　　交叉算子完成后形成的新群体记为群体2。随机产生 $1/4$ 的新个体作为群体3。群体1、2、3组成新的种群进行下一步操作。群体1、2保证了交叉操作父本的优良基因进行充分的重组融合，避免被其他不良基因污染，群体3则保证了新种群基因即寻优空间的丰富度，使之不至于陷入局部最优。

　　在变异算子中，将种群适应度排序后，种群适应度最优的 $1/4$ 个体记为群体1，前 $1/2$ 个体进行变异操作，变异概率的自适应公式如下：

$$
p_{\mathrm{m}} = \begin{cases} k_1 \dfrac{\arcsin\left(\dfrac{f_{\min}}{f_{\text{avg}}}\right)}{\dfrac{\pi}{2}} + \sigma_{\mathrm{m}}, & \arcsin\left(\dfrac{f_{\min}}{f_{\text{avg}}}\right) < \dfrac{\pi}{6} \\[4mm] k_1 \left(1 - \dfrac{\arcsin\left(\dfrac{f_{\min}}{f_{\text{avg}}}\right)}{\dfrac{\pi}{2}} \right) + \sigma_{\mathrm{m}}, & \arcsin\left(\dfrac{f_{\min}}{f_{\text{avg}}}\right) \geqslant \dfrac{\pi}{6} \end{cases} \tag{3-19}
$$

式中：σ_{m} 为变异概率的惩罚因子，是根据平均适应度发展趋势随机产生的且与当前迭代次数相关的属于区间 $[-0.1, 0.1]$ 内的实数。当 $\sigma_{\mathrm{m}}=0$ 时，即为文献[188]中提出的变异概率的自适应公式。

　　变异算子完成后形成的群体记为群体2，随机产生 $1/4$ 的个体记为群体3。群体1、2、3构成新的种群进行下一步操作。新种群1保留了原种群的最优良基因，使之能够避免被其他的操作破坏，在群体2上进行变异操作，既有使优良基因变得更加优秀的可能，又能使种群整体的适应度朝着更好的方向发展。但此变异算子的一个明显缺陷就是使种群基因的丰富度大大降低，我们随机产生群体3加入到新种群中，就有效地克服了这个缺陷。种群适应度的集中分散程度在一定程度上反映当前解的多样性以及寻优是否陷入局部最优。改进的遗传算法通过判断种群适应度的集中分散程度自主调节遗传操作顺序，避免不适当的交叉、变异算子破坏当前优良个体、寻优陷入局部最优难以摆脱，解空间丰富度降低、收敛速度缓慢等问题。

2. 基于 IGA 的小波软阈值去噪方法

　　目前，工程上应用最广泛的是由 Dohono 提出的硬阈值去噪法和软阈值去噪法[192]。相比于硬阈值函数，软阈值函数能够避免估计信号产生附加震荡，处理结果

相对平滑很多,有更好的去噪效果。软阈值的估计公式为

$$\hat{\omega}_{jk} = \begin{cases} \operatorname{sgn}(\omega_{jk})(\mid \omega_{jk} \mid -\lambda), & \mid \omega_{jk} \mid \geqslant \lambda \\ 0, & \mid \omega_{jk} \mid < \lambda \end{cases} \tag{3-20}$$

式中:ω_{jk} 为含噪观测信号的小波变换系数;sgn() 为符号函数;λ 为阈值;$\hat{\omega}_{jk}$ 为真实信号的小波变换估计值。

本节提出了利用 IGA 优化自适应阈值,通过软阈值小波变换对信号去噪,提高其信噪比、降低均方差,实现有效信号提取。本节将使用 sym8 小波对观测信号进行三层小波分解,通过本书自适应获取的小波阈值处理小波系数后信号重构,得到去噪信号。本节提出的基于 IGA 的小波软阈值(IGA-小波软阈值)的去噪方法流程图如图 3-14 所示。

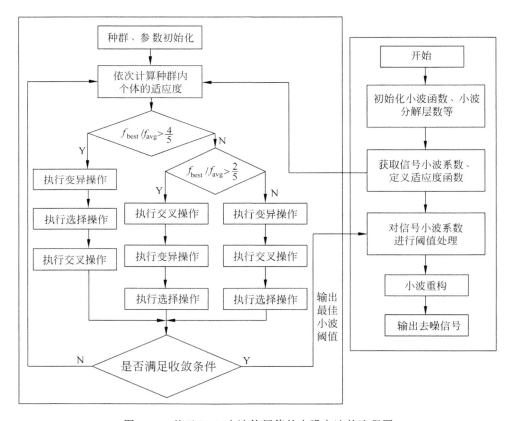

图 3-14　基于 IGA-小波软阈值的去噪方法的流程图

3.3.3　仿真实验

本节实验所使用的计算机配置为 Windows7 32bit,使用软件为 Matlab 2014a。仿真信号是正弦信号

$$s = a \cdot \sin(2\pi \cdot 400 \cdot t) \tag{3-21}$$

式中：a 为有用信号的幅值；400 为信号的频率。观测信号由不同分贝的高斯白噪声和有用信号混合叠加而成，分贝越低，观测信号的噪声越多。

在不同加噪分贝下，用软阈值小波变换分别通过 IGA 和传统的 GA 自适应获取阈值以及 4 种不同阈值选取规则下的阈值对观测信号处理，重复独立实验 50 次，分别记录最好的实验结果，如表 3-3 所列，并统计 6 种阈值下信号提取效果最佳的 30 次实验中信噪比落入相应区间的次数。

表 3-3 不同加噪分贝下各阈值去噪效果

加噪分贝/dB		SNR	SNR 增益	RMSE
0	Thr1	10.1096	10.1096	0.8894
	Thr2	7.8307	7.8307	1.1644
	Thr3	8.4795	8.4795	1.0707
	Thr4	8.4447	8.4447	1.0749
	Thr5	8.4795	8.4795	1.0707
	Thr6	8.4308	8.4308	1.0766
-5	Thr1	5.1445	10.1445	1.5644
	Thr2	3.9661	8.9661	1.8906
	Thr3	3.8948	8.8948	1.8069
	Thr4	3.5537	8.5537	1.8792
	Thr5	3.8948	8.8948	1.8069
	Thr6	3.8332	8.8332	1.8197
-10	Thr1	0.5679	10.5679	2.6495
	Thr2	-0.4567	10.4567	3.1006
	Thr3	-1.4580	8.5420	3.3456
	Thr4	-2.0596	7.9404	3.5855
	Thr5	-1.4627	8.5373	3.3474
	Thr6	-1.6043	8.3957	3.4024
-15	Thr1	-4.8858	10.1142	5.0980
	Thr2	-6.0840	8.916	5.9590
	Thr3	-5.4423	9.5577	5.2926
	Thr4	-5.5051	9.4949	5.3310
	Thr5	-5.4424	9.5576	5.2926
	Thr6	-5.5326	9.4674	5.3479
-20	Thr1	-9.3267	10.6733	8.3521
	Thr2	-13.4938	6.5.62	13.9974
	Thr3	-10.5008	9.4992	9.5025
	Thr4	-10.5482	9.4518	9.5541
	Thr5	-10.5008	9.4992	9.5025
	Thr6	-10.5725	9.4275	9.5808

注：Thr1、Thr2、Thr3、Thr4、Thr5、Thr6 分别为本书 IGA 下、传统 GA 下、固定阈值规则下、Stein 无偏风险阈值规则下、启发式阈值规则下、最大最小阈值准则下取得的阈值。

从表 3-3 可以看出,不同加噪分贝下的观测信号经本节提出的 IGA-小波软阈值方法处理后信噪比(SNR)最大而均方差(RMSE)最小,且 SNR 增量均达到 10dB 以上,超过其他阈值方法至少 1dB 以上。值得注意的是,这 4 种常见的阈值选取规则下的 SNR 虽然各不相同,但相差几乎不超过 0.1dB,只有个别的阈值对某一加噪分贝下的观测信号去噪效果相对稍好或稍差,如加噪−5dB 下的观测信号在 Thr4 下 SNR 比其他 3 个阈值高出 0.3dB 左右。另外,本次实验还对传统遗传算法下获取的阈值 Thr2 进行了对比,从表中可以看出,Thr2 下除了加噪−10dB 下去噪效果优于 4 个阈值外,其他去噪效果都最差。但是,传统 GA 经本书改进之后,更适用于自适应寻找最佳小波的小波阈值,对不同加噪分贝下的观测信号都有最佳的去噪效果,且去噪效果改善明显。

3.3.4 实测实验

本节使用的实测数据是 2011 年 10 月由中北大学微米纳米技术研究中心在汾河二库进行的汾机实验测试中取得的 fenji500Hz 数据包数据。此次测试中声源距离水听器 6m,发射信号频率为 500Hz,采样频率为 10kHz。

从第 5 路原始数据信号截取第 40000 个到第 45000 个采样点作去噪处理,结果如图 3-15 所示。截取图 3-15 前 1000 个采样点,进一步观察去噪效果,如图 3-16 所示。从图 3-15 和图 3-16 中可以看到:经本节提出的 IGA-小波软阈值去噪方法处理后,

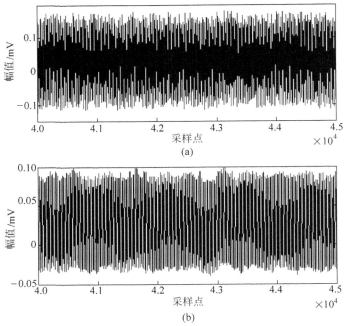

图 3-15   从第 5 路原始采集数据信号截取的第 40000 个到第 45000 个采样点观测信号与去噪信号对比图
(a) 观测信号;(b) 去噪信号

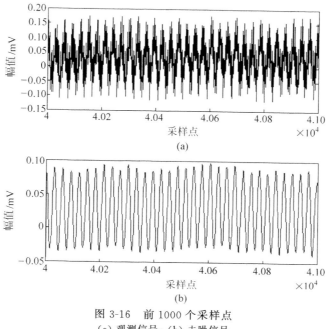

图 3-16　前 1000 个采样点
（a）观测信号；（b）去噪信号

观测信号中的尖锐毛刺被剔除,消噪信号平滑整齐,达到了较好的信号提取效果。为进一步验证本节方法对于实测数据信号提取的有效性,再任意选择第 2 路原始数据进行去噪,去噪效果图如图 3-17 所示。

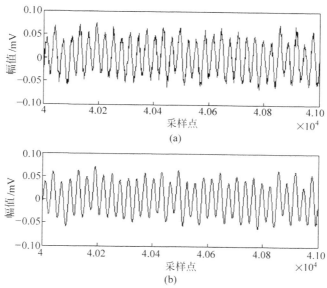

图 3-17　从第 2 路原始采集数据信号截取的第 40000 个到第 41000 个采样点观测
信号与去噪信号对比图
（a）观测信号；（b）去噪信号

3.3.5　结论

通过仿真实验,本节所提出的基于 IGA-小波阈值选取的阈值相比于其他 5 种阈值,对不同加噪分贝下的观测信号都有更佳的去噪效果,同时,其整体去噪稳定性也最高。而且,从实测实验中也可以发现,本节提出的 MEMS 矢量水听器信号去噪方法对于原始采集数据也有良好的信号提取效果,为进一步的信号处理奠定了基础。因此可以得出结论,本节提出的基于 IGA 的小波软阈值去噪方法具有一定的优越性和实用性。本节 IGA 虽然在整体稳定性上优于传统的 GA,但是对于 GA 固有的缺点仍然有待改进。

3.4　改进的飞鼠搜索算法与 DML 的矢量水听器的 DOA 估计

本节利用改进的飞鼠搜索算法(SSA)与确定性极大似然估计(Deterministic Maximum Likelihood Estimation,DML)相结合的混合算法实现 MEMS 矢量水听器信号的 DOA 估计。

3.4.1　基本算法

1. 飞鼠搜索算法[27]

2019 年,Mohit Jait 等人提出的飞鼠搜索算法(SSA)是一种新颖的受自然启发的优化算法[27]。飞鼠是适合滑翔运动的树栖和夜间活动的啮齿动物,拥有空气动力学上最复杂的类似降落伞的膜(翅膜),这种膜有助于飞鼠从一棵树滑向另一棵树,使飞鼠能够改变升力和阻力。飞鼠通过动态的觅食行为最佳利用食物资源,例如,天气暖和时有充足的橡子,飞鼠吃橡子满足秋季的营养需求而将其他诸如山核桃类的坚果储存起来。冬季低温导致营养需求增加,飞鼠找到山核桃就迅速食用或从储备库中取出食用。因此,它们变得不活跃但不冬眠。冬季结束后,飞鼠再次活跃起来。因此根据营养需要,飞鼠有选择地吃一些坚果和储存一些,可以使两种可用的坚果得到最佳利用。这是一个重复的过程,并持续到飞鼠的一生,构成 SSA 的基础。

SSA 算法是对飞鼠的动态觅食策略和滑翔机理进行了数学建模,考虑了如下假设:

(1) 在落叶森林中有 n 只飞鼠,且假设一棵树上有 1 只飞鼠。

(2) 每只飞鼠都会通过表现出动态的觅食行为来寻找食物,并最佳地利用现有的食物资源。

(3) 在森林中,只有 3 种树木可供选择,如普通树、橡树(橡子坚果食物来源)和山核桃树(山核桃坚果食物来源)。

(4) 所考虑的林区假设有 3 棵橡树和 1 棵山核桃树。

在 SSA 中,1 只飞鼠用 1 个 d 维向量表示,n 表示飞行的飞鼠的数量,$N_{f_s}=4$ 是营养食品资源的个数,其中包括 1 棵山核桃树与 3 棵橡子树,其余的 $n-4$ 棵普通树上无食物源。

1) 任意初始化

$$FS_i=(FS_{i1},FS_{i2},\cdots,FS_{id})\quad(i=1,2,\cdots,n)\tag{3-22}$$

是森林中的 n 只飞鼠 FS,其中 F_{ij} 表示第 i 只飞鼠的第 j 个分量。在森林中第 i 只飞鼠的初始位置定义为

$$FS_i=FS_L+U(0,1)\times(FS_U-FS_L)\tag{3-23}$$

式中:FS_L 和 FS_U 分别为第 i 只飞鼠的下界和上界;$U(0,1)$ 为在区间 $[0,1]$ 内的均匀分布的任意数。

2) 适应度

设 f 是适应度函数,则第 i 只飞鼠的位置的适应度定义为

$$f(FS_i)=f(FS_{i1},FS_{i2},\cdots,FS_{id})\quad(i=1,2,\cdots,n)\tag{3-24}$$

表示第 i 只飞鼠所搜索的食物来源的质量,即最佳食物来源(山核桃树)、正常食物来源(橡子树)和无食物来源(飞鼠在普通树上)的质量。

3) 排序、声明和随机选择

将飞鼠的适应度值按递减顺序进行排序。具有最小适应度值的树称为山核桃树,接下来的 3 个最小适应度值的 3 棵树被认为是橡子树,其余的树为普通树。假设飞鼠从橡子树向着山核桃树移动。通过任意选择,假设一些飞鼠已经满足日常能源需求,就被认为是向着山核桃树移动,而其他飞鼠将继续向橡子树移动以满足它们的日常能源需要。飞鼠的这种迁徙行为总是被捕猎者的存在所影响。利用捕食者存在概率 P_{dp} 的位置更新机制来模拟这种自然行为。

4) 位置更新

如前所述,在飞鼠的动态觅食过程中可能会出现三种情况。在每种情况下,都假设不存在捕食者,飞鼠会在整个森林中有效地滑翔和搜索它最喜欢的食物,而捕食者的存在使它变得谨慎,被迫使用小的随机行走来搜索附近的藏身之处。

设 d_g 是随机滑动距离,R_1、R_2 和 R_3 是区间 $[0,1]$ 上的任意数,FS_{ht} 是到达山核桃树的飞鼠的位置,FS_{at} 是橡子树上向山核桃树移动的飞鼠的位置,FS_{nt} 是普通树上为满足日常能源需求的向橡子树上移动的飞鼠的位置,t 表示当前的迭代,G_c 是滑翔常数,用以平衡探索与开发。

这样动态迁徙行为的三种情形如下:

情形 1　FS_{at} 可能向山核桃树移动。飞鼠的新位置更新如下:

$$FS_{at}^{t+1}=\begin{cases}FS_{at}^t+d_g\times G_c\times(FS_{ht}^t-FS_{at}^t),&R_1\geqslant P_{dp}\\ \text{任意位置},&\text{其他}\end{cases}\tag{3-25}$$

情形 2 FS_{nt} 为了满足日常能源需求向橡子树移动。飞鼠的新位置更新如下：

$$FS_{nt}^{t+1} = \begin{cases} FS_{nt}^t + d_g \times G_c \times (FS_{at}^t - FS_{nt}^t), & R_2 \geqslant P_{dp} \\ \text{任意位置}, & \text{其他} \end{cases} \quad (3\text{-}26)$$

情况 3 FS_{nt} 表示已经食用过的橡子可能会向山核桃树移动，以便储存山核桃，以防食物短缺。飞鼠的新位置更新如下：

$$FS_{nt}^{t+1} = \begin{cases} FS_{nt}^t + d_g \times G_c \times (FS_{ht}^t - FS_{nt}^t), & R_3 \geqslant P_{dp} \\ \text{任意位置}, & \text{其他} \end{cases} \quad (3\text{-}27)$$

5）滑行空气动力学

飞鼠的滑翔机理用平衡滑翔来描述。在平衡滑翔中，升力（L）和阻力（D）之和产生一个合力（R），其大小等于飞鼠的重力（M_g），方向与飞鼠的重力相反。因此，R以恒定速度（v）向飞行鼠提供线性滑翔路径（图 3-18（a））。图 3-18（b）是飞鼠的滑翔行为的近似模型。以稳定速度滑行的飞鼠总是以一定的角度 ϕ 水平下降，升阻比或滑翔比定义为

$$\frac{L}{D} = \frac{1}{\tan \phi} \quad (3\text{-}28)$$

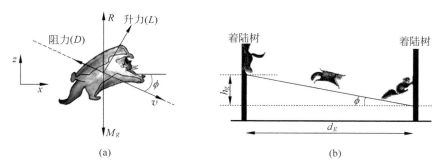

图 3-18　飞鼠的受力分析和滑翔行为
（a）平衡滑翔的飞鼠；（b）滑翔行为的近似模型

飞鼠通过较小的滑翔角 ϕ 加大滑翔路径长度，这样升阻比也相应地增加。升力是通过机翼的空气向下偏转的结果，定义为

$$L = \frac{1}{2} \rho C_L v^2 S \quad (3\text{-}29)$$

式中：ρ 为空气密度，且 $\rho = 1.204 \text{kg/m}^3$；$C_L$ 是升力系数；v 为速度且 $v = 5.25 \text{m/s}$；S 为身体的体表面积且 $S = 154 \text{cm}^2$。虚拟阻力（D）定义为

$$D = \frac{1}{2} \rho v^2 S C_D \quad (3\text{-}30)$$

其中 C_D 是虚拟阻力的系数。方程（3-28）给出的稳定状态下的滑翔角：

$$\phi = \arctan\left(\frac{D}{L}\right) \tag{3-31}$$

图 3-18(b)给出了近似的滑翔距离:

$$d_g = \frac{h_g}{\tan \phi} \tag{3-32}$$

其中 h_g 是滑翔后发生的高度损失。计算 d_g 的包括 C_L 和 C_D 的所有参数都取实数。因此,飞鼠可以通过简单地根据期望的着陆位置改变升阻比来改变其滑翔道长度或 d_g。$C_L \in [0.675, 1.5]$,$C_D = 0.60$。

飞鼠一般在一次滑翔中水平滑翔 5~25m,SSA 中滑行距离被认为在 9~20m 的范围内。d_g 的值非常大且可能在式(3-25)~式(3-27)引入大的摄动,导致算法性能不理想。设 c 是一个非零常数,$sf = \dfrac{d_g}{c}$ 称为标度因子。

6) 季节性监测条件

季节变化明显地影响飞鼠的觅食活动。飞鼠在低温环境下需要具有较高的体温且具有较小的体型,这使得它们的觅食成本很高,而且由于活跃的捕食者的存在,风险也很大,这造成它们在低温下会遭受巨大的热量损失。与秋天相比,气候条件迫使它们在冬天不活跃。这样飞鼠的运动会受到天气变化的影响,因此在 SSA 中引入了季节性检测条件,这使得所提出的算法免于陷于局部最优解。模拟了这种行为的步骤如下:

(1) 计算季节常数 S_c,计算公式为

$$S_c^t = \sqrt{\sum_{k=1}^{d} (FS_{at,k}^t - FS_{ht,k})^2} \quad (i = 1, 2, 3) \tag{3-33}$$

(2) 检查季节检测条件 $S_c^t < S_{\min}$,其中 $S_{\min}$ 是季节常数的最小值

$$S_{\min} = \frac{10\mathrm{e}^{-6}}{365^{\frac{t}{t_m/2.5}}} \tag{3-34}$$

式中: t 和 t_m 分别为当前迭代和最大迭代次数。$S_{\min}$ 影响了 SSA 的探索与开发能力。$S_{\min}$ 值越大,算法的探索性越强; $S_{\min}$ 值越小,算法的开发能力越强。

(3) 如果发现季节性监测条件满足(即冬季已经结束),则将无法在森林中寻找最佳冬季食物来源的飞鼠任意迁移。

7) 冬季结束位置的任意更新

冬季结束时,由于觅食成本较低,飞鼠变得活跃。冬季无法在森林中寻找最佳食物来源,但仍然存活下来的飞鼠可能会向新的方向觅食。将这种行为融入到建模中可以提高 SSA 的探索能力。假设只有那些无法寻找到山核桃仁食物来源并存活下来的飞鼠才会向不同的方向移动,以寻找更好的食物来源。这种飞鼠的位置更新为

$$FS_{nt}^{\mathrm{new}} = FS_L + \mathrm{levy}(n) \times (FS_U - FS_L) \tag{3-35}$$

其中 levy 分布促进更好和高效的搜索空间探索,用数学表示如下:

$$L(s,\gamma,\mu)=\begin{cases}\sqrt{\dfrac{\gamma}{2\pi}}\exp\left[-\dfrac{\gamma}{2(s-\mu)}\right]\dfrac{1}{(s-\mu)^{\frac{3}{2}}}, & 0<\mu<s<\infty\\[3mm]0, & 其他\end{cases} \tag{3-36}$$

其中 $\mu,\gamma>0$。γ 是尺度参数,μ 是移位参数。levy 飞行计算公式如下:

$$\text{levy}(n)=0.01\times\frac{r_a\times\sigma}{|r_b|^{\frac{1}{\beta}}} \tag{3-37}$$

式中:r_a 和 r_b 为[0,1]上的正态分布随机数;β 为常数,在 SSA 中取 1.5;σ 的计算公式为

$$\sigma=\left(\frac{\Gamma(1+\beta)\times\sin\left(\dfrac{\pi\beta}{2}\right)}{\Gamma\left(\dfrac{1+\beta}{2}\right)\times\beta\times2^{\frac{\beta-1}{2}}}\right)^{\frac{1}{\beta}} \tag{3-38}$$

其中 $\Gamma(n)=(n-1)!$。

8) 终止准则

函数容差是一种常用的收敛准则,它是在最后两个连续结果之间定义了一个允许但很小的阈值,有时最大迭代次数也被用作终止准则。在 SSA 中,最大迭代次数被认为是终止准则。

2. 入侵性杂草优化算法[193]

2006 年,A. R. Mehrabian 和 C. Lucas 提出了一种简单但有效的基于杂草繁殖的数值随机优化算法:入侵性杂草优化(Invasive Weed Optimization,IWO)算法[193]。

1) 初始化

设 P 表示种群,其大小为 P_{size}。初始化参数:最大的迭代数 $\text{iter}_{\max}$,最大种子数 $S_{\max}$ 和最小种子数 $S_{\min}$,非线性调制指数 m,标准差 σ 的初始值 σ_{initial} 和最终值 σ_{final}。初始种群扩散到 d 维空间的任意位置。

2) 繁殖

根据其自身和种群的最低和最高适应度,确保每棵杂草能线性增长产生种子。图 3-19 是种子的生产过程。通过图 3-19 获得每棵杂草产生的种子的数目为

$$\text{种子数}=\text{floor}\left(\text{最小种子数}+\frac{\text{最大种子数}-\text{最小种子数}}{\text{最大适应度值}-\text{最小适当度值}}\right)\times$$
$$(\text{适应度值}-\text{最小适应度值}) \tag{3-39}$$

式中:floor 为取整。

3) 空间扩散

在 IWO 中,在 d 维搜索空间以均值为 0、可变方差 σ^2 的正态分布随机数任意分

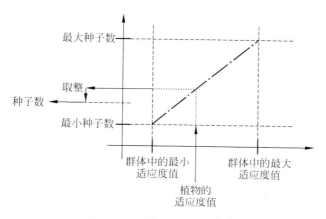

图 3-19 种子生产过程[193]

布所产生的杂草。这就意味着杂草能够任意分布。然而,在每步中随机函数的标准差 σ 是从 σ_{initial} 到 σ_{final} 减少的,定义为

$$\sigma_{\text{iter}} = \frac{(\text{iter}_{\text{max}} - \text{iter})^m}{(\text{iter}_{\text{max}})^m}(\sigma_{\text{initial}} - \sigma_{\text{final}}) + \sigma_{\text{final}} \tag{3-40}$$

式中:σ_{iter} 为当前迭代 iter 的标准差,这使得在每次迭代中,在远处落下种子的概率呈现非线性下降趋势,从而根据适应度值得到新种群优于前种群。这样 r-选择机制转化为 K-选择机制。

4)竞争排斥

在自然中,种子的存在使得整个世界生机焕然。因此,控制种群的大小保证了植物间的相互竞争。多次迭代后,通过快速繁殖种子的数目达到最大值 P_{max}。然而,具有较好适应度值的植物多于具有较差适应度值的植物。因此,根据竞争存活规则,每颗种子执行繁殖和空间扩散。然后所产生后代和种群中的种子的适应度值按照从小到大排序,当种子数超过 P_{size},选择 P_{size} 个最小适应度值的种子构成新的种群,其余种子舍弃不用。

3.4.2 基于 SSA 和 IWO 的混合算法

1. 混合算法 ISSA

在 SSA 算法中每只飞鼠仅能待在森林中的一棵树上,而每只飞鼠在自然界中都能繁衍后代,这就给了我们启示:将 IWO 中的繁殖性引入到 SSA 中,使每只飞鼠都能够繁殖后代。这样就提出了基于 SSA 和 IWO 的新颖的混合算法 ISSA。所提出的 ISSA 是在 SSA 的更新飞鼠位置的三种情形的基础上进行了改进,改进如下:

情形 1 FS_{at} 可能向山核桃树移动。如果 $R_1 \geqslant P_{dp}$,那么根据图 3-19 确定山核桃树上每只飞鼠的后代的数目,由方程(3-40)计算的标准差以正态分布的方式得到山核桃树上飞鼠的后代,重新确定山核桃树上的飞鼠。然后利用 $FS_{at}^{t+1} = FS_{at}^t +$

$d_g \times G_c \times (FS_{ht}^t - FS_{at}^t)$ 更新橡子树上飞鼠的位置。否则,FS_{at}^{t+1} 取搜索空间中的任意位置。

情形 2 FS_{nt} 为了满足日常能源需求向橡子树移动。如果 $R_2 \geqslant P_{dp}$,那么根据图 3-19 确定橡子果树上飞鼠的后代的数目,由方程(3-40)计算的标准差以正态分布的方式得到橡子果树上飞鼠的后代,重新确定橡子果树上的飞鼠。然后利用 $FS_{nt}^{t+1} = FS_{nt}^t + d_g \times G_c \times (FS_{at}^t - FS_{nt}^t)$ 更新正常树上飞鼠的位置。否则,FS_{nt}^{t+1} 取搜索空间中的任意位置。

情况 3 FS_{nt} 表示已经食用过的橡子可能会向山核桃树移动,以便储存山核桃,以防食物短缺。如果 $R_3 \geqslant P_{dp}$,那么根据图 3-19 确定山核桃树上飞鼠的后代的数目,由方程(3-40)计算的标准差以正态分布的方式得到山核桃树上飞鼠的后代,重新确定山核桃树上的飞鼠。然后利用 $FS_{nt}^{t+1} = FS_{nt}^t + d_g \times G_c \times (FS_{ht}^t - FS_{nt}^t)$ 更新正常树上飞鼠的位置。否则,FS_{nt}^{t+1} 取搜索空间中的任意位置。

ISSA 是通过将 IWO 中种子的繁殖性引入到 SSA 中飞鼠的繁殖提出的。图 3-20 是 ISSA 的流程图。多样性图显示了每次迭代中所有解之间的平均距离(average distance)。图 3-21 是 ISSA、SSA 和 IWO 的多样性图的比较。从图 3-21 可以看出,IWO 的多样性图是随着迭代次数的增加而递减的曲线,还可以看到由于 IWO 的繁殖引入到 SSA 的飞鼠的繁殖中,ISSA 中种群不断地得到更新,但 ISSA 的多样性图在平均距离 50 附近上下波动,与 SSA 相类似。

2. 计算复杂度

从提出的 ISSA 中可以看出,ISSA 的计算复杂度主要取决于三个过程:初始化、适应度评估和飞鼠的更新。在 ISSA 中有 N 只飞鼠,初始化后的计算复杂度为 $O(N)$。ISSA 有三个参数:n_1、n_2、n_3,分别表示在橡子树和向山核桃树移动的飞鼠的总数,在正常树上和向橡子树移动的飞鼠的总数和在正常树上和向山核桃树移动的飞鼠的总数。因此,由图 3-20,更新机制的计算复杂度是 $O((n_1 + n_2 + n_3) \times N \times T) + O((n_1 + n_2 + n_3) \times N \times T \times D)$,由山核桃树上最优的松鼠和所有树上更新的松鼠组成,其中 T 是最大迭代数,D 是讨论问题的维数。因此,ISSA 的计算复杂度是 $O(N \times ((n_1 + n_2 + n_3) \times ((TD + 1) + 1)))$。在 ISSA 中,显然 $n_1 + n_2 + n_3 = N - 1$。因此,ISSA 的计算复杂度是 $O(N \times (N \times TD - TD + N))$。

3.4.3 基准函数的极值寻优

1. 基准函数

本节所提出的 ISSA 是 IWO 和 SSA 相结合得到的混合算法,将 ISSA 应用于 36 个基准函数[27,30,194-195]实现函数的极值寻优。这些基准函数如表 3-4~表 3-6 所列。表 3-4 中的 14 个基准函数是 n 元函数,在本节中取 $n = 30$。表 3-5 和表 3-6 中列出了有固定的且较低维数(维数分别为 2,3,4,5,6 或 10)的 22 个基准函数。

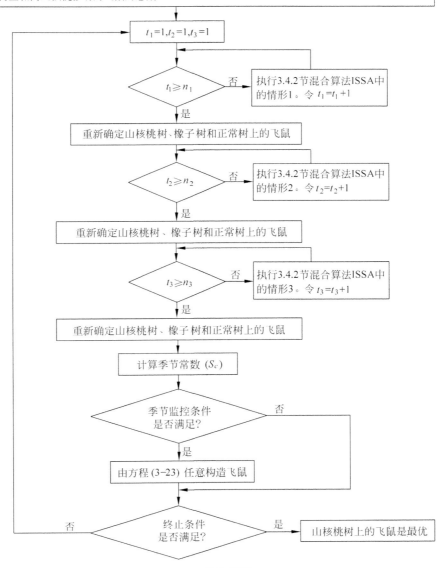

图 3-20　ISSA 的流程图

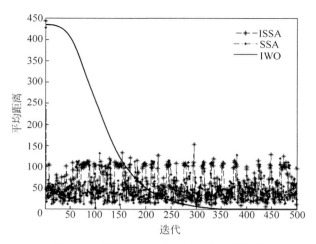

图 3-21   ISSA、SSA 和 IWO 的多样性图

表 3-4   基准函数 $F_1(x) \sim F_{14}(x)$ 的描述

函数表达式	维数	范围	f_{min}
$F_1(x) = \sum_{i=1}^{n} x_i^2$	30	$[-100,100]$	0
$F_2(x) = \sum_{i=1}^{n} \mid x_i \mid + \prod_{i=1}^{n} \mid x_i \mid$	30	$[-10,10]$	0
$F_3(x) = \max_{i} \{ \mid x_i \mid , 1 \leqslant i \leqslant n \}$	30	$[-100,100]$	0
$F_4(x) = \sum_{i=1}^{n} \left(\sum_{j=1}^{i} x_j \right)^2$	30	$[-100,100]$	0
$F_5(x) = \sum_{i=1}^{n-1} (100(x_{i+1} - x_i^2)^2 + (x_i - 1)^2)$	30	$[-30,30]$	0
$F_6(x) = \sum_{i=1}^{n} ([x_i + 0.5])^2$	30	$[-100,100]$	0
$F_7(x) = \sum_{i=1}^{n} (-x_i \sin \sqrt{x_i})$	30	$[-500,500]$	$-418.9829 \times$ 维数
$F_8(x) = \sum_{i=1}^{n} (x_i^2 - 10\cos(2\pi x_i) + 10)$	30	$[-5.12,5.12]$	0
$F_9(x) = -20\exp\left(0.2\sqrt{\dfrac{1}{n}\sum_{i=1}^{n}x_i^2}\right) - \exp\left(\dfrac{1}{n}\sum_{i=1}^{n}\cos(2\pi x_i)\right) + 20 + e$	30	$[-32,32]$	0
$F_{10}(x) = \dfrac{1}{4000}\sum_{i=1}^{n}x_i^2 - \prod_{i=1}^{n}\cos\left(\dfrac{x_i}{\sqrt{i}}\right) + 1$	30	$[-600,600]$	0

续表

函数表达式	维数	范围	$f_{\min}$
$F_{11}(x) = \dfrac{\pi}{n}\left(10\sin(\pi y_1) + \displaystyle\sum_{i=1}^{n-1}(y_i-1)^2 \times \right.$ $\left.(1+\sin^2(\pi y_{i+1})) + (y_n^2-1)^2\right) + \displaystyle\sum_{i=1}^{n} u(x_i,10,100,4)$ $y_i = 1 + \dfrac{x_i+1}{4},$ $u(x_i,a,k,m) = \begin{cases} k(x_i-a)^m, & x_i > a \\ 0, & -a < x_i < a \\ k(-x_i-a)^m, & x_i < -a \end{cases}$	30	$[-50,50]$	0
$F_{12}(x) = 0.1\left(\sin^2(3\pi x_1) + \displaystyle\sum_{i=1}^{n}(x_i-1)^2 \times \right.$ $\left.(1+\sin^2(3\pi x_i+1)) + (x_n-1)^2(1+\sin^2(2\pi x_n))\right) +$ $\displaystyle\sum_{i=1}^{n} u(x_i,5,100,4)$	30	$[-50,50]$	0
$F_{13}(x) = \displaystyle\sum_{i=1}^{n} i x_i^2$	30	$[-10,10]$	0
$F_{14}(x) = (x_1-1)^2 + \displaystyle\sum_{i=2}^{n} i(2x_i^2 - x_{i-1})^2$	30	$[-10,10]$	0

表 3-5 基准函数 $F_{15}(x) \sim F_{25}(x)$ 的描述

函数表达式	维数	范围	$f_{\min}$
$F_{15}(x) = \left(\dfrac{1}{500} + \displaystyle\sum_{j=1}^{25} \dfrac{1}{j + \displaystyle\sum_{i=1}^{2}(x_i-a_{ij})^6}\right)^{-1}$	2	$[-65,65]$	0.998
$F_{16}(x) = \displaystyle\sum_{i=1}^{11}\left(a_i - \dfrac{x_1(b_i^2+b_i x_2)}{b_i^2+b_i x_3+x_4}\right)^2$	4	$[-5,5]$	0.00030
$F_{17}(x) = 4x_1^2 - 2.1x_1^4 + \dfrac{1}{3}x_1^6 + x_1 x_2 - 4x_2^2 + 4x_2^4$	2	$[-5,5]$	-1.0316
$F_{18}(x) = (1+(x_1+x_2+1)^2(19-14x_1+3x_1^2 - $ $14x_2+6x_1 x_2+3x_2^2)) \times (30+(2x_1-3x_2)^2 \times$ $(18-32x_1+12x_1^2+48x_2-36x_1 x_2+27x_2^2))$	2	$[-2,2]$	3
$F_{19}(x) = -\displaystyle\sum_{i=1}^{4} c_i \exp\left(-\displaystyle\sum_{j=1}^{3} a_{ij}(x_j-p_{ij})^2\right)$	3	$[0,1]$	-3.86
$F_{20}(x) = -\displaystyle\sum_{i=1}^{4} c_i \exp\left(-\displaystyle\sum_{j=1}^{6} a_{ij}(x_j-p_{ij})^2\right)$	6	$[0,1]$	-3.32

函数表达式	维数	范围	$f_{\min}$
$F_{21}(x) = -\sum\limits_{i=1}^{5}((X-a_i)(X-a_i)^{\mathrm{T}}+c_i)^{-1}$	4	$[0,10]$	-10.1532
$F_{22}(x) = -\sum\limits_{i=1}^{7}((X-a_i)(X-a_i)^{\mathrm{T}}+c_i)^{-1}$	4	$[0,10]$	-10.4028
$F_{23}(x) = -\sum\limits_{i=1}^{10}((X-a_i)(X-a_i)^{\mathrm{T}}+c_i)^{-1}$	4	$[0,10]$	-10.5363
$F_{24}(x) = (1.5-x_1+x_1x_2)^2 + (2.25-x_1+x_1x_2^2)^2 + (2.625-x_1+x_1x_2^3)^3$	2	$[-4.5,4.5]$	0
$F_{25}(x) = -\cos x_1 \cos x_2 \exp(-(x_1-\pi)^2-(x_2-\pi)^2)$	2	$[-100,100]$	-1

表 3-6　基准函数 $F_{26}(x) \sim F_{36}(x)$ 的描述

函数表达式	维数	范围	$f_{\min}$
$F_{26}(x) = 0.26(x_1^2+x_2^2)$	2	$[-10,10]$	0
$F_{27}(x) = 100(x_1^2-x_2)^2 + (x_1-1)^2 + (x_3-1)^2 + 90(x_3^2-x_4)^2 + 10.1(x_2-1)^2 + (x_4-1)^2 + 19.8(x_2-1)(x_4-1)$	4	$[-10,10]$	0
$F_{28}(x) = \sum\limits_{i=1}^{10}x_i^2 + \left(\sum\limits_{i=1}^{10}0.5ix_i\right)^2 + \left(\sum\limits_{i=1}^{10}0.5ix_i\right)^4$	10	$[-5,10]$	0
$F_{29}(x) = x_1^2 + 2x_2^2 - 0.3\cos(3\pi x_1) - 0.4\cos(4\pi x_2) + 0.7$	2	$[-100,100]$	0
$F_{30}(x) = (x_1+2x_2-7)^2 + (2x_1+x_2-5)^2$	2	$[-10,10]$	0
$F_{31}(x) = -\sum\limits_{i=1}^{2}\sin x_i\left(\sin\left(\frac{ix_i^2}{\pi}\right)\right)^{20}$	2	$[0,\pi]$	-1.8013
$F_{32}(x) = -\sum\limits_{i=1}^{5}\sin x_i\left(\sin\left(\frac{ix_i^2}{\pi}\right)\right)^{20}$	5	$[0,\pi]$	-4.6877
$F_{33}(x) = -\sum\limits_{i=1}^{10}\sin x_i\left(\sin\left(\frac{ix_i^2}{\pi}\right)\right)^{20}$	10	$[0,\pi]$	-9.6602
$F_{34}(x) = 0.5 + \dfrac{\sin^2\sqrt{x_1^2+x_2^2}-0.5}{(1+0.001(x_1^2+x_2^2))^2}$	2	$[-100,100]$	0
$F_{35}(x) = x_1^2 + 2x_2^2 - 0.3\cos(3\pi x_1)\cos(4\pi x_2) + 0.3$	2	$[-100,100]$	0
$F_{36}(x) = x_1^2 + 2x_2^2 - 0.3\cos(3\pi x_1+4\pi x_2) + 0.3$	2	$[-100,100]$	0

2. 实验结果

类似于 SSA[27]，ISSA 的参数设置为 $P_{dp}=0.1, C_D=0.6, G_c=1.9, \beta=1.5$ 和 $sf=18$。为了验证所提出的 ISSA 的有效性，ISSA 与其他 5 个元启发式优化算法 SSA、IWO、粒子群优化算法（PSO）、蜻蜓算法（DA）[31] 和蚁狮算法（ALO）[30] 进行比较。每一种算法执行的最大迭代数为 500，种群大小为 50，在实验中独立运行 30 次。在 PSO 算法中，惯性权重取 1，加速度系数 c_1 和 c_2 都取 1.49445。ALO 和 DA 算法的参数与文献[30]和[31]的参数相同。IWO 的参数与文献[193]的参数设置的相同。

在上述参数的设置下，这 36 个基准函数的平均函数值（Avg.）和对应的平均标准差（Std.）如表 3-7～表 3-9 所列。

由表 3-7 可以看出，对于函数 $F_1(x)\sim F_3(x), F_5(x), F_6(x), F_{10}(x), F_{12}(x)\sim F_{14}(x)$ 来说，与 SSA、IWO、PSO、DA 和 ALO 相比较，ISSA 所得到的 Avg. 更接近于最小值。对于函数 $F_4(x), F_7(x)\sim F_9(x), F_{11}(x)$ 来说，IWO 比 ISSA、SSA、PSO、DA 和 ALO 获得更好的优化结果。因此，表 3-7 说明了 ISSA 优于 SSA、IWO、PSO、DA 和 ALO。

根据表 3-8 和表 3-9 中基准函数 $F_{15}(x)\sim F_{36}(x)$ 的 $Avg.$ 可知，对于基准函数 $F_{17}(x)\sim F_{19}(x), F_{22}(x)\sim F_{26}(x), F_{28}(x)\sim F_{31}(x), F_{34}(x)\sim F_{36}(x)$ 来说，ISSA 优于 SSA、IWO、PSO、DA 和 ALO，而对于基准函数 $F_{15}(x), F_{16}(x), F_{20}(x), F_{21}(x), F_{32}(x), F_{33}(x)$ 来说，IWO 优于 ISSA、SSA、PSO、DA 和 ALO，对于基准函数 $F_{27}(x)$，DA 优于 ISSA、SSA、IWO、PSO 和 ALO。因此，表 3-8 和表 3-9 说明 ISSA 优于 SSA、IWO、PSO、DA 和 ALO。

通过比较，所提出的 ISSA 更适于解决函数优化问题和具有较好的优化能力。

3.4.4　基于 ISSA-DML 的 DOA 估计

波达方向（DOA）估计是阵列信号处理的一个重要研究领域，在雷达定向、移动通信等各个领域得到了广泛的应用。DOA 估计方法包括传统波束形成（Conventional Beam Forming，CBF）、多信号分类（MUSIC）、旋转不变子空间（ESPRIT）、最大似然（ML）估计、加权子空间拟合（Weighted subspace fitting，WSF）算法及其改进。[95] ML 分为随机极大似然估计（Stomatic Maximum Likelihood，SML）和确定型极大似然估计（Deterministic Maximum Likelihood，DML）。本节将 ISSA 和 DML 结合起来构建 ISSA-DML 模型实现 DOA 估计。

1. 均匀线阵信号模型

本节模拟了 MEMS 矢量水听器的阵列信号处理实现 DOA 估计。选取均匀线阵信号模型 L，其结构如图 3-22 所示。在图 3-22 中，均匀线阵 L 包括 M 个阵元，且相邻两个阵元的距离是 d。考虑 P 个远场的窄带信号 $[\theta_1, \theta_2, \cdots, \theta_P]$ 入射到 M 元均

表 3-7　基准函数 $F_1(x) \sim F_{14}(x)$ 的 Avg. 和 Std.

函数		ISSA	SSA	IWO	PSO	DA	ALO
$F_1(x)$	Avg.	1.1561E-07	2.6877E+00	1.0425E-03	4.6617E-01	7.6641E+02	1.0736E-04
	Std.	6.3316E-07	1.4719E+01	3.4197E-04	1.5300E-01	5.1391E+02	5.5848E-05
$F_2(x)$	Avg.	1.1045E+00	2.8944E+00	2.5318E+00	5.0680E+00	1.2009E+01	2.9421E+01
	Std.	7.6302E-01	1.4884E+00	3.3923E+00	1.8279E+00	4.4575E+00	4.0385E+01
$F_3(x)$	Avg.	2.7386E+01	6.1305E+01	3.6162E+02	3.0104E+02	9.4767E+03	1.7522E+03
	Std.	4.0361E+01	5.6776E+01	3.0083E+02	6.4755E+02	6.8689E+03	6.9189E+02
$F_4(x)$	Avg.	7.3605E+00	7.9736E+00	6.0383E-02	1.9511E+00	2.0971E+01	1.3671E+01
	Std.	3.3900E+00	1.8583E+00	2.9568E-02	8.5104E-01	1.0193E+01	3.9688E+00
$F_5(x)$	Avg.	6.5821E+01	1.9229E+02	1.3932E+02	1.4454E+02	8.3545E+04	2.3086E+02
	Std.	7.3028E+01	5.4338E+02	2.0443E+02	1.2046E+02	1.6928E+05	3.8039E+02
$F_6(x)$	Avg.	6.3882E-12	1.1232E+01	1.0151E-03	5.4939E-01	7.3090E+02	1.0201E-04
	Std.	1.8174E-12	2.4892E+01	2.3503E-04	1.7863E-01	1.0470E+03	4.7969E-05
$F_7(x)$	Avg.	-7.0144E+03	-4.3955E+03	-1.6326E+04	-3.1747E+03	-5.6739E+03	-5.4921E+03
	Std.	8.0856E+02	7.3912E+02	1.4726E+03	5.2715E+02	5.8693E+02	7.3042E+01
$F_8(x)$	Avg.	6.2414E+01	1.1549E+02	4.0489E+01	5.9890E+01	1.3906E+02	7.4721E+01
	Std.	2.0866E+01	4.2476E+01	6.9388E+00	1.3563E+01	3.9206E+01	1.9216E+01
$F_9(x)$	Avg.	1.9589E+00	4.2466E+00	2.7152E-02	3.9339E+00	7.9114E+00	2.1893E+00
	Std.	1.0512E+00	9.9127E-01	6.4763E-03	6.6479E-01	2.1466E+00	6.6315E-01
$F_{10}(x)$	Avg.	5.5765E-13	1.2226E-01	3.9739E-03	1.6205E+02	8.7141E+00	2.3078E-02
	Std.	1.3476E-13	3.6775E-01	4.9561E-03	1.6034E+01	7.4787E+00	1.3967E-02
$F_{11}(x)$	Avg.	3.8819E+00	4.6825E+00	3.8860E-03	2.0612E+00	2.7305E+02	9.4464E+00
	Std.	2.4330E+00	2.0954E+00	1.8904E-02	7.2358E-01	1.3629E+03	3.4137E+00
$F_{12}(x)$	Avg.	4.1935E-01	1.0704E+01	2.4537E-03	9.5905E-01	6.1404E+04	6.1948E+00
	Std.	2.9153E-13	1.8478E+01	3.7200E-03	1.2350E+00	1.3293E+05	1.3457E+01
$F_{13}(x)$	Avg.	7.8627E-02	7.4104E-01	4.4829E-01	2.2315E+00	8.9772E+01	2.0042E+00
	Std.	3.9779E-01	2.4737E+00	6.0595E-01	7.8567E-01	6.5932E+00	1.4284E+00
$F_{14}(x)$	Avg.	2.8494E-13	7.2202E+00	2.7610E+01	1.6075E+01	5.6713E+02	9.1181E+00
	Std.	3.1925E-13	6.0014E+00	5.2329E+01	7.0997E+00	1.4568E+03	1.0091E+01

表 3-8 基准函数 $F_{15}(x) \sim F_{25}(x)$ 的 Avg. 和 Std.

函数		ISSA	SSA	IWO	PSO	DA	ALO
$F_{15}(x)$	Avg.	9.9800E-01	1.0643E+00	9.9800E-01	4.6758E+00	1.1637E+00	1.5272E+00
	Std.	1.2167E-06	2.5219E-01	3.3876E-16	2.7619E+00	3.7678E-01	8.5313E-01
$F_{16}(x)$	Avg.	1.0676E-03	6.0472E-04	1.0272E-03	6.4648E-04	2.1243E-03	4.2095E-03
	Std.	3.7317E-04	2.9175E-04	1.9939E-06	1.9057E-04	3.4846E-03	7.3563E-03
$F_{17}(x)$	Avg.	-1.0316E+00	-1.0316E+00	-1.0316E+00	-1.0316E+00	-1.0316E+00	-1.0316E+00
	Std.	0.0000E+00	1.5145E-11	5.7290E-15	6.0236E-05	7.7916E-08	1.0042E-13
$F_{18}(x)$	Avg.	3.0000E+00	3.0000E+00	3.0000E+00	3.0038E+00	3.0000E+00	3.0000E+00
	Std.	6.7349E-15	4.8124E-13	1.2271E-13	3.2734E-03	1.4248E-10	3.0578E-13
$F_{19}(x)$	Avg.	-3.8628E+00	-3.8605E+00	-3.8628E+00	-3.8618E+00	-3.8623E+00	-3.8628E+00
	Std.	5.9632E-15	2.1877E-03	1.7014E-13	7.0025E-04	1.5629E-03	6.3538E-14
$F_{20}(x)$	Avg.	-3.2938E+00	-3.2570E+00	-3.2943E+00	-3.2232E+00	-3.2431E+00	-3.2664E+00
	Std.	5.2061E-02	9.5035E-02	5.1146E-02	1.2332E-01	7.7869E-02	6.0456E-02
$F_{21}(x)$	Avg.	-9.7325E+00	-9.9024E+00	-1.0153E+01	-6.3588E+00	-9.1318E+00	-5.7787E+00
	Std.	1.6323E+00	1.3735E+00	3.7563E-12	3.1335E+00	2.0508E+00	2.6311E+00
$F_{22}(x)$	Avg.	-1.0403E+01	-1.0403E+01	-1.0403E+01	-7.3437E+00	-8.5606E+00	-6.8520E+00
	Std.	1.3372E-13	5.3853E-04	2.7159E-12	3.4533E+00	2.6819E+00	3.6981E+00
$F_{23}(x)$	Avg.	-1.0536E+01	-1.0536E+01	-1.0536E+01	-7.1225E+00	-9.7585E+00	-6.8153E+00
	Std.	1.6758E-13	1.2149E-04	2.4997E-12	3.8243E+00	1.8625E+00	3.4346E+00
$F_{24}(x)$	Avg.	1.7564E-18	1.0651E-06	1.5172E-15	3.1527E-05	3.4018E-03	1.2701E-01
	Std.	7.4418E-18	2.4132E-06	1.2795E-15	3.3479E-05	1.8632E-02	2.8886E-01
$F_{25}(x)$	Avg.	-1.0000E+00	-1.0000E+00	-1.0000E+00	-9.9991E-01	-9.9995E-01	-1.0000E+00
	Std.	0.0000E+00	9.4013E-11	1.4049E-15	8.3311E-05	2.8903E-04	1.1818E-11

表 3-9　基准函数 $F_{26}(x)$～$F_{36}(x)$ 的 Avg. 和 Std.

函数		ISSA	SSA	IWO	PSO	DA	ALO
$F_{26}(x)$	Avg.	1.1754E-20	8.2069E-15	5.9425E-17	1.7315E-06	2.4027E-09	8.9399E-16
	Std.	3.2301E-20	4.1507E-14	5.4543E-17	1.6132E-06	1.1054E-08	1.1497E-15
$F_{27}(x)$	Avg.	-1.3522E+02	-4.3883E+01	-3.6181E+02	-1.1152E+02	-9.2551E+01	-1.0844E+02
	Std.	7.9884E+01	3.2857E+01	7.7177E+01	4.3384E+01	5.5903E+01	5.2091E+01
$F_{28}(x)$	Avg.	3.2947E-13	5.7718E-02	8.0534E-09	2.8517E-02	6.0674E+00	6.9586E-10
	Std.	3.8465E-13	8.0329E-02	7.9207E-09	1.4626E-02	9.4830E+00	1.5217E-09
$F_{29}(x)$	Avg.	0.0000E+00	4.3928E-09	1.3078E-14	2.6411E-04	7.5380E-05	2.5211E-11
	Std.	0.0000E+00	1.8683E-08	1.2919E-14	2.8659E-04	4.1287E-04	3.3071E-11
$F_{30}(x)$	Avg.	6.9199E-20	5.0406E-14	1.8484E-15	7.4315E-05	6.2032E-18	1.0337E-13
	Std.	2.9979E-19	2.7097E-13	1.8795E-15	6.8954E-05	3.3867E-17	1.4310E-13
$F_{31}(x)$	Avg.	-1.8013E+00	-1.8013E+00	-1.9967E+00	-1.8007E+00	-1.8013E+00	-1.8013E+00
	Std.	6.7752E-16	2.9271E-14	3.5803E-03	6.5098E-04	8.6151E-07	3.4258E-14
$F_{32}(x)$	Avg.	-4.3838E+00	-4.3499E+00	-4.6902E+00	-4.1673E+00	-4.0040E+00	-4.1271E+00
	Std.	3.2268E-01	3.6200E-01	2.4198E-01	2.9607E-01	4.6894E-01	3.9220E-01
$F_{33}(x)$	Avg.	-7.2953E+00	-7.2046E+00	-8.3563E+00	-6.7062E+00	-5.7435E+00	-6.2150E+00
	Std.	9.0318E-01	6.9390E-01	7.8522E-01	7.4628E-01	7.2564E-01	9.9832E-01
$F_{34}(x)$	Avg.	0.0000E+00	3.4782E-03	4.9960E-16	1.8266E-05	4.5341E-03	4.2102E-03
	Std.	0.0000E+00	4.5765E-03	4.5845E-16	2.4574E-05	4.9300E-03	4.8969E-03
$F_{35}(x)$	Avg.	0.0000E+00	1.1881E-07	9.8181E-15	2.2574E-04	5.5826E-09	3.6684E-11
	Std.	0.0000E+00	6.5024E-07	1.0845E-14	2.1465E-04	3.0577E-08	5.0964E-11
$F_{36}(x)$	Avg.	0.0000E+00	3.4462E-11	5.0626E-15	1.2075E-04	1.6597E-07	2.6239E-11
	Std.	0.0000E+00	1.8871E-10	5.8701E-15	1.1825E-04	8.6143E-07	4.8998E-11

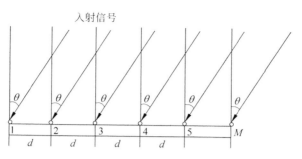

图 3-22 均匀线阵信号模型

匀线阵。假设窄带远场信号是由平面波模式入射的。线性阵列模型 L 接收的数据由 N 个时间快拍数的向量表示[95]:

$$X(t) = A(\theta)S(t) + V(t) \quad (t = 0, 1, 2, \cdots, N-1) \tag{3-41}$$

式中: $X(t) = (x_1(t), x_2(t), \cdots, x_M(t))^T$ 为 $M \times 1$ 的快拍数据向量; $S(t) = (s_1(t), s_2(t), \cdots, s_P(t))^T$ 为空间信号的 $P \times 1$ 向量; $V(t) = (v_1(t), v_2(t), \cdots, v_M(t))^T$ 为 $M \times 1$ 的噪声向量,其中 $v_i(t)(i = 1, 2, \cdots, M)$ 是均值为 0、方差为 σ^2 的高斯白噪声,且 $A(\theta) = (a(\theta_1), a(\theta_2), \cdots, a(\theta_P))^T$ 是 $M \times P$ 阵列流行矩阵,它的第 q 列是导向向量:

$$a(\theta_q) = (1, e^{-j\frac{2\pi d}{\lambda}\sin\theta_q}, \cdots, e^{-j(M-1)\frac{2\pi d}{\lambda}\sin\theta_q})^T \quad (q = 1, 2, \cdots, P) \tag{3-42}$$

其中,λ 为信号的波长,θ_q 是入射信号与阵列法向量之间的角度,阵列输出的协方差矩阵为

$$R = E(XX^H) = A(\theta)R_S A^H(\theta) + R_V \tag{3-43}$$

其中,R_S 是信号的协方差矩阵,R_V 是噪声的协方差矩阵。

2. 基于 DML 和 ISSA 的混合模型

假设信号采样得到观测样本 $x_m(t)(m = 1, 2, \cdots, M; t = 1, 2, \cdots, N)$。由观测样本数据研究 DOA 阵列信号的入射角 $[\theta_1, \theta_2, \cdots, \theta_P]$。

假设背景噪声和接收噪声是由大量独立的噪声源发射的。因此这些噪声可视为方差为 σ^2 的零均值高斯随机白噪声,则

$$E(X(t)) = A(\theta)S(t) \tag{3-44}$$

$$\text{cov}(X(t)) = \sigma^2 I \tag{3-45}$$

根据概率论,观测向量 N 次快拍联合(条件)概率密度函数为

$$f_{DML}(x_1, x_2, \cdots, x_N) = \prod_{i=1}^{N} \frac{1}{\pi^M \det R} \exp(x_i^H R^{-1} x_i) \tag{3-46}$$

式中: $\det R$ 为矩阵 R 的行列式。

对方程(3-46)两端取负对数,得到如下公式:

$$-\ln f_{\text{DML}} = N\ln\pi + MN\ln\sigma^2 + \frac{1}{\sigma^2}\sum_{i=1}^{N}\mid \boldsymbol{x}_i - \boldsymbol{A}\boldsymbol{s}_i \mid^2 \qquad (3\text{-}47)$$

根据方程(3-47)，未知变量 σ^2 和 S 的 DML 估计分别为

$$\sigma_{\text{DML}}^2 = \frac{1}{M}\text{tr}\{P_{\boldsymbol{A}(\theta)}^{\perp}\hat{\boldsymbol{R}}\} \qquad (3\text{-}48)$$

$$\hat{S}_{\text{DML}} = \boldsymbol{A}^+(\theta)\boldsymbol{X} \qquad (3\text{-}49)$$

式中：$\hat{\boldsymbol{R}}$ 为协方差矩阵的估计；$\text{tr}()$ 为矩阵的迹；$\boldsymbol{A}^+(\theta)$ 为矩阵 $\boldsymbol{A}(\theta)$ 的伪逆。

将方程(3-47)和方程(3-48)代入式(3-46)得到变量 θ 的 DML 估计[95]

$$\theta_{\text{DML}} = \min_{\theta,s_i}\{\text{tr}\{P_{\boldsymbol{A}(\theta)}^{\perp}\hat{\boldsymbol{R}}\}\} = \max_{\theta,s_i}\{\text{tr}\{\boldsymbol{P}_{\boldsymbol{A}(\theta)}\hat{\boldsymbol{R}}\}\} \qquad (3\text{-}50)$$

式中：$\boldsymbol{P}_{\boldsymbol{A}(\theta)}^{\perp}$ 为与矩阵 $\boldsymbol{P}_{A(\theta)}$ 正交的矩阵，且 $\boldsymbol{P}_{A(\theta)} = \boldsymbol{A}(\theta)(\boldsymbol{A}^{\text{H}}(\theta)\boldsymbol{A}(\theta))^{-1}\boldsymbol{A}(\theta)$。

本节取方程(3-50)中的 $P(\theta) = P_{\boldsymbol{A}(\theta)}\hat{\boldsymbol{R}}$ 作为 ISSA 的适应度函数。这样基于 ISSA 和 DML 的混合模型提出来实现 DOA 估计，记为 ISSA-DML。

3. 仿真实验结果

本节我们仍然选取 ALO、DA、PSO、IWO 和 SSA 与 DML 结合建立模型 ALO-DML、DA-DML、PSO-DML、IWO-DML 和 SSA-DML 与 ISSA-DML 做比较。在 MATLAB 实验环境中，用 ALO-DML、DA-DML、PSO-DML、IWO-DML、SSA-DML 和 ISSA-DML 实现 DOA 估计。实验中，在 ALO-DML、DA-DML、PSO-DML、IWO-DML、SSA-DML 和 ISSA-DML 中最大迭代次数和种群大小分别设置为 100 和 50。

实验中，所使用的阵列模型是阵元个数为 8 的均匀线阵，快拍数为 100，噪声是高斯白噪声。均匀线阵的搜索范围是 $[-90°,90°]$，分别考虑两个入射角 $(20°,50°)$ 和三个入射角 $(-10°,20°,50°)$ 的情形。分别独立运行模型 ALO-DML、DA-DML、PSO-DML、IWO-DML、SSA-DML 和 ISSADML 30 次，取根均方误差(RMSE)作为评判模型的指标，定义为[96]

$$\text{RMSE} = \sqrt{\frac{1}{P \cdot N_{\text{MC}}}\sum_{i=1}^{N_{\text{MC}}}\sum_{k=1}^{P}(\hat{\theta}_i(k)-\theta(k))^2} \qquad (3\text{-}51)$$

式中：P 为信号源的个数；N_{MC} 为独立实验的次数；$\theta(k)$ 为第 k 个信号源的实际角度；$\hat{\theta}_i(k)$ 为在 i 次实验中第 k 个信号源的估计角度。分别取信噪比 SNR 为 0dB、-5dB 和 5dB 高斯白噪声进行讨论，得到了 DOA 估计的平均入射角和 RMSE，如表 3-10～表 3-12 所列。

从表 3-10 可见，误差在 1° 之内，模型 DA-DML、PSO-DML、IWO-DML、SSA-DML 和 ISSA-DML 所得到的 DOA 估计更接近于已知入射角 $(20°,50°)$，模型 PSO-DML、SSA-DML 和 ISSA-DML 所得到的 DOA 估计更接近于已知入射角 $(-10°,20°,50°)$。

表 3-10 信噪比 SNR＝0dB 的 6 个模型的 DOA 估计

模　型	入射角(20°,50°)		入射角(－10°,20°,50°)	
	DOA 估计	RMSE	DOA 估计	RMSE
ALO-DML	(20.94°,48.38°)	1.3393°	(－12.39°,20.57°,50.24°)	15.9172°
DA-DML	(19.63°,50.32°)	0.0634°	(－10.33°,18.63°,50.03°)	4.0338°
PSO-DML	(20.49°,50.60°)	0.1525°	(－9.93°,20.08°,50.85°)	0.7479°
IWO-DML	(19.27°,50.60°)	2.3062°	(－8.21°,20.86°,47.58°)	21.7983°
SSA-DML	(20.13°,50.75°)	0.5827°	(－10.30°,20.50°,51.18°)	7.4730°
ISSA-DML	(20.14°,49.95°)	0.0278°	(－10.16°,20.11°,50.55°)	0.3799°

表 3-11 信噪比 SNR＝－5dB 的 6 个模型的 DOA 估计

模　型	入射角(20°,50°)		入射角(－10°,20°,50°)	
	DOA 估计	RMSE	DOA 估计	RMSE
ALO-DML	(20.22°,48.46°)	1.3393°	(－0.37°,30.09°,50.74°)	20.6862°
DA-DML	(20.01°,49.45°)	0.0770°	(－9.24^,20.06°,50.86°)	4.2497°
PSO-DML	(19.54°,49.83°)	0.0979°	(－9.79°,19.43°,48.93°)	0.8311°
IWO-DML	(9.61°,53.53°)	12.0834°	(－22.60°,20.70°,54.93°)	23.1717°
SSA-DML	(20.66°,50.88°)	0.0983°	(－6.82°,22.13°,50.52°)	8.2074°
ISSA-DML	(19.82°,50.32°)	0.0450°	(－9.99°,20.55°,49.93°)	0.6925°

表 3-12 信噪比 SNR＝5dB 的 6 个模型的 DOA 估计

模　型	入射角(20°,50°)		入射角(－10°,20°,50°)	
	DOA 估计	RMSE	DOA 估计	RMSE
ALO-DML	(21.32°,50.14°)	1.1660°	(－8.43°,23.35°,47.41°)	14.6881°
DA-DML	(19.89°,50.16°)	0.0240°	(－9.99°,19.65°,48.92°)	3.7114°
PSO-DML	(20.11°,50.13°)	0.0291°	(－10.34°,20.13°,50.08°)	0.6584°
IWO-DML	(14.57°,46.75°)	3.3555°	(－15.18°,21.91°,45.70°)	24.0116°
SSA-DML	(20.52°,49.85°)	0.0553°	(－7.51°,20.72°,50.29°)	6.1547°
ISSA-DML	(19.90°,49.97°)	0.0151°	(－9.90°,19.93°,49.46°)	0.4513°

我们还可以看到模型 ISSA-DML 的两个入射角的 DOA 估计是(20.14°,49.95°),三个入射角的 DOA 估计是(－10.16°,20.11°,50.55°),都最接近于已知的入射角 (20°,50°)和(－10°,20°,50°)。通过与模型 ALO-DML、DA-DML、PSO-DML、IWO-DML 和 SSA-DML 比较,模型 ISSA-DML 对于两个入射角和三个入射角的 RMSE 都达到了最小,分别为 0.0278°和 0.3799°。

从表 3-11 可见,误差在 1°之内,模型 DA-DML、PSO-DML、SSA-DML 和 ISSA-DML 所得到的 DOA 估计更接近于已知入射角(20°,50°),模型 DA-DML 和 ISSA-DML 更接近于(－10°,20°,50°)。我们还可以看到模型 ISSA-DML 的两个入射角的

DOA 估计是 $(19.82°,50.32°)$,三个入射角的 DOA 估计是 $(-9.99°,20.55°,49.93°)$,都最接近于已知的入射角 $(20°,50°)$ 和 $(-10°,20°,50°)$。通过与模型 ALO-DML、DA-DML、PSO-DML、IWO-DML 和 SSA-DML 比较,模型 ISSA-DML 对于两个入射角和三个入射角的 RMSE 都达到了最小,分别为 $0.0450°$ 和 $0.6925°$。

从表 3-12 可见,误差在 $1°$ 之内,模型 DA-DML、PSO-DML、SSA-DML 和 ISSA-DML 所得到的 DOA 估计更接近于已知入射角 $(20°,50°)$,模型 PSO-DML 和 ISSA-DML 所得到的 DOA 估计更接近于已知入射角 $(-10°,20°,50°)$。我们还可以看到模型 ISSA-DML 的两个入射角的 DOA 估计是 $(19.90°,49.97°)$,三个入射角的 DOA 估计是 $(-9.90°,19.93°,49.46°)$,都最接近于已知的入射角 $(20°,50°)$ 和 $(-10°,20°,50°)$。通过与模型 ALO-DML、DA-DML、PSO-DML、IWO-DML 和 SSA-DML 比较,模型 ISSA-DML 对于两个入射角和三个入射角的 RMSE 都达到了最小,分别为 $0.0151°$ 和 $0.4513°$。

因此在 ALO-DML、DA-DML、PSO-DML、IWO-DML、SSA-DML 和 ISSA-DML 模型中,所提出的 ISSA-DML 模型具有最小的两个或三个入射角的 RMSE。显然 ISSA-DML 模型优于 ALO-DML、DA-DML、PSO-DML、IWO-DML 和 SSA-DML 模型,更适合于 DOA 估计。

3.4.5   结果分析与讨论

将 IWO 的繁殖引入 SSA 中得到了混合算法 ISSA,并与 ALO、DA、PSO、IWO 和 SSA 进行了比较。本节利用 ISSA 对 36 个基准函数进行极值寻优,与 DML 结合建立了模型 ISSA-DML 实现 MEMS 矢量水听器的 DOA 估计。

在 SSA 中假设在每棵树上仅有一只飞鼠,本节提出的 ISSA 要求每只飞鼠有其后代。在山核桃树、橡子果树和正常树上每只飞鼠的后代的数量是根据 IWO 确定的。飞鼠的种群根据适应度的降序排列重新确定,重新分配山核桃树、橡子果树和正常树上的飞鼠。这样山核桃树上的飞鼠每次迭代仍然是最优解。

ISSA 的更新方法是从每棵树上松鼠的后代中重新获得每棵树上的松鼠,这表明了种群的多样性。除此方法外,ISSA 的其余部分与 SSA 相同。IWO 的多样性图随着迭代次数的增加而减少,而 ISSA 和 SSA 的多样性图的波动是相似的。但是 ISSA 的繁殖不断更新种群,使得 ISSA 具有更长的执行时间和较大的计算复杂度。此外,种群规模和迭代次数对 ISSA 也有影响。

对 SSA 的初始化、更新位置、季节性监测条件、冬末随机搬迁等方面还可以有许多改进。此外,采用多个群智能算法与 SSA 算法相结合,还可以建立许多新的混合算法。

3.4.6   结论

本节将 2016 年提出的 IWO 的种子的繁殖性引入 2019 年提出的 SSA 中,使得每棵树上的飞鼠有其后代,这就得到了混合算法 ISSA。利用 ISSA 对 36 个基准函数实现极值寻优,并建立了模型 ISSA-DML 实现 DOA 角估计。

通过比较,对于 36 个基准函数,所提出的 ISSA 有较好的收敛特性和更接近于最小值的平均函数值,说明 ISSA 适于函数优化。本节所提出的模型 ISSA-DML 有最小的 RMSE,且在仿真实验中 DOA 估计最接近于入射角($20°$,$50°$)和($-10°$,$20°$,$50°$)。

因此,本节所提出的算法 ISSA 适用于函数优化,建立的模型 ISSA-DML 适用于DOA 估计。这些结果表明,在未来的工作中,我们将提出新的或改进的群体智能算法,并将其与其他方法相结合,用于优化机器学习的参数,以便在现实世界中进行分类和估计。

3.5　本章小结

本章的内容取自文献[196-198]。本章的内容包括 MEMS 矢量水听器信号的去噪与消除基线漂移和 DOA 估计,其中 MEMS 矢量水听器信号的去噪主要包括三方面:变分模态分解与小波阈值相结合的联合去噪和改进的遗传算法与小波阈值相结合的去噪方法;MEMS 矢量水听器信号的 DOA 估计是利用飞鼠搜索算法与入侵性杂草优化算法相结合建立混合算法对模拟信号实现 DOA 估计。对于其他有关MEMS 矢量水听器信号的去噪和 DOA 估计的研究还做了很多,在这里就不一一列出来了,可以参看参考文献[97,199-202]。

第4章

基于基因表达谱的癌症分类

4.1　引言

随着科学技术的飞速发展,人类的饮食结构发生了巨大的变化,且各种外部因素也对人类健康构成威胁,特别是癌症成为威胁人类生命健康的主要疾病之一。不同癌症类型的正确分类对患者的诊断和治疗具有重要意义。近年来,许多研究人员已经专注于研究基于基因表达谱的肿瘤的分类和预测,这有利于肿瘤的精确诊断。所研究的基因表达数据具有样本小、维数高、噪声大、冗余度高等特点,并得出了一定的结论[101,203-205]。因此,非常有必要从基因表达谱中挖掘生物学知识,选择肿瘤的遗传信息进行分类和预测。1999 年,首先提出基于基因表达谱的癌症分类是急性髓系白血病和急性淋巴细胞白血病的分类。这与以前的生物学知识分类完全不同[101]。自此以后,基于基因表达谱的癌症分类越来越引起研究人员的注意[102-104],已成为所研究的问题之一[103-104]。

本章讨论基于人工神经网络和基因表达谱的结肠癌和子宫内膜癌的分类问题。

4.2　基于 BP、SVM 和 S-Kohonen 的结肠癌的分类

结肠癌是常见的恶性肿瘤之一,发病率居恶性肿瘤的 4～6 位,其呈逐年增长趋势。基因表达谱数据研究和分析是生物信息学中的重要研究课题,基于结肠癌 Ⅱ 期患者复发基因表达谱数据,建立癌症复发的预测分类模型,对癌症的复发和识别具有重要意义。

本节利用三类特殊的机器学习:BP 神经网络、支持向量机(SVM)和 S-Kohonen 神经网络(详见附录)对基于基因表达谱的 Ⅱ 期结肠癌患者根据是否复发进行分类研

究,其中 S-Kohonen 神经网络是在 Kohonen 神经网络的基础上,在竞争层后增加输出层变为有监督学习的网络。

4.2.1　数据源

本节所采用的数据集来自国家生物技术信息中心(National Center for Biotechnology Information,NCBI)。数据采集自 53 位国际抗癌联合会(UICC)的 Ⅱ 期结肠癌患者的样本,包括 13 个复发的癌症患者样本和 40 个无复发癌症患者样本。每个样本含 54675 个基因特征,任意选取 500 个基因特征,得到了 53 个 500 维的结肠癌样本。将无复发癌症患者样本和复发癌症患者样本在归一化后按接近 4∶1 的比例随机分配到训练集和测试集中,如表 4-1 所列。

表 4-1　UICC Ⅱ 阶段的结肠癌的样本分布情况

数据	无复发样本数	复发样本数	总计
训练集	33	10	43
测试集	7	3	10

本节所采用的归一化的方法为

$$\bar{x} = \frac{x}{\| x \|} = \frac{x}{\sqrt{\sum_{i=1}^{n} x_i^2}} \tag{4-1}$$

4.2.2　数据处理

对结肠癌 Ⅱ 期患者基因表达谱数据做了归一化处理,结肠癌 Ⅱ 期患者无复发样本设标签为 1,复发患者样本设标签为 2。采用 BP、SVM 和 S-Kohonen 分别对任取 100～1000 的基因特征的这 53 个癌症样本进行多次实验,实验结果如图 4-1 所示。

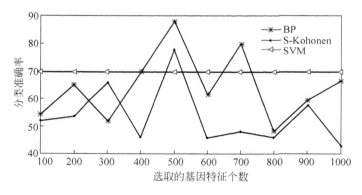

图 4-1　基因组选取分类识别结果图

通过图 4-1 可以看到,当基因特征个数为 500 时,BP 神经网络、SVM 和 S-Kohonen 神经网络对结肠癌测试集的准确率都达到最高,因此本节实现结肠癌的分类识别的样本选择 500 个基因特征。

4.2.3 实验结果

BP 神经网络和 S-Kohonen 神经网络的初始权值具有任意性以及 SVM 的参数具有任意性,因此将 BP 神经网络、SVM 和 S-Kohonen 神经网络独立进行运行 10 次。根据数据的特点,输入的个数为 500,输出层节点数为 2,BP 神经网络隐含层神经元节点的个数取 25。分别取 S-Kohonen 神经网络和 BP 神经网络的第一次、第三次和第五次的识别结果,如图 4-2 和图 4-3 所示。对于 SVM 方法,10 次的预测准确率一样,故任取一次的预测结果,如图 4-4 所示。

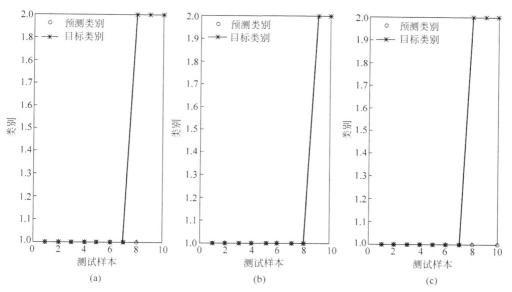

图 4-2　S-Kohonen 第一次、第三次和第五次的识别结果

表 4-2 给出了分别运行 BP 神经网络、SVM 和 S-Kohonen 神经网络 10 次的分类识别结果。可以看出 S-Kohonen 神经网络分类识别结果趋于稳定,分类准确率达到 91%,BP 神经网络分类准确率为 66%,SVM 分类准确率为 70%,从而得出 S-Konhonen 优于 BP 神经网络和 SVM,适合结肠癌的分类。

表 4-2　基于 S-Kohonen、SVM 与 BP 神经网络分类识别结果

序　号	1	2	3	4	5	6	7	8	9	10	准确率/%
S-Kohonen	9	8	10	9	8	10	9	9	10	9	91
BP 神经网络	6	6	8	7	7	8	4	8	4	8	66
SVM	7	7	7	7	7	7	7	7	7	7	70

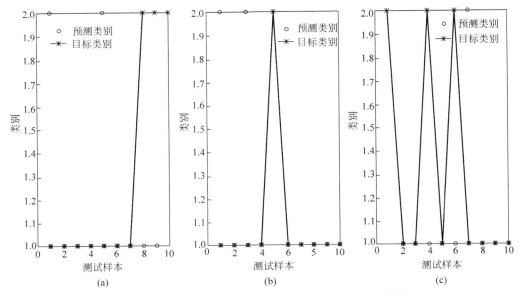

图 4-3　BP 神经网络第一次、第三次和第五次的识别结果

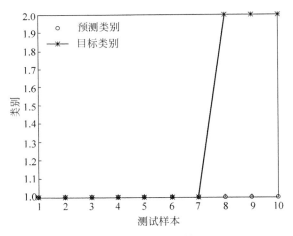

图 4-4　SVM 的识别结果

4.2.4　结论

本节利用 S-Kohonen 神经网络、BP 神经网络和 SVM 对结肠癌 Ⅱ 期患者的 53 个任意选择 500 个基因特征样本进行复发和无复发分类识别,实验结果是 S-Kohonen 神经网络的分类准确率达到最高 91%,表明了 S-Kohonen 神经网络分类效果优于 SVM 与 BP 神经网络,网络稳定性强,能很好地对结肠癌 Ⅱ 期患者是否复发进行分类识别,能够更好地满足分类的实用需求。

4.3 基于人工神经网络的子宫内膜癌的分类

子宫内膜癌是最常见的妇科恶性肿瘤。针对子宫内膜癌,流行病学、病理生理学和管理策略的全面了解让妇产科医生意识到妇女处于高风险状态,有助于降低风险,促进早期诊断[208]。本节主要研究基于基因表达谱的 87 名妇女子宫内膜样本的分类,分为子宫内膜癌和子宫内膜无癌两类。

4.3.1 数据源

本节所采用的子宫内膜基因表达谱数据是从网站 http://www.ncbi.nlm.nih.gov/geo/下载的 2015 年 8 月 15 日公布的序列号为 GSM983959 到 GSM984045 的数据。这些数据有 87 个子宫内膜样本,其中 64 个子宫内膜癌样本和 23 个子宫内膜无癌样本。每个样本为 27578×5 矩阵,其中 27578 是每个样本的基因个数,5 是每个基因的 5 个指标:平均 β 值(average β value)、强度(intensity)、非甲基化信号(unmethylated-signal)、甲基化信号(methylated-signal)和检测 P 值(detection P value)。显然,基于基因表达谱的子宫内膜样本具有高维数、样本小的特点。

4.3.2 基于人工神经网络分类器的子宫内膜癌的分类

1. 数据处理

显然子宫内膜样本的基因表达谱具有高维数、小样本的特征,并且在这些基因中,至多有 100 种基因与癌症有关,剩下的大量基因与癌症无关,因此根据基因表达谱对子宫内膜癌样本进行分类,首先需要过滤掉无关基因。按照某种指标给基因打分,采用排序法过滤得分低的无关基因,保留下得分高的信息基因。本节根据信噪比(SNR)采用排序法过滤无关基因。对于第 i 个基因,SNR[209]定义为

$$\mathrm{SNR}(g_{ij}) = \frac{|\mu_+(g_{ij}) - \mu_-(g_{ij})|}{\sigma_+(g_{ij}) + \sigma_-(g_{ij})} \tag{4-2}$$

$$\mathrm{SNR}(g_i) = \frac{\sqrt{\sum_{j=1}^{5}(\mu_+(g_{ij}) - \mu_-(g_{ij}))^2}}{\sqrt{\sum_{j=1}^{5}(\sigma_+(g_{ij}) + \sigma_-(g_{ij}))^2}} \tag{4-3}$$

式中:$\mu_+(g_{ij})$、$\mu_-(g_{ij})$分别为 64 个子宫内膜癌样本和 23 个子宫内膜无癌样本的第 i 个基因的第 j 个指标的平均值;$\sigma_+(g_{ij})$、$\sigma_-(g_{ij})$分别为 64 个子宫内膜癌样本和 23 个子宫内膜无癌样本的第 i 个基因的第 j 个指标的标准差;$\mathrm{SNR}(g_{ij})$为第 i 个基因中第 j 个指标的信噪比;$\mathrm{SNR}(g_i)$为第 i 个基因的信噪比。

利用式(4-2)和式(4-3)过滤掉 1582 个基因。对于剩下的基因,信噪比小于 0.4 的基因数为 24204,信噪比小于 0.75 的基因数为 25899,而信噪比大于 0.75 的基

数为 97,从而将这 97 种基因认为是初始信息基因。显然子宫内膜样本中信息基因数远小于 27578,此时每个子宫内膜样本为 97×5。信息基因作为神经网络的输入来说,信息基因数还较大,因此采用主成分分析再进行降维。

2. 四类分类器

本书选用四种人工神经网络:BP 神经网络、径向基(Radio Basis Function, RBF)神经网络、Elman 递归神经网络(Elman Recurrent Neural Network,ERNN)和 Kohonen 自组织神经网络(KSOM)建立四类分类器。由于样本的 5 列代表 5 个指标,故选取 5 个只有一个输出的 BP 神经网络 BP-i(i=1,2,3,4,5),BP-i 的输入为每个样本的第 i 列。将这 5 个 BP 神经网络 BP-i(i=1,2,3,4,5)并联,输出分别作为 BP 神经网络、径向基(RBF)神经网络、Elman 神经网络和 Kohonen 神经网络 (KSOM)的输入,建立了 6BP、5BP-RBF、5BP-Elman 和 5BP-KSOM 复合网络,实现子宫内膜样本的分类,在此将这四类复合网络分别称为 6BP、5BP-RBF、5BP-Elman 和 5BP-KSOM 分类器。

3. 实验结果

本节中,实验环境配置为 Intel(R)Core(TM)i5-4590(3.3G 6M)处理器,4.00GB 安装内存(RAM),32bit 操作系统,Windows 10 PRO,Matlab R2014a 工具的开发环境。选择 75 个子宫内膜样本作为训练样本,剩下的 12 个子宫内膜样本作为测试样本。通过大量实验,对 6BP、5BP-RBF、5BP-Elman 和 5BP-KSOM 这四类分类器,选取的主成分分析的累积贡献率 c 分别为 0.92,0.93,0.93,0.91,在这四类分类器中,对应的并联的 BP 神经网络 BP-i(i=1,2,3,4,5)的输入节点数 S_i(即输入子宫内膜样本第 i 列的维数),如表 4-3 所列,选择的 BP 神经网络的隐含层神经元的个数 S,如表 4-4 所列。5BP-RBF 分类器中采用的密度参数为 1.5,5BP-KSOM 分类器中 KSOM 神经网络的结构为 1×2。

表 4-3 并联的 BP 神经网络 BP-i(i=1,2,3,4,5)的输入节点数 S_i

S_1	S_2	S_3	S_4	S_5	c
24	5	9	7	4	0.91
25	6	10	8	4	0.92
27	8	11	8	5	0.93

表 4-4 所选的 S 和 c

分 类 器	S	c
6BP	5	0.92
5BP-RBF	5	0.93
5BP-Elman	5	0.93
5BP-KSOM	15	0.91

利用上述参数设置,经过 1000 次重复实验,获得这四类分类器的平均分类准确率,如表 4-5 所列。

表 4-5 四类分类器的平均分类准确率

分类器	训练样本数	测试样本数	训练样本的分类准确率/%	测试样本的分类准确率/%
6BP	75	12	99.55	93.46
5BP-RBF	75	12	100	92.56
5BP-Elman	75	12	100	94.16
5BP-KSOM	75	12	100	93.43

由表 4-5 所示,针对 75 个子宫内膜训练样本,5BP-RBF 分类器、5BP-Elman 分类器和 5BP-KSOM 分类器有 100%的分类准确率,6BP 分类器有 99.55%的分类准确率,而在针对 12 个子宫内膜测试样本,5BP-Elman 的分类准确率达到 94.16%,优于其他的三个分类器。

为了评价所建立的分类器的性能,本书还采用留一交叉验证(LOOCV)作为评判标准,仍然选取 1000 次重复实验和上述参数,获得这四类分类器的平均分类准确率,如表 4-6 所列。由表 4-6 所示,86 个子宫内膜样本作为训练样本,得到 5BP-RBF 分类器和 5BP-Elman 分类器的分类准确率达到 100%,高于 6BP 分类器和 5BPKSOM 分类器的分类准确率。而剩下的 1 个子宫内膜样本作为测试样本,得到 5BP-Elman 分类器的分类准确率高于其他三个分类器的分类准确率。

通过表 4-5 和表 4-6 进行比较,可以看出无论是针对训练样本还是针对测试样本,这四类分类器中 5BP-Elman 分类器的分类准确率总是高于其他三类分类器的分类准确率。说明本书提出的基于基因表达的 5BP-Elman 分类器适于子宫内膜癌症的分类。

表 4-6 利用 LOOCV 得出的四类分类器的平均分类准确率

分 类 器	训练样本数	测试样本数	训练样本的分类准确率/%	测试样本的分类准确率/%
6BP	86	1	99.55	93.90
5BP-RBF	86	1	100	93.65
5BP-Elman	86	1	100	95.15
5BP-KSOM	86	1	97.53	93.37

4. 结论

本书提出了基于基因表达的四类分类器:6BP 分类器、5BP-RBF 分类器、5BP-Elman 分类器和 5BP-KSOM 分类器,用以将 87 名妇女的子宫内膜的样本分为子宫内膜癌和子宫内膜无癌两类。首先利用大于 0.75 的信噪比,获得 97 种信息基因,通过主成分分析实现降维,先选取 75 个子宫内膜样本作为训练样本和剩余的 12 个子宫内膜样本作为测试样本,为了验证分类器的有效性再采用留一交叉验证,结果都说明了所建立的基于基因表达的四类分类器都是适合子宫内膜样本的分类的,特别是 5BP-Elman 分类器是优于其他三类分类器的。

4.3.3　基于改进的灰狼算法的子宫内膜癌的识别

1. 灰狼算法[32]

2014 年 S. Mirjalili 等人提出了灰狼优化算法(GWO)[32],用以模拟灰狼的捕食行为。灰狼属于犬科动物,大多喜欢群居,具有非常严格的社会等级,如图 4-5 所示的金字塔。金字塔的最高层 α 是狼王,主要负责决定狩猎、睡觉地点、起床时间等,狼群中的所有狼都服从 α,α 狼也被称为优势狼;金字塔的第二层 β 是次等级的灰狼,辅助 α 灰狼决策或其他群体活动,也可以指挥其他低等级的灰狼;金字塔的最低层 ω 扮演替罪羊的角色,需要服从其他等级高的灰狼,且可以被其他等级高的灰狼吃的狼,不是狼群中的重要个体,但如果狼群中失去

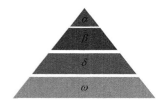

图 4-5　灰狼等级

了 ω,整个狼群都会面临内部争斗和问题;其他的灰狼为 δ,δ 灰狼必须服从 α 和 β,但它们统治 ω。根据文献[32],灰狼狩猎的主要步骤如图 4-6 所示。

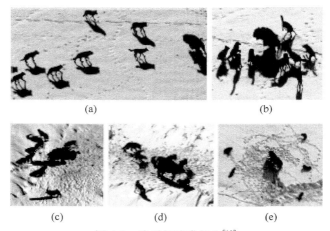

图 4-6　狼群的捕猎行为[32]

(a) 追踪、追逐和接近猎物;(b)~(d) 追赶、包围和不断侵扰猎物;(e) 静止状态与攻击

GWO 算法是根据狼群的社会等级、追踪、包围和攻击猎物建立了数学模型。

1) 社会等级

在 GWO 算法的社会等级阶段,α、β 和 δ 分别表示最优解、次优解和第三个最优解,其余候选解都假设为 ω。在 GWO 算法中,捕猎(优化)由 α、β 和 δ 主导,而 ω 则

跟随这三种灰狼。

2）包围猎物

图 4-6（b）～（d）所示的捕食期间，灰狼将猎物包围起来，灰狼的这种包围行为用如下方程表示：

$$\boldsymbol{D} = | \boldsymbol{C} \cdot \boldsymbol{X}_p(t) - \boldsymbol{X}(t) | \tag{4-4}$$

$$\boldsymbol{X}(t+1) = \boldsymbol{X}_p(t) - \boldsymbol{A} \cdot \boldsymbol{D} \tag{4-5}$$

式中：t 为当前迭代；$\boldsymbol{A}$ 和 $\boldsymbol{C}$ 为系数向量；$\boldsymbol{X}_p$ 为猎物的位置向量；$\boldsymbol{X}$ 为灰狼的位置向量。向量 $\boldsymbol{A}$ 和 $\boldsymbol{C}$ 定义为

$$\boldsymbol{A} = 2\boldsymbol{a} \cdot \boldsymbol{r}_1 - \boldsymbol{a} \tag{4-6}$$

$$\boldsymbol{C} = 2\boldsymbol{r}_2 \tag{4-7}$$

其中向量 $\boldsymbol{a}$ 的分量在迭代过程中线性地从 2 递减为 0，且 $\boldsymbol{r}_1, \boldsymbol{r}_2$ 是区间[0,1]上的任意向量。

3）捕猎

灰狼有能力识别猎物的位置并包围它们。狩猎通常由 α 指挥，β 和 δ 也可能偶尔参与狩猎。然而，在抽象的搜索空间中，我们不知道最优解（猎物）的位置。在建模中模拟灰狼的捕猎行为，假设 α（最佳候选解）、β 和 δ 更好地了解猎物的潜在位置。因此，保存到目前为止获得的前三个最佳解，并强制其他灰狼（包括 ω）根据最佳灰狼的位置更新其位置，更新方式为

$$\boldsymbol{D}_\alpha = | \boldsymbol{C}_1 \cdot \boldsymbol{X}_\alpha - \boldsymbol{X} |, \quad \boldsymbol{D}_\beta = | \boldsymbol{C}_2 \cdot \boldsymbol{X}_\beta - \boldsymbol{X} |, \quad \boldsymbol{D}_\delta = | \boldsymbol{C}_3 \cdot \boldsymbol{X}_\delta - \boldsymbol{X} | \tag{4-8}$$

$$\boldsymbol{X}_1 = \boldsymbol{X}_\alpha - \boldsymbol{A}_1 \cdot \boldsymbol{D}_\alpha, \quad \boldsymbol{X}_2 = \boldsymbol{X}_\beta - \boldsymbol{A}_2 \cdot \boldsymbol{D}_\beta, \quad \boldsymbol{X}_3 = \boldsymbol{X}_\delta - \boldsymbol{A}_3 \cdot \boldsymbol{D}_\delta \tag{4-9}$$

$$\boldsymbol{X}(t+1) = \frac{\boldsymbol{X}_1 + \boldsymbol{X}_2 + \boldsymbol{X}_3}{3} \tag{4-10}$$

4）攻击猎物（开发）

灰狼在猎物停止移动时攻击猎物完成捕猎。模拟灰狼接近猎物的方式就是减小向量 $\boldsymbol{a}$ 的值，相应地 $\boldsymbol{A}$ 的波动范围也减小了，即 $\boldsymbol{A}$ 是区间$[-2a, 2a]$中的任意值，其中 a 在迭代过程中从 2 减小到 0。当 $\boldsymbol{A}$ 的任意值在$[-1, 1]$时，灰狼的下一个位置可以是当前位置和猎物之间的任何位置。当$|\boldsymbol{A}| < 1$时，灰狼攻击猎物；当$|\boldsymbol{A}| \geqslant 1$时，灰狼搜索猎物。

根据目前提出的算子，GWO 算法允许灰狼根据 α、β、δ 的位置更新其位置，并攻击猎物。

5）搜索猎物（探索）

灰狼主要是根据 α、β、δ 的位置进行搜索。它们彼此分散寻找猎物，聚集在一起攻击猎物。分散性是通过$|\boldsymbol{A}|$大于 1 时灰狼与猎物分道扬镳来描述的。从方程（4-4）可以看到，向量 $\boldsymbol{C}$ 包含了$[0,2]$上的任意值，这是为猎物提供任意权值，是为了说明在方程（4-4）中定义的距离随机强调（$C < 1$）或不强调（$C > 1$）猎物的影响，这有助于 GWO 在整个优化过程中更任意的行为，便于探索和避免局部最优解。值得一提的

是,与 A 相比,C 并不是线性递减,要求 C 在任何时候都取任意值,以便在初始迭代以及最终迭代期间都强调探索。

向量 C 也可以看作是自然界中障碍物对接近猎物的影响。一般来说,自然界中的障碍物出现在狼的狩猎路径上,事实上阻碍了它们快速方便地接近猎物,这正是向量 C 所做的。根据狼的位置,它可以随机给猎物一个权值,使它越来越难以接近狼,反之亦然。

综上所述,GWO 算法搜索过程最初创建灰狼的初始种群(候选解),在迭代过程中,α、β、δ 狼估计猎物的可能位置,每一个候选解更新其与猎物的距离。为了强调勘探和开发,参数 a 从 2 递减到 0。当 $|A| \geqslant 1$ 时,候选解与猎物背离;当 $|A| < 1$ 时,候选解收敛于猎物。最后,通过满足最终准则来终止 GWO 算法。

2. 分类模型

1)基于 PSO 和 GWO 的混合算法

本节将 PSO 算法和 GWO 算法结合起来建立新的混合算法,记为 PSOGWO。在本算法中,将 PSO 算法引入到 GWO 算法的捕食行为中根据 α、β、δ 更新灰狼的位置,更新公式为

$$\boldsymbol{D}_\alpha = |\boldsymbol{C}_1 \cdot \boldsymbol{X}_\alpha - \boldsymbol{X}|, \quad \boldsymbol{D}_\beta = |\boldsymbol{C}_2 \cdot \boldsymbol{X}_\beta - \boldsymbol{X}|, \quad \boldsymbol{D}_\delta = |\boldsymbol{C}_3 \cdot \boldsymbol{X}_\delta - \boldsymbol{X}| \tag{4-11}$$

$$V_\alpha^{t+1} = \omega V_\alpha^t + c_1 r_1 (p_\alpha^t - \boldsymbol{X}_1^t) + c_2 r_2 (g_\alpha^t - \boldsymbol{X}_1^t) \tag{4-12}$$

$$V_\beta^{t+1} = \omega V_\beta^t + c_1 r_1 (p_\beta^t - \boldsymbol{X}_2^t) + c_2 r_2 (g_\beta^t - \boldsymbol{X}_2^t) \tag{4-13}$$

$$V_\delta^{t+1} = \omega V_\delta^t + c_1 r_1 (p_\delta^t - \boldsymbol{X}_3^t) + c_2 r_2 (g_\delta^t - \boldsymbol{X}_3^t) \tag{4-14}$$

$$\boldsymbol{X}_1 = \boldsymbol{X}_\alpha - \boldsymbol{A}_1 \cdot \boldsymbol{D}_\alpha + V_\alpha^{t+1}, \quad \boldsymbol{X}_2 = \boldsymbol{X}_\beta - \boldsymbol{A}_2 \cdot \boldsymbol{D}_\beta + V_\beta^{t+1},$$
$$\boldsymbol{X}_3 = \boldsymbol{X}_\delta - \boldsymbol{A}_3 \cdot \boldsymbol{D}_\delta + V_\delta^{t+1} \tag{4-15}$$

$$\boldsymbol{X}(t+1) = \frac{\boldsymbol{X}_1 + \boldsymbol{X}_2 + \boldsymbol{X}_3}{3} \tag{4-16}$$

式中:p_α^t、p_β^t、p_γ^t 分别为第 t 次迭代中局部最优的 α、β、δ;g_α^t、g_β^t、g_γ^t 分别为第 t 次迭代中全局最优的 α、β、δ。

PSOGWO 算法的步骤如下:

步骤 1   初始化灰狼种群 $X_i (i=1,2,\cdots,n)$,a、A、C 和最大迭代次数 T。

步骤 2   计算每只灰狼的适应度值,确定最优灰狼 X_α,次优灰狼 X_β 和第三优灰狼 X_δ。令 $t=1$。

步骤 3   对于每只灰狼,由方程(4-12)~方程(4-16)更新位置。更新 a、A、C。计算每只灰狼的适应度值。更新 X_α、X_β 和 X_δ。令 $t=t+1$。

步骤 4   若 $t<T$,转步骤 3,否则返回 X_α。

2)基于 Elman 递归神经网络和 PSOGWO 算法的分类模型

利用 PSOGWO 优化 Elman 递归神经网络(ERNN)的权值和偏差得到分类模

型,记为 PSOGWO-ERNN。模型 PSOGWO-ERNN 的具体步骤如下:

步骤 1 特征选择。假设原始数据有 N 个特征,利用主成分分析(PCA)选择累计贡献率高于 85% 的主成分,得到 r 个主成分,这样得到数据集 $S=\{(x_k,y_k)|k=1,2,\cdots,n\}$,其中 $x_k\in R^r$ 和 $y_k\in R^s$,n 是数据个数。

步骤 2 将数据集 S 分成训练集 $S_1=\{(x_k,y_k)|k=1,2,\cdots,q\}$ 和测试集 $S_2=\{(x_k,y_k)|k=q+1,q+2,\cdots,n\}$,并将其归一化。初始化相关参数,包括种群大小 M,速度的上界 $V_{\max}$ 和下界 $V_{\min}$,惯性权重 ω 的最小值 $\omega_{\min}$ 和最大值 $\omega_{\max}$,PSOGWO 算法的 PSO 部分的加速度因子 c_1 和 c_2,每只灰狼的分量的上界 ub 和下界 lb,PSOGWO 算法的 GWO 部分的 a、A、C,最大迭代次数 T。令 $t=1$,初始化灰狼种群 $X_i(i=1,2,\cdots,M)$。

步骤 3 将灰狼 X_i 映射为 ERNN 的参数。每只灰狼 X_i 的适应度值为

$$\mathrm{MSE}_i=\frac{1}{|S_1|}\sum_{j=1}^{|S_1|}(\hat{y}_j-y_j)^2 \tag{4-17}$$

通过适应度值确定最优灰狼 X_α,次优灰狼 X_β 和第三优灰狼 X_δ。

步骤 4 对于每只灰狼,根据方程(4-12)～方程(4-16)更新位置。更新 a、A、C 和 ω。根据方程(4-17)计算每只灰狼的适应度值。更新 ω。令 $t=t+1$。

步骤 5 若 $t<T$,转步骤 3,否则返回 X_α。

步骤 6 将上述所得到的灰狼 X_α 映射为 ERNN 的权值和偏差,然后将训练集 S_1 输入 ERNN,训练 ERNN 获得稳定的 ERNN。再将测试集 S_2 输入到已训练好的 ERNN,得到输出,进而得到分类准确率。

3. 实验

1) PSOGWO 算法中惯性权重的选择

本节中,惯性权重 ω 取为

$$\omega=\omega_{\min}+(\omega_{\max}-\omega_{\min})\exp\left(-\left(\frac{l}{T}\right)^m\right)\cdot\left(1-\left(\frac{l}{T}\right)^m\right) \tag{4-18}$$

式中: T 为最大迭代次数; $\omega_{\min}$ 和 $\omega_{\max}$ 分别为惯性权重 ω 的最小值和最大值,取 $T=500$,$\omega_{\min}=0$,$\omega_{\max}=1$,m 取步长为 0.1。当 m 从 0.1 变化到 1,相应的 ω 的变化情况如图 4-7 所示。

本节中,以 $m=0.3$ 为例。

2) 输入变量

因为每个样本的维数高,所以有必要降维。首先删除所有样本的所有指标中缺失数据对应的基因,如表 4-7 所列,计算信噪比[211]:

$$\mathrm{SNR}(g_i)=\frac{|\mu_+(g_i)-\mu_-(g_i)|}{\sigma_+(g_i)+\sigma_-(g_i)} \tag{4-19}$$

式中: g_i 为样本的第 i 个基因; $\mu_+(g_i)$、$\mu_-(g_i)$ 分别为在正样本和负样本中基因 g_i 的平均值; $\sigma_+(g_i)$、$\sigma_-(g_i)$ 分别为在正样本和负样本中基因 g_i 的标准差。

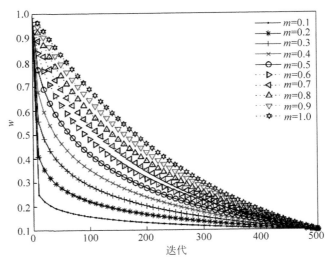

图 4-7 函数 ω 的图形

表 4-7 87 个样本中每个指标的缺失数据的个数和剩下的基因个数

指　　　标	缺失数据数	剩余基因数
平均 β 值	1518	26060
强度	0	27578
非甲基化信号	2	27576
甲基化信号	0	27578
检测 P 值	0	27578

　　根据方程(4-19)，得到这 87 个样本 5 个指标的直方图，如图 4-8 所示。根据 SNR 过滤无关基因，删除平均 β 值指标的信噪比不超过 0.46600，强度指标的信噪比不超过 0.43800，非甲基化信号指标的信噪比不超过 0.49670，甲基化信号指标的信噪比不超过 0.39090，检测 P 值指标的信噪比不超过 0.40380 的无关基因。

　　为了消除剩余基因的共线性，采用 PCA 进行降维，累积贡献率取 85%。因此，5 个指标的主成分个数分别为 33,7,14,23 和 16，即为 ERNN、GWO-ERNN、PSO-ERNN 和 PSOGWO-ERNN 的输入变量的个数。方便起见，将 ERNN、GWO-ERNN、PSO-ERNN 和 PSOGWO-ERNN 称为模型 1、模型 2、模型 3 和模型 4。

　　任取 10 个样本作为测试样本，取这 4 个模型的 ERNN 部分隐含层神经元的个数为 8。训练对 5 个指标中的每个指标分别训练这 4 个模型，独立运行这 4 个模型 10 次，得到这 5 个指标的平均分类准确率，如表 4-8 所列。

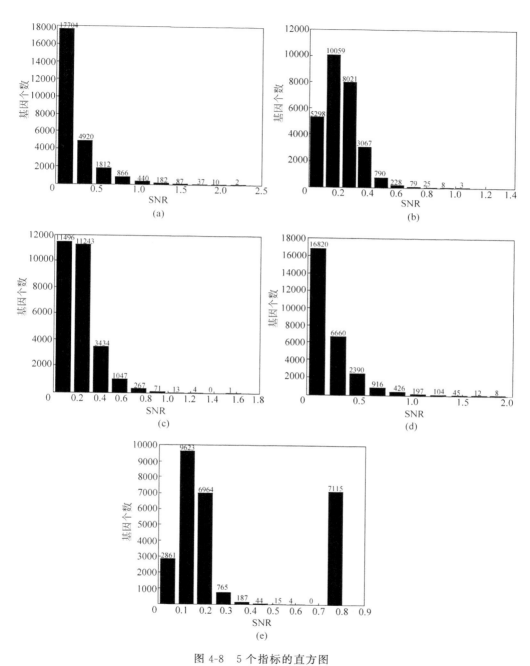

图 4-8　5 个指标的直方图

（a）平均 β 值；（b）强度；（c）非甲基化信号；（d）甲基化信号；（e）检测 P 值

表 4-8　4 个模型的平均分类准确率　%

	平均 β 值	强度	非甲基化信号	甲基化信号	检测 P 值
模型 1	92	84	99	100	67
模型 2	93	87	96	100	68
模型 3	97	88	98	94	66
模型 4	94	84	95	98	73

　　根据数据源,每个样本的基因有 5 个指标:平均 β 值、强度、非甲基化信号、甲基化信号和检测 P 值。因此,由 1 个指标判断一个样本是有癌的还是无癌的是不太合适的,故每个样本的基因与这 5 个指标的组合有关,用下式表示:

$$x_{\text{gene}} = w_1 x_1 + w_2 x_2 + w_3 x_3 + w_4 x_4 + w_5 x_5 \tag{4-20}$$

式中: $w_i (i=1,2,3,4,5)$ 为系数,且满足 $\sum\limits_{i=1}^{5} w_i = 1$, $x_i (i=1,2,3,4,5)$ 是基因的第 i 个指标的值。

　　本节 $w_i (i=1,2,3,4,5)$ 是每个模型的 5 个指标的平均分类准确率的归一化。对于模型 1,有

$$x_{\text{gene}} = 0.2081 x_1 + 0.1900 x_2 + 0.2240 x_3 + 0.2262 x_4 + 0.1517 x_5 \tag{4-21}$$

其中系数 0.2081,0.1900,0.2240,0.2262,0.1517 是表 4-8 中模型 1 的 5 个指标的分类准确率 92%、84%、99%、100% 和 67% 的归一化。

　　类似地,对于模型 2,有

$$x_{\text{gene}} = 0.2095 x_1 + 0.1959 x_2 + 0.2162 x_3 + 0.2252 x_4 + 0.1532 x_5 \tag{4-22}$$

对于模型 3,有

$$x_{\text{gene}} = 0.2190 x_1 + 0.1986 x_2 + 0.2212 x_3 + 0.2122 x_4 + 0.1490 x_5 \tag{4-23}$$

对于模型 4,有

$$x_{\text{gene}} = 0.2117 x_1 + 0.1892 x_2 + 0.2140 x_3 + 0.2207 x_4 + 0.1644 x_5 \tag{4-24}$$

　　根据方程(4-21)~方程(4-24)和原始样本,得到这 4 个模型的新数据。先删除缺失数据,得到这 4 个模型的输入数据的每个样本有 26060 个基因,再利用由方程(4-19)计算的 SNR 过滤无关基因:对于模型 1,SNR 的界为 0.32970;对于模型 2,SNR 的界为 0.33357;对于模型 3,SNR 的界为 0.323301;对于模型 4,SNR 的界为 0.332401。这 4 个模型的直方图如图 4-9 所示。

　　同样利用累积贡献率 85% 采用 PCA 降低这 87 个子宫内膜样本的维数,得到 5 个主成分分支。这样这 5 个主成分分支就作为这 4 个模型的输入数据,即这 4 个模型的 ERNN 部分的输入层的输入节点数为 5。

　　3) 实验结果

　　本节取这 4 个模型的 ERNN 部分的隐含层神经元的个数为 8。利用留一交叉验证(LOOCV)说明所提出模型 PSOGWO-ERNN 的优势。

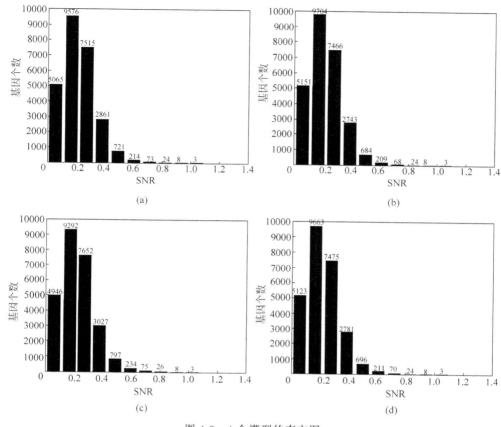

图 4-9　4 个模型的直方图
(a) 模型 1；(b) 模型 2；(c) 模型 3；(d) 模型 4

对于每个模型,每个样本取做测试样本,并独立运行 10 次。表 4-9 给出了这 4 种模型每个样本的平均分类准确率。

表 4-9　利用 LOOCV 得到的每个样本的平均分类准确率　　　　　　　　%

样 本 编 号	模型 1	模型 2	模型 3	模型 4
GSM983959	100	100	100	100
GSM983960	100	100	90	100
GSM983961	80	80	70	100
GSM983962	100	100	90	100
GSM983963	100	100	90	100
GSM983965	90	100	80	100
GSM983966	100	100	100	90
GSM983967	0	10	20	30
GSM983968	100	100	100	100

样 本 编 号	模型 1	模型 2	模型 3	模型 4
GSM983969	100	100	100	100
GSM983970	80	100	80	20
GSM983971	20	30	30	30
GSM983972	50	10	80	20
GSM983973	100	100	100	100
GSM983974	10	30	50	60
GSM983975	100	100	100	100
GSM983976	100	100	100	100
GSM983977	100	100	100	90
GSM983978	100	100	100	100
GSM983979	100	100	100	100
GSM983980	100	100	100	100
GSM983981	100	100	100	100
GSM983982	100	100	100	100
GSM983983	100	60	50	100
GSM983984	100	100	100	100
GSM983985	100	100	80	100
GSM983986	0	0	60	70
GSM983987	100	90	90	100
GSM983988	90	90	90	100
GSM983989	100	100	100	100
GSM983990	100	100	100	100
GSM983991	100	100	100	100
GSM983992	100	100	100	100
GSM983993	100	100	60	100
GSM983994	100	100	100	100
GSM983995	100	90	70	90
GSM983996	100	100	100	100
GSM983997	0	0	10	10
GSM983998	100	100	100	100
GSM983999	100	100	100	100
GSM984000	100	100	100	100
GSM984001	100	100	90	100
GSM984002	100	100	90	100
GSM984003	90	80	80	90
GSM984004	100	100	100	100
GSM984005	100	100	80	100
GSM984006	100	100	100	100
GSM984007	100	100	100	100

续表

样 本 编 号	模型 1	模型 2	模型 3	模型 4
GSM984009	70	50	70	80
GSM984010	60	50	70	40
GSM984011	100	90	80	100
GSM984012	80	80	70	90
GSM984013	60	70	100	80
GSM984014	100	100	100	100
GSM984015	100	100	100	100
GSM984016	100	100	100	100
GSM984017	100	100	100	100
GSM984018	100	100	100	100
GSM984019	0	0	0	10
GSM984020	90	100	90	100
GSM984021	100	100	100	100
GSM984022	100	100	100	100
GSM984023	100	100	90	100
GSM984024	100	100	100	100
GSM984025	100	100	100	100
GSM984026	100	100	100	100
GSM984027	100	100	100	100
GSM984028	100	100	100	100
GSM984029	20	20	40	20
GSM984030	100	100	100	100
GSM984031	70	70	70	100
GSM984032	60	70	90	70
GSM984033	90	100	90	100
GSM984034	100	100	80	100
GSM984035	60	70	100	100
GSM984036	40	100	80	100
GSM984037	100	100	100	100
GSM984038	100	90	100	100
GSM984039	100	90	90	100
GSM984040	100	100	80	100
GSM984041	70	40	40	40
GSM984042	100	100	90	100
GSM984043	100	70	90	100
GSM984044	0	0	10	0
GSM984045	100	100	100	100

从表 4-9 可以看到,这 4 个模型中平均分类准确率全低于 60% 的基因编号为 GSM983967、GSM983971、GSM983997、GSM984019、GSM984029 和 GSM984044。这说明这 6 个样本不适合用这 4 个样本进行分类,因此,以 60% 的分类准确率为标准,并不是所有样本都适合这 4 个模型。某些样本适合这 4 个模型中的部分: GSM983983 适合模型 1、模型 2 和模型 4;GSM983986 适合模型 3 和模型 4; GSM984009 适合模型 1、模型 3 和模型 4;GSM984010 适合模型 1 和模型 3; GSM984036 适合模型 2、模型 3 和模型 4;GSM984041 适合模型 1。其余样本都适合这 4 种模型。

表 4-10 给出了每个模型独立运行 10 次的平均分类准确率达到 60%、70%、90%、100% 的分类正确的样本个数。例如,根据准确率达到 90% 的标准,模型 1 分类正确的样本个数是 67,模型 2 分类正确的样本个数是 65,模型 3 分类正确的样本个数是 60,模型 4 分类正确的样本个数是 72;根据准确率达到 100% 的标准,模型 1 分类正确的样本个数是 62,模型 2 分类正确的样本个数是 60,模型 3 分类正确的样本个数是 46,模型 4 分类正确的样本个数是 67。显然,模型 4 优于其他 3 个模型。

表 4-10　每个模型的分类准确率达到 60%、70%、90%、100% 的分类正确的基因个数

	60%	70%	80%	90%	100%
模型 1	77	73	70	66	62
模型 2	75	74	69	65	60
模型 3	78	76	70	60	46
模型 4	77	76	74	72	67

表 4-11 给出了独立运行的 10 次中这 4 种模型每次的 87 个样本的正确分类的样本个数以及这 10 次的总的平均分类准确率。从表 4-11 可以看见,模型 4 有最高的平均分类准确率 88.8506%,并且模型 4 优于模型 1、模型 2 和模型 3。根据模型的稳定性,模型 4 适合分类,其中模型 4 在这 10 次独立运行中正确分类的样本个数分别是 77,77,78,76,77,77,79,78,77 和 77。

表 4-11　87 个样本中每次的正确分类的样本个数以及 10 次运行采用 LOOCV 总的平均分类准确率

	1	2	3	4	5	6	7	8	9	10	准确率/%
模型 1	74	75	74	71	73	77	74	77	77	76	85.9770
模型 2	74	78	75	72	74	73	74	72	74	77	85.4023
模型 3	76	71	68	75	75	77	77	74	76	76	85.4023
模型 4	77	77	78	76	77	77	79	78	77	77	88.8506

4. 结论

本节是在 GWO 算法和 PSO 算法的基础上提出的一种新的混合算法 PSOGWO,

并选取 4 种模型 ERNN、GWO-ERNN、PSO-ERNN 和 PSOGWO-ERNN 进行对比实验。本节利用 PSOGWO 算法优化 ERNN 的参数,对基于基因谱的 87 个子宫内膜样本(其中 64 个子宫内膜癌样本,23 个子宫内膜无癌样本)进行分类。每个样本有 5 个指标。对于每个指标,先删除缺失数据,再利用 SNR 过滤无关基因,然后利用 PCA 降维,最后任意选择 10 个样本作为测试样本,而其余样本作为训练样本,以及利用 LOOCV 验证 PSOGWO-ERNN 优于其他 3 个模型。

4.4 本章小结

本章内容取自文献[210-212]。本章讨论了基于基因表达谱的结肠癌与子宫内膜癌这两类癌症的分类问题。主要解决的问题是:①利用 BP 神经网络、S-Kohonen 神经网络、SVM 对结肠癌Ⅱ期复发与无复发进行分类;②通过 BP 神经网络、径向基(RBF)神经网络、Elman 神经网络和 Kohonen 神经网络(KSOM)构建子宫内膜样本是否是癌症样本的分类器;③对灰狼算法进行改进,并与粒子群算法结合在一起构成混合算法 GWOPSO,利用 GWOPSO 算法优化 Elman 神经网络的参数实现辅助诊断子宫内膜癌。其他的一些研究见文献[213]。

本章的研究还存在一些问题:结肠癌与子宫内膜癌的基因谱维数大,而样本小,这可能造成在选择基因时,将与癌症有关的一些基因过滤掉了,影响了分类准确率。

第5章

三类传染病的预测

5.1 引言

传染病是由各种病原体引起的能在人与人、动物与动物或人与动物之间相互传播的一类疾病,威胁着人们的身心健康。有些传染病还有季节性或地方性。传染病的实时监测、早期监测和预测,有助于卫生部门、学校、父母协助诊所医院及时预防和配合。

本章主要研究基于群智能算法与人工神经网络的手足口病、流感和流感样疾病的预测。

5.2 改进的人工蜂群算法对手足口病发病人数的预测

2005 年,Karaboga 提出的人工蜂群(Artificial Bee Colony,ABC)[20]算法是一种模拟蜜蜂觅食行为的群智能算法。研究学者已经成功地将 ABC 算法应用于聚类[216]、函数优化[215-218]、最优能量流[219]、无线传感网络[220]、医药学[221]等方面,并改进了 ABC 算法,如 ABCM(Artificial bee colony algorithm with memory)[215]、GABC(gbest-guided ABC)[216]、FABC(fast artificial bee colony)[217]、qABC(quick ABC algorithm)[222]和 MuABC(ABC with multiple search strategies)[223]。

5.2.1 基本蜂群算法[20]

ABC 算法根据功能不同包括雇佣蜂、非雇佣蜂和食物源,其中雇佣蜂与食物源相对应,非雇佣蜂包括跟随蜂和侦察蜂。食物源代表求解问题的一个可行解,食物源的花蜜代表可行解对应的目标函数值,这样在雇佣蜂和食物源之间建立了一一对应关系。每只雇佣蜂在其邻域内寻找新的食物源,并利用轮盘赌方式选择食物源。跟随蜂与雇佣蜂不同,它是按照一定的概率根据花蜜质量选择较好的食物源,选择的方式类似于雇佣蜂。经过一定数量的选择(控制参数 limit),食物源的花蜜保持不变,这时将抛弃该食物源,相应的雇佣蜂变为侦察蜂,寻找新的食物源,找到后此侦察蜂又变为雇佣蜂。

在 ABC 算法中,雇佣蜂或跟随蜂的数量等于食物源的个数,故 ABC 算法有 3 个参数:食物源的个数 SN、最大迭代次数 MCN、控制参数 limit。

1. 初始化

在 ABC 算法中,任意生成 SN 个食物源 $x_i = (x_{i1}, x_{i2}, \cdots, x_{iD})(i = 1, 2, \cdots, SN)$,其中

$$x_{ij} = x_j^{\text{lower}} + \text{rand}(0,1)(x_j^{\text{upper}} - x_j^{\text{lower}}) \quad (i = 1, 2, \cdots, SN; j = 1, 2, \cdots, D) \quad (5\text{-}1)$$

且 $x^{\text{lower}} = (x_1^{\text{lower}}, x_2^{\text{lower}}, \cdots, x_D^{\text{lower}}), x^{\text{upper}} = (x_1^{\text{upper}}, x_2^{\text{upper}}, \cdots, x_D^{\text{upper}})$。

2. 雇佣蜂

采用邻域搜索,每只雇佣蜂 $x_i(i = 1, 2, \cdots, SN)$ 产生新的食物源 $v_i(i = 1, 2, \cdots, SN)$ 的方式是

$$v_{ij} = x_{ij} + \phi_{ij}(x_{ij} - x_{kj}) \quad (5\text{-}2)$$

式中:k 为不同于 i 的任意数;ϕ_{ij} 为区间 $[-1,1]$ 上的任意数。

若 x_i 的花蜜优于 v_i 的花蜜,则第 i 只雇佣蜂保持当前的食物源 x_i,否则第 i 只雇佣蜂选择新的食物源 v_i,并抛弃旧的食物源 x_i。

3. 概率计算

在所有的雇佣蜂完成邻域搜索后,跟随蜂与雇佣蜂根据轮盘赌选择食物源,选择食物源 x_i 的概率为

$$p_i = \frac{\text{fitness}(i)}{\sum\limits_{i=1}^{SN} \text{fitness}(i)} \quad (5\text{-}3)$$

式中:$\text{fitness}(i)$ 为第 i 个食物源的适应度值,且

$$\text{fitness}(i) = \begin{cases} \dfrac{1}{f_i + 1}, & f_i > 0 \\ 1 + |f_i|, & \text{其他} \end{cases} \quad (5\text{-}4)$$

式中:f_i 为食物源 x_i 的目标函数值。

4. 跟随蜂

按照上述所提到的概率 p_i,每只跟随蜂选择与雇佣蜂分享的食物源,其邻域搜索的方式类似于雇佣蜂的搜索方式。

5. 侦察蜂

当食物源被雇佣蜂和跟随蜂多次访问也没有发生改进,就抛弃了该食物源,相应

的雇佣蜂变为侦察蜂。由式(5-1)产生的新食物源代替旧的食物源,这样侦察蜂变为雇佣蜂。

6. 基本的 ABC 算法的步骤

基本 ABC 算法的步骤为:

步骤 1　设定参数:食物源的个数 SN,最大循环次数 MCN 和控制参数 limit。

步骤 2　初始化种群。

步骤 3　每只雇佣蜂 x_i 对其邻域进行搜索,由方程(5-2)得到新食物源 v_j,由轮盘赌选择策略确定较优的雇佣蜂 x_j。

步骤 4　由方程(5-3)计算食物源 $x_i (i=1,2,\cdots,SN)$ 的概率 p_i,根据此概率在食物源 $x_i (i=1,2,\cdots,SN)$ 的邻域中搜索新解并按照轮盘赌选择策略进行选择。

步骤 5　判断食物源的更新失败次数是否超过了控制参数 limit,若超过,则放弃该食物源并用方程(5-1)产生新的食物源。

步骤 6　判断循环是否达到 MCN,若是则终止,否则返回步骤 3。

5.2.2　改进的 ABC 算法

1. 反向学习初始化

本节采用基于反向学习的初始种群,这些初始种群在解空间中是均匀分布的,且具有多样性的特点。由方程(5-1)任意生成 SN 个初始解,再计算每个初始解 $x_i (i=1,2,\cdots,SN)$ 对应的反向解 x_i':

$$x_{ij}' = x_j^{\text{upper}} + x_j^{\text{lower}} - x_{ij} \quad (j=1,2,\cdots,D) \tag{5-5}$$

最后根据初始解和反向解的适应度值选择前 SN 个解形成初始种群。

2. 邻域搜索

本节雇佣蜂和跟随蜂的邻域搜索方式是由方程

$$v_{ij} = \omega x_{ij} + \phi_{ij}(x_{ij} - x_{kj}) \tag{5-6}$$

确定的,其中 k 是不同于 i 的任意数,ϕ_{ij} 是 $[-1,1]$ 中的任意数,$\omega \in [0,1]$ 是惯性权重。当 $\omega=1$ 时,方程(5-6)就是方程(5-2);当 ω 随着迭代变化时,ABC 算法就是动态 ABC 算法。

本节采用 PSO 算法的四种惯性权重为[50,224-226]

$$\omega(t) = \omega_{\text{initial}} - (\omega_{\text{initial}} - \omega_{\text{final}}) \frac{t}{T} \tag{5-7}$$

$$\omega(t) = \omega_{\text{initial}} - (\omega_{\text{initial}} - \omega_{\text{final}}) \frac{(T-t)^n}{T^n} \tag{5-8}$$

$$\omega(t) = \frac{1 - \dfrac{t}{T}}{1 + s \times \dfrac{t}{T}} \tag{5-9}$$

$$\omega(t) = \omega_{final} + (\omega_{initial} - \omega_{final})e^{-\frac{ct}{T}} \tag{5-10}$$

式中：t 为当前迭代次数；T 为最大迭代次数；$\omega_{initial}$ 为惯性权重的初值；ω_{final} 为惯性权重的终值；n 为非线性指数；s 为大于 -1 的常数；$c > 0$ 为控制惯性权重收敛的控制参数，相应的 ABCIW 算法分别记为 ABCLDIW 算法、ABCNDIW 算法、ABCSFIW 算法和 ABCEDIW 算法。

3. 侦察蜂

本节侦察蜂寻找新的食物源是由方程

$$v_{ij} = x_j^{lower} + \phi_{ij}(x_{ij}^{current} - x_{ij}) + (1 - \phi_{ij})(x_{ij} - x_j^{globe}) \tag{5-11}$$

确定的，其中 $x_{ij}^{current}$ 是成为侦察蜂的第 i 只雇佣蜂的局部最优解的第 j 个分量，x_j^{globe} 是全局最优解的第 j 个分量，且 ϕ_{ij} 是区间 $[-1,1]$ 上的任意数。

4. ABCIW 算法的步骤

ABCIW 算法的步骤为：

步骤 1 初始化参数：$\omega_{initial}$、ω_{final}、$c > 0$、n、SN、MCN、limit。

步骤 2 基于反向学习初始化种群。

步骤 3 对于每只雇佣蜂 x_j 完成其邻域搜索，由式(5-6)获得新的食物源 v_j，由轮盘赌选择策略确定较好的雇佣蜂 x_j。

步骤 4 根据式(5-3)计算食物源 $x_i(i = 1,2,\cdots,SN)$ 的概率 p_i，根据概率从现有解的邻域中搜索新的解并按照轮盘赌选择策略进行选择。

步骤 5 判断食物源的更新失败次数是否超过了预先设定的控制参数 limit，若是，就抛弃该食物源，用式(5-11)产生新的食物源代替它。

步骤 6 判断循环是否达到 MCN，若是，则终止，否则返回步骤 3。

5.2.3 ABCIW-BP 预测模型

本书利用 ABC 算法和 ABCIW 算法优化 BP 神经网络的权值和偏差，建立了基于 ABC 算法和 ABCIW 算法的 BP 神经网络模型，即 ABC-BP 模型和 ABCIW-BP 模型。根据惯性权重的不同，ABCIW-BP 算法分为 ABCLDIW-BP 模型、ABCNDIW-BP 模型、ABCSFIW-BP 模型和 ABCEDIW-BP 模型。

在这些模型中目标函数定义为

$$f = \frac{1}{N}\sum_{i=1}^{N}\sum_{k=1}^{K}\left(\frac{y_{ik} - \hat{y}_{ik}}{\hat{y}_{ik}}\right)^2 \tag{5-12}$$

式中：y_{ik} 和 $\hat{y}_{ik}$ 分别为第 i 个样本的第 k 个预测输出和实际输出；N 为样本个数；K 为 BP 神经网络输出层的神经元个数。

ABC-BP 模型和 ABCIW-BP 模型的具体步骤如下：

步骤 1 设定参数：非线性调节指数 n，控制参数 c，最初惯性权重 $\omega_{initial}$，最终惯性权重 ω_{final}，limit 和常数 s，最大迭代次数 MCN 和食物源的个数 SN。ABC-BP 模型用方程(5-1),ABCIW-BP 模型用方程(5-11)初始化每个食物源。

步骤 2　输入样本归一化。

步骤 3　将每个食物源映射到 BP 神经网络的参数。

步骤 4　由方程(5-12)计算每只雇佣蜂的目标函数值和由方程(5-4)计算每只雇佣蜂的适应度值,选择每只雇佣蜂的当前的适应度值作为其局部最优值,整个蜂群的适应度值的最小值作为全局最优值。

步骤 5　在 ABC-BP 模型中每只雇佣蜂利用方程(5-2)实现邻域搜索,运用轮盘赌选择策略产生新的食物源,而在 ABCIW-BP 模型中每只雇佣蜂利用方程(5-6)实现邻域搜索,运用轮盘赌选择策略产生新的食物源,将每个食物源映射到 BP 神经网络的参数,重新计算雇佣蜂的局部最优值和全局最优值。

步骤 6　对于每只跟随蜂,在 ABC-BP 模型中利用方程(5-2)实现邻域搜索,运用轮盘赌选择策略产生新的食物源,而在 ABCIW-BP 模型中利用方程(5-6)实现邻域搜索,运用轮盘赌选择策略产生新的食物源,每个食物源映射到 BP 神经网络的参数,重新计算雇佣蜂的局部最优值和全局最优值。

步骤 7　判断食物源的更新失败次数是否超过了预先设定的控制参数 limit,若超过,则放弃该食物源,用方程(5-1)或方程(5-11)产生新的食物源。

步骤 8　若迭代次数低于 MCN,转步骤 5,否则终止。

5.2.4　实验

1. 数据源

本节选取中国 2010 年 2 月到 2016 年 3 月的手足口病的发病人数进行实时预测。我们取前 5 天的发病人数预测第 6 天的发病人数,这样得到了 69 组数据,从中取最后的 8 组数据作为测试数据,其余数据作为训练数据。在训练之前,首先将这 69 组数据进行归一化,采用的归一化方法为

$$y = (y_{\max} - y_{\min}) \frac{x - x_{\min}}{x_{\max} - x_{\min}} + y_{\min} \tag{5-13}$$

式中:x 为归一化之前的原始数据;$x_{\min}$ 和 $x_{\max}$ 分别为归一化之前原始数据的最小值和最大值;y 为归一化之后的结果;$y_{\min}$ 和 $y_{\max}$ 分别为归一化后数据的最小值和最大值。

本节采用评价 ABC-BP 和 ABCIW-BP 模型的性能的指标为:均方差(MSE)、相对均方误差(RMSE)和平均绝对百分比误差(MAPE)。

2. 实验结果

通过大量的实验和误差分析,选择 BP 神经网络的结构为 5-10-1 预测手足口病的发病人数。因此,在 ABC-BP 和 ABCIW-BP 模型中,每个食物源的维数是 $D=71$,参数的选择为:食物源的数量 $SN=25$,ABC 算法部分的最大迭代次数 $MCN=$

10000,侦察蜂的控制参数 limit$=D\times SN$,非线性调节参数 $n=1.2$,常数 $s=0.3$,控制参数 $c=6$,惯性权重的初始值和最终值分别为 $\omega_{\text{initial}}=0.9,\omega_{\text{final}}=0.2$。

ABC-BP 和 ABCIW-BP 模型对手足口病发病人数的训练输出的 3 种评价指标 MSE、RMSE 和 MAPE 如表 5-1 所列。从表 5-1 中可以看出,ABCNDIW-BP 模型训练输出的 3 种评价指标 MSE、RMSE 和 MAPE 分别为 4.0157、0.1511 和 31.83%,且都是最小值。

表 5-1   手足口病训练数据的平均 MSE、RMSE 和 MAPE(%)

	ABC-BP	ABCLDIW-BP	ABCNDIW-BP	ABCSFIW-BP	ABCEDIW-BP
MSE(E+09)	6.6783	4.6659	4.0157	4.8547	5.3756
RMSE	0.2004	0.1770	0.1511	0.1790	0.1827
MAPE/%	37.04	33.60	31.83	34.98	35.51

训练好的 BP 神经网络对 2015 年 8 月至 2016 年 3 月共 8 个月的中国手足口病发病人数进行预测,ABC-BP 和 ABCIW-BP 模型的预测值如表 5-2 所列,预测值与实际值之间的 MSE,RMSE 和 MAPE 这 3 种评价指标如表 5-3 所列。由表 5-3 可以看出,ABCLDIW-BP 模型的 3 种预测评价指标 MSE、RMSE 和 MAPE 的结果分别为 4.4659E+09、0.3135 和 51.43%,且都是最小值。

表 5-2   手足口病发病人数的预测

日　　期	实际值	ABC-BP	ABCLDIW-BP	ABCNDIW-BP	ABCSFIW-BP	ABCEDIW-BP
2015 年 8 月	180813	166540	143630	185380	159200	149140
2015 年 9 月	180074	143820	144380	177580	159080	161390
2015 年 10 月	160106	196750	184690	211060	186210	202070
2015 年 11 月	130829	204750	138260	168990	160800	162390
2015 年 12 月	116239	181200	114590	144620	139510	131900
2016 年 1 月	79499	182530	126600	149400	138450	134700
2016 年 2 月	32457	164800	94760	113820	108060	100600
2016 年 3 月	72464	124510	58700	76410	77060	62560

表 5-3   手足口病测试数据的平均 MSE、RMSE 和 MAPE(%)

	ABC-BP	ABCLDIW-BP	ABCNDIW-BP	ABCSFIW-BP	ABCEDIW-BP
MSE(E+09)	11.004	4.4659	6.3534	5.5378	5.7002
RMSE	0.3946	0.3135	0.3232	0.3278	0.3378
MAPE/%	59.29	51.43	54.49	54.55	55.33

从表 5-1 和表 5-3 可以看出,ABCIW-BP 模型的 3 种训练和预测评价指标 MSE、RMSE 和 MAPE 均比 ABC-BP 模型小,表明本节提出的 ABCIW-BP 模型适用于手足口病发病人数的预测。

5.2.5 结论

本节在 ABC 算法基础上对人工蜂群算法进行了改进,采用基于反向学习的群体初始化方法,使初始解尽可能均匀分布在搜索空间,增强了初始群体的多样性;在局部搜索中,引入了 4 种不同的递减的惯性权重,增强了局部寻优能力,得到了 ABCIW 算法,并将其优化 BP 神经网络的权值与偏差对手足口病发病人数进行预测。结果表明,ABCIW-BP 模型具有较好的预测结果和较高的稳定性。

5.3 基于改进的蚁狮优化算法与人工神经网络的中国流感预测

2015 年,Seyedali Mirjalili 提出的蚁狮优化算法(ALO)[30] 是一种新颖的模拟自然界中蚁狮幼虫的觅食行为的元启发算法。本节提出改进的蚁狮优化算法,记为 IALO,用 23 个基准函数的极值寻优验证算法的有效性,并用 IALO 算法优化 BP 神经网络的权值和偏差,对中国的流感进行预测。

5.3.1 蚁狮优化算法[30]

蚁狮的生命周期大约为 3 年,大多在幼虫(占了主要部分)阶段捕食,成虫(只有 3~5 周)阶段繁殖。蚁狮幼虫在沙中挖出一个圆锥形的深坑作为捕猎的陷阱,如图 5-1(a)所示。蚁狮幼虫挖下陷阱后,自己藏在圆锥体的底部,捕食困在坑里的猎物(最好是蚂蚁),如图 5-1(b)所示。圆锥体的边缘陡峭足以让猎物易于掉到陷阱的底部。蚁狮幼虫一旦察觉到猎物掉在陷阱里就会尽力抓住它。然而,猎物总是试图逃离陷阱,因此不会立即被捕获。在这种情形下,蚁狮幼虫将沙子扔到坑边,让猎物滑进坑底,抓住并吃掉猎物。蚁狮将残存物扔到坑外,并修补深坑用于下次捕猎。

(a)   (b)

图 5-1 蚁狮幼虫的觅食行为[30]

(a)圆锥体的陷阱;(b)蚁狮的捕食行为

ALO 算法模拟了在陷阱中蚁狮幼虫与猎物(通常指蚂蚁)之间的相互作用,故允许猎物在搜索空间中移动,也允许蚁狮利用陷阱捕猎这些蚂蚁。由于在自然界中蚂

蚁寻找食物是任意移动的,因此选择任意途径来模拟猎物的运动:

$$X(t) = [0, \text{cumsum}(2r(t_1) - 1), \text{cumsum}(2r(t_2) - 1), \cdots, \text{cumsum}(2r(t_n) - 1)]$$

(5-14)

式中:cumsum 为累积和;n 为最大迭代次数;t 为任意移动的步长(通常指迭代);$r(t)$ 为随机函数,定义为

$$r(t) = \begin{cases} 1, & \text{rand}(0,1) > 0.5 \\ 0, & \text{其他} \end{cases}$$

(5-15)

式中:rand(0,1)为区间(0,1)上服从均匀分布的任意数。

矩阵

$$\boldsymbol{M}_{\text{Ant}} = \begin{bmatrix} A_{11} & A_{12} & \cdots & A_{1d} \\ A_{21} & A_{22} & \cdots & A_{2d} \\ \vdots & \vdots & & \vdots \\ A_{n1} & A_{n2} & \cdots & A_{nd} \end{bmatrix}$$

(5-16)

和

$$\boldsymbol{M}_{\text{Antlion}} = \begin{bmatrix} AL_{11} & AL_{12} & \cdots & AL_{1d} \\ AL_{21} & AL_{22} & \cdots & AL_{2d} \\ \vdots & \vdots & & \vdots \\ AL_{n1} & AL_{n2} & \cdots & AL_{nd} \end{bmatrix}$$

(5-17)

分别表示 n 只蚂蚁和 n 只蚁狮的位置,其中 A_{ij} 和 AL_{ij} 表示第 i 只蚂蚁和第 i 只蚁狮的第 j 个变量的值,d 表示变量的个数。

设 f 是优化问题的适应度函数,矩阵

$$\boldsymbol{M}_{\text{OA}} = \begin{bmatrix} f([A_{11}, A_{12}, \cdots, A_{1d}]) \\ f([A_{21}, A_{22}, \cdots, A_{2d}]) \\ \vdots \\ f([A_{n1}, A_{n2}, \cdots, A_{nd}]) \end{bmatrix}$$

(5-18)

和

$$\boldsymbol{M}_{\text{OAL}} = \begin{bmatrix} f([AL_{11}, AL_{12}, \cdots, AL_{1d}]) \\ f([AL_{21}, AL_{22}, \cdots, AL_{2d}]) \\ \vdots \\ f([AL_{n1}, AL_{n2}, \cdots, AL_{nd}]) \end{bmatrix}$$

(5-19)

分别表示 n 只蚂蚁和 n 只蚁狮的适应度值矩阵。

ALO 算法定义为三元函数,用以近似优化问题的全局最优解:

$$\text{ALO}(A, B, C)$$

(5-20)

式中:A 为产生任意初始解的函数;B 为由函数 A 提出的初始种群,满足结束条件时 C 返回了 true。函数 A、B、C 定义为

$$\phi \xrightarrow{\quad A \quad} \{\boldsymbol{M}_{\text{Ant}}, \boldsymbol{M}_{\text{OA}}, \boldsymbol{M}_{\text{Antlion}}, \boldsymbol{M}_{\text{OAL}}\} \tag{5-21}$$

$$\{\boldsymbol{M}_{\text{Ant}}, \boldsymbol{M}_{\text{Antlion}}\} \xrightarrow{\quad B \quad} \{\boldsymbol{M}_{\text{Ant}}, \boldsymbol{M}_{\text{Antlion}}\} \tag{5-22}$$

$$\{\boldsymbol{M}_{\text{Ant}}, \boldsymbol{M}_{\text{Antlion}}\} \xrightarrow{\quad C \quad} \{\text{true}, \text{false}\} \tag{5-23}$$

式中：$\boldsymbol{M}_{\text{Ant}}$ 和 $\boldsymbol{M}_{\text{Antlion}}$ 分别为蚂蚁和蚁狮的位置矩阵；$\boldsymbol{M}_{\text{OA}}$ 和 $\boldsymbol{M}_{\text{OAL}}$ 分别为蚂蚁和蚁狮的适应度值矩阵。

在 ALO 算法中，函数 A 随机初始化蚂蚁和蚁狮矩阵。在每次迭代中，函数 B 根据轮盘赌算子和精英选择的蚁狮更新每个蚂蚁的位置。首先定义位置更新的边界与当前迭代次数成正比，然后通过在选定的蚁狮和精英周围的两次任意途径来完成位置更新。当所有蚂蚁任意行走时，用适应度函数对其进行评价，如果任何一只蚂蚁优于其他任何一只蚁狮，它们的位置认为是下次迭代中蚁狮的新位置。将最佳蚁狮与优化过程中找到的最佳蚁狮（精英）进行比较，有必要时进行替换，这些步骤只有当函数 C 返回 false 时才进行迭代。

ALO 算法模拟了陷阱中蚁狮和蚂蚁之间的相互作用，其中允许蚂蚁在搜索空间中随机移动寻找食物，而蚁狮利用陷阱捕食蚂蚁。蚁狮捕食的 5 个主要步骤是：蚂蚁的任意途径，挖陷阱，陷阱中诱捕蚂蚁，捕捉猎物和重建陷阱。在 ALO 算法中，存在如下 6 个算子：

1. 蚂蚁的任意途径

每次迭代中由方程(5-14)确定任意途径更新蚂蚁的位置，但每个搜索空间都是有界的，方程(5-14)不能直接用于蚂蚁的位置更新。为确保在搜索空间内的任意途径，蚂蚁的位置首先利用最小-最大归一化方程(5-24)进行归一化：

$$X_i^t = \frac{(X_i^t - a_i) \times (d_i - c_i^t)}{(d_i^t - a_i)} + c_i \tag{5-24}$$

式中：a_i 和 d_i 分别为任意途径中第 i 个变量的最小值和最大值；c_i^t 和 d_i^t 分别为在第 t 次迭代中第 i 个变量的最小值和最大值。

2. 陷于蚁狮的洞穴里

建立蚁狮的陷阱影响蚂蚁的任意途径的模型为

$$c_i^t = \text{Antlion}_j^t + c^t \tag{5-25}$$

$$d_i^t = \text{Antlion}_j^t + d^t \tag{5-26}$$

式中：c^t 和 d^t 分别为第 t 次迭代中所有变量的最小值和最大值；c_i^t 和 d_i^t 分别为第 t 次迭代中第 i 只蚂蚁的所有变量的最小值和最大值；Antlion_j^t 为第 t 次迭代中所选择的第 j 只蚁狮的位置。方程(5-25)和方程(5-26)说明了蚂蚁在由向量 c 和 d 定义的超球体中绕着选定的蚁狮任意地行走。

3. 挖陷阱

ALO 算法在优化过程中是利用轮盘赌算子根据适应度值选择蚁狮，模拟蚁狮的捕食能力。这种机制提供了蚁狮捕捉蚂蚁的机会。

4. 蚂蚁滑向蚁狮

根据目前提出的机制,蚁狮挖的陷阱大小与其适应度成比例,而蚂蚁在陷阱中可以任意移动。但蚁狮一旦察觉到蚂蚁掉在陷阱里,它们就从坑中心向外扔沙子。这种行为导致试图逃跑的困在陷阱里的蚂蚁滑落到陷阱底部,这时蚂蚁的任意途径的超球体的半径是自适应地递减的。蚂蚁滑向蚁狮的这种行为的数学模型为

$$c^t = \frac{c^t}{I} \tag{5-27}$$

和

$$d^t = \frac{d^t}{I} \tag{5-28}$$

式中:I 为比率;c^t 和 d^t 分别为第 t 次迭代中所有变量的最小值和最大值。方程(5-27)和方程(5-28)中,$I = 10^{\omega} \dfrac{t}{T}$,其中 T 是最大迭代数,ω 是基于当前迭代 t 所定义的常数(当 $t > 0.1T$ 时,$\omega = 2$;当 $t > 0.5T$ 时,$\omega = 3$;当 $t > 0.75T$ 时,$\omega = 4$;当 $t > 0.9T$ 时,$\omega = 5$;当 $t > 0.95T$ 时,$\omega = 6$,如图 5-2 所示)。

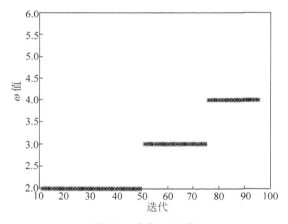

图 5-2　常数 ω 的值

5. 捕捉猎物和重建陷阱

当蚂蚁到达陷阱底部且被蚁狮的下颌抓住后,蚁狮把蚂蚁拉进沙子里,吃掉蚂蚁的身体。为了模拟这个过程,假设当蚂蚁的适应度值优于对应的蚁狮的适应度值时,捕捉猎物这种行为就会发生。这时蚁狮更新为新捕获的蚂蚁,增强了捕捉新猎物的机会:

$$\text{Antlion}_j^t = \text{Ant}_i^t, \quad f(\text{Ant}_i^t) > f(\text{Antlion}_j^t) \tag{5-29}$$

式中:Antlion_j^t 为第 t 次迭代中所选择的第 j 只蚁狮的位置;Ant_i^t 为第 t 次迭代中第 i 只蚂蚁的位置。

6. 精英

在进化算法中,精英是进化算法保持在优化过程的任何阶段获得的最优解。在 ALO 算法中,将每次迭代获得的最优的蚁狮保存下来,认为是精英,因此在迭代过程精英能够影响所有蚂蚁的移动。故假设每只蚂蚁在轮盘赌方式确定的蚁狮和精英周围任意移动,移动方式为

$$\text{Ant}_i^t = \frac{R_A^t + R_E^t}{2} \qquad (5\text{-}30)$$

式中:R_A^t 为第 t 次迭代中轮盘赌方式确定的蚁狮周围的任意途径;R_E^t 为第 t 次迭代精英周围的任意途径;Ant_i^t 为第 t 次迭代中第 i 只蚂蚁的位置。

5.3.2 改进的蚁狮算法

将 PSO 算法中方程(2-18)作为 ALO 算法精英算子的更新方式,其中 L_i^t、p_i^t、g_i^t、V_i^t 和 V_i^{t+1} 分别用 elite、R_A^t、R_E^t、方程(5-30)中 $\dfrac{R_A^t + R_E^t}{2}$ 和 Ant_i^t 代替。这样得到的 ALO 的改进的精英算子如下:

$$\text{Ant}_i^t = \omega \frac{R_A^t + R_E^t}{2} + c_1 \text{rand}(0,1)(R_A^t - \text{elite}) + c_2 \text{rand}(0,1)(R_E^t - \text{elite})$$

$$(5\text{-}31)$$

这样改进了 ALO 算法,记为 IALO。

IALO 算法的具体步骤如下:

步骤 1 任意初始化蚂蚁种群和蚁狮种群,计算蚂蚁和蚁狮的适应度值,根据蚁狮的适应度值,最好的蚁狮认为是精英。

步骤 2 对于每只蚂蚁,根据轮盘赌选择一只蚁狮,利用方程(5-27)、方程(5-28)更新 c 和 d,由方程(5-14)得到任意途径和利用方程(5-24)进行归一化,用方程(5-31)更新蚂蚁的位置。

步骤 3 计算所有蚂蚁的适应度值。如果蚂蚁优于蚁狮,那么根据方程(5-29),蚁狮的位置更新为蚂蚁的位置。若蚁狮优于精英,则精英的位置更新为蚁狮的位置。

步骤 4 若终止条件满足,则返回精英;否则,返回步骤 2。

5.3.3 基准函数的极值寻优

1. 基准函数

本节选择 23 个基准函数来验证 IALO 算法的性能。表 5-4 给出了 9 个 n 元单峰函数 $F_1(x) \sim F_9(x)$,7 个 n 元多峰函数 $F_{10}(x) \sim F_{16}(x)$ 以及 7 个固定维数的基准函数 $F_{17}(x) \sim F_{23}(x)$ 的具体表达式、维数和函数的最小值,其中基准函数 $F_1(x) \sim F_{16}(x)$ 的维数取 $n=30$,函数 $F_{17}(x) \sim F_{23}(x)$ 的维数是固定的,且 $F_1(x) \sim F_9(x)$,

$F_{11}(x) \sim F_{15}(x)$ 的最小值全为 0。

表 5-4   23 个基准函数

函数表达式	维数	范围	$f_{\min}$
$F_1(x) = \sum\limits_{i=1}^{n} x_i^2$	30	$[-100,100]$	0
$F_2(x) = \sum\limits_{i=1}^{n} \mid x_i \mid + \prod\limits_{i=1}^{n} \mid x_i \mid$	30	$[-10,10]$	0
$F_3(x) = \sum\limits_{i=1}^{n} \left(\sum\limits_{j=1}^{i} x_j \right)^2$	30	$[-100,100]$	0
$F_4(x) = \max\limits_{i}\{ \mid x_i \mid, 1 \leqslant i \leqslant n \}$	30	$[-100,100]$	0
$F_5(x) = \sum\limits_{i=1}^{n-1} (100(x_{i+1} - x_i^2)^2 + (x_i - 1)^2)$	30	$[-30,30]$	0
$F_6(x) = \sum\limits_{i=1}^{n} ([x_i + 0.5])^2$	30	$[-100,100]$	0
$F_7(x) = \sum\limits_{i=1}^{n} i x_i^2 + \mathrm{rand}(0,1)$	30	$[-10,10]$	0
$F_8(x) = (x_1 - 1)^2 + \sum\limits_{i=2}^{n} i(2x_i^2 - x_{i-1})^2$	30	$[-10,10]$	0
$F_9(x) = \sum\limits_{i=1}^{n} i x_i^2$	30	$[-10,10]$	0
$F_{10}(x) = \sum\limits_{i=1}^{n} (-x_i \sin \sqrt{x_i})$	30	$[-500,500]$	-418.9829 $\times$ 维数
$F_{11}(x) = \sum\limits_{i=1}^{n} (x_i^2 - 10\cos(2\pi x_i) + 10)$	30	$[-5.12,5.12]$	0
$F_{12}(x) = -20\exp\left(0.2\sqrt{\dfrac{1}{n}\sum\limits_{i=1}^{n} x_i^2} \right) -$ $\exp\left(\dfrac{1}{n}\sum\limits_{i=1}^{n} \cos(2\pi x_i) \right) + 20 + \mathrm{e}$	30	$[-32,32]$	0
$F_{13}(x) = \dfrac{1}{4000}\sum\limits_{i=1}^{n} x_i^2 - \prod\limits_{i=1}^{n} \cos\left(\dfrac{x_i}{\sqrt{i}} \right) + 1$	30	$[-600,600]$	0
$F_{14}(x) = \dfrac{\pi}{n}\left(10\sin(\pi y_1) + \sum\limits_{i=1}^{n-1} (y_i - 1)^2 \times \right.$ $\left. (1 + \sin^2(\pi y_{i+1})) + (y_n^2 - 1)^2 \right) + \sum\limits_{i=1}^{n} u(x_i, 10, 100, 4)$ $y_i = 1 + \dfrac{x_i + 1}{4},$ $u(x_i, a, k, m) = \begin{cases} k(x_i - a)^m, & x_i > a \\ 0, & -a < x_i < a \\ k(-x_i - a)^m, & x_i < -a \end{cases}$	30	$[-50,50]$	0

续表

函数表达式	维数	范围	f_{min}
$F_{15}(x) = 0.1\Big(\sin^2(3\pi x_1) + \sum_{i=1}^{n}(x_i - 1)^2 \times$ $(1+\sin^2(3\pi x_i + 1)) + (x_n - 1)^2 \times$ $(1+\sin^2(2\pi x_n))\Big) + \sum_{i=1}^{n} u(x_i, 5, 100, 4)$	30	$[-50,50]$	0
$F_{16}(x) = \Big(\sum_{i=1}^{n}\sin^2 x_i - \exp\big(-\sum_{i=1}^{n} x_i^2\big)\Big) \times$ $\exp\big(-\sum_{i=1}^{n}\sin^2 \sqrt{\mid x_i \mid}\big)$	30	$[-10,10]$	-1
$F_{17}(x) = \Big(\dfrac{1}{500} + \sum_{j=1}^{25}\dfrac{1}{j + \sum_{i=1}^{2}(x_i - a_{ij})^6}\Big)^{-1}$	2	$[-65,65]$	0.998
$F_{18}(x) = \sum_{i=1}^{11}\Big(a_i - \dfrac{x_1(b_i^2 + b_i x_2)}{b_i^2 + b_i x_3 + x_4}\Big)^2$	4	$[-5,5]$	0.00030
$F_{19}(x) = 4x_1^2 - 2.1x_1^4 + \dfrac{1}{3}x_1^6 + x_1 x_2 - 4x_2^2 + 4x_2^4$	2	$[-5,5]$	-1.0316
$F_{20}(x) = \Big(x_2 - \dfrac{5.1}{4\pi^2}x_1^2 + \dfrac{5}{\pi}x_1 - 6\Big)^2 +$ $10\Big(1 - \dfrac{1}{8\pi}\Big)\cos x_1 + 10$	2	$[-5,5]$	0.398
$F_{21}(x) = (1+(x_1 + x_2 + 1)^2(19 - 14x_1 + 3x_1^2 - 14x_2 +$ $6x_1 x_2 + 3x_2^2)) \times (30 + (2x_1 - 3x_2)^2 \times$ $(18 - 32x_1 + 12x_1^2 + 48x_2 - 36x_1 x_2 + 27x_2^2))$	2	$[-2,2]$	3
$F_{22}(x) = -\sum_{i=1}^{4}c_i\exp\big(-\sum_{j=1}^{3}a_{ij}(x_j - p_{ij})^2\big)$	3	$[0,1]$	-3.86
$F_{23}(x) = -\sum_{i=1}^{4}c_i\exp\big(-\sum_{j=1}^{6}a_{ij}(x_j - p_{ij})^2\big)$	6	$[0,1]$	-3.32

如函数名所言,单峰函数有唯一的最优值,多峰函数至少有两个最优值,其中一个最优值为全局最优值,其余的最优值为局部最优值。因此,求解优化问题就是寻找全局最优解而避免局部最优解。由表 5-4 可见,除了函数 $F_{10}(x)$, $F_{16}(x) \sim F_{23}(x)$,其余函数的全局最小值为 0,而函数 $F_{10}(x)$ 的最小值 $-418.9829 \times \text{Dim}$ 是由变量的个数 Dim 而确定,函数 $F_{16}(x)$ 的最小值为 -1,函数 $F_{17}(x) \sim F_{23}(x)$ 的维数是固定的,其最小值分别是 $1, 0.00030, -1.0316, 0.398, 3, -3.86$ 和 -3.32。

为了验证所提出的 IALO 算法的有效性,选取正余弦算法(SCA)、粒子群优化算法(PSO)、飞蛾扑火优化算法(MFO)、多宇宙优化器(MVO)和 ALO 与 IALO 进行比较。本节中所采用的算法的条件相同,每种算法独立运行 30 次,每次运行的最大迭代次数是 1000,最后一次迭代的近似最优解对应的函数值的平均值和标准差作为衡量算法好坏的标准。

方程(5-31)中,惯性权重 ω 取

$$\omega = \mathrm{e}^{-\frac{t}{T}} \tag{5-32}$$

$$c_1 = c_2 = 2 \tag{5-33}$$

式中: t 为当前迭代次数; T 为最大迭代数。

PSO 算法中,惯性权重 ω 也取方程(5-32),加速度系数 c_1 和 c_2 也取方程(5-33)。

2. 实验结果

对表 5-4 所列的 23 个基准函数 $F_1(x) \sim F_{23}(x)$ 运行算法 SCA、PSO、MFO、MVO、ALO 和 IALO,并计算 30 次独立运行算法的最后迭代的平均函数值(Avg.)和标准差(Std.)。在这 23 个基准函数上运行算法 SCA、PSO、MFO、MVO、ALO 和 IALO 的实验结果如表 5-5 所列。

由表 5-5 可见,在这 30 次独立实验中,通过 IALO 算法得到的 8 个单峰函数 $F_1(x) \sim F_5(x)$, $F_7(x) \sim F_9(x)$ 的平均函数值达到最小,分别为 5.6713E−09,2.1869E−06,8.1060E−08,1.9699E−05,6.0874E+00,2.4135E−04,3.5681E−01 和 6.5564E−10,也就是说,IALO 算法求解单峰函数 $F_1(x) \sim F_5(x)$, $F_7(x) \sim F_9(x)$ 时得到最好的解。因此,在求解这 9 个单峰函数时,IALO 优于 SCA、PSO、MFO、MVO 和 ALO 算法。

由表 5-5 可见,多峰函数 $F_{10}(x) \sim F_{13}(x)$, $F_{16}(x)$ 独立运行 IALO 算法 30 次的平均最小值达到最小,分别是 −1.2465E+04,4.2863E−09,2.1607E−05,1.0333E−08 和 −9.9996E−01,也就是说,IALO 算法求解多峰函数 $F_{10}(x) \sim F_{13}(x)$, $F_{16}(x)$ 时得到最好的解。因此,在求解这 7 个多峰函数时,IALO 优于 SCA、PSO、MFO、MVO 和 ALO 算法。

从表 5-5 可见,7 个固定维数的多峰函数 $F_{17}(x) \sim F_{23}(x)$,IALO 求解 $F_{18}(x)$ 得到的最优值最小,PSO 求解 $F_6(x)$, $F_{14}(x)$, $F_{15}(x)$, $F_{19}(x) \sim F_{21}(x)$ 分别得到最小的最优值 2.7838E−07,2.6382E−09,4.0291E−03,−1.0316,39789E−01,3.0000。从表 5-5 还可以看到,MFO 在 $F_{19}(x)$, $F_{20}(x)$, $F_{22}(x)$, $F_{23}(x)$ 取得最小的函数平均值,分别是 −1.0316,39789E−01,−3.8628,−3.2220,且 MVO 在函数 $F_{17}(x)$ 有最小的函数平均值 9.9800E−01。

因此本节所提出的 IALO 算法优于其余比较的算法 SCA、PSO、MFO、MVO 和 ALO,表明了 IALO 在解决基准函数的优化问题的有效性。

表 5-5 基准函数 $F_1(x) \sim F_{23}(x)$ 的平均值和标准差

函数		SCA	PSO	MFO	MVO	ALO	IALO
$F_1(x)$	Avg.	2.4833E−02	1.7029E−07	6.6667E+02	3.5320E−01	1.0361E−05	5.6713E−09
	Std.	8.4745E−02	3.3987E−07	2.5371E+03	9.0486E−02	9.2902E−06	6.8327E−09
$F_2(x)$	Avg.	2.7355E−05	5.6670E+00	3.5009E+01	3.8667E−01	4.0298E+01	2.1869E−06
	Std.	7.0204E−05	6.7889E+00	1.7179E+01	1.0953E−01	4.5819E+01	1.7256E−06
$F_3(x)$	Avg.	4.4292E+03	2.1475E+01	1.4187E+04	4.0091E+01	1.1158E+03	8.1060E−08
	Std.	3.4067E+03	8.6854E+00	1.2322E+04	1.6256E+01	6.9499E+02	6.7920E−08
$F_4(x)$	Avg.	2.2828E+01	7.0944E−01	6.7633E+01	9.3517E−01	1.2097E+01	1.9699E−05
	Std.	1.0885E+01	1.6423E−01	9.8845E+00	3.8576E−01	3.4911E+00	1.3800E−05
$F_5(x)$	Avg.	3.1495E+02	5.9107E+01	1.8190E+04	2.4310E+02	2.1312E+02	6.0874E+00
	Std.	7.8295E+02	4.7783E+01	3.6553E+04	4.7649E+02	3.9933E+02	7.0979E+00
$F_6(x)$	Avg.	4.4585E+00	2.7838E−07	1.3334E+03	3.0566E−01	8.2847E−06	4.3582E−03
	Std.	4.5527E−01	5.3494E−07	3.4577E+03	6.4923E−02	6.6377E−06	4.5995E−03
$F_7(x)$	Avg.	3.6431E−02	4.0953E+00	7.1591E+00	2.0177E−02	9.9794E−02	2.4135E−04
	Std.	3.2811E−02	5.0086E+00	1.4622E+01	9.8788E−03	2.9363E−02	2.2411E−04
$F_8(x)$	Avg.	2.2980E+00	8.3949E+01	4.2009E+04	2.5972E+00	1.8502E+00	3.5681E−01
	Std.	2.9273E+00	1.2624E+02	7.8237E+04	2.8904E+00	2.0096E+00	1.5848E−01
$F_9(x)$	Avg.	1.4830E−02	1.0333E+02	5.0351E+02	3.8931E−01	1.4806E+00	6.5564E−10
	Std.	4.1114E−02	1.4016E+02	5.7668E+02	3.5894E−01	2.4219E+00	9.0072E−10
$F_{10}(x)$	Avg.	−3.9223E+03	−7.0089E+03	−8.7739E+03	−7.7335E+03	−5.6870E+03	−1.2465E+04
	Std.	2.0066E+02	7.4483E+02	1.0097E+03	7.5803E+02	7.2459E+02	3.1132E+02
$F_{11}(x)$	Avg.	2.3813E+01	8.5902E+01	1.6498E+02	1.0670E+02	7.9663E+01	4.2863E−09
	Std.	2.9957E+01	3.3029E+01	3.3619E+01	2.7246E+01	2.0180E+01	4.8343E−09
$F_{12}(x)$	Avg.	1.2218E+01	1.1481E−01	1.3742E+01	1.1243E+00	2.1638E+00	2.1607E−05
	Std.	9.6075E+00	3.5248E−01	8.1575E+00	6.8869E−01	4.8964E−01	1.6013E−05

续表

函数		SCA	PSO	MFO	MVO	ALO	IALO
$F_{13}(x)$	Avg.	3.0681E−01	1.1976E−02	2.7139E+01	5.7658E−01	1.4141E−02	1.0333E−08
	Std.	2.5543E−01	1.4464E−02	5.3798E+01	8.2168E−02	1.2955E−02	1.0276E−08
$F_{14}(x)$	Avg.	3.2960E+00	2.6382E−09	7.6727E−01	1.4587E+00	1.0616E+01	1.3128E−03
	Std.	6.3376E+00	5.2924E−09	1.0428E+00	9.7475E−01	4.4172E+00	1.7484E−03
$F_{15}(x)$	Avg.	2.2449E+03	4.0291E−03	1.3669E+07	6.6053E−02	1.5288E+00	2.0314E−02
	Std.	1.2265E+04	5.3850E−03	7.4867E+07	3.3510E−02	8.0972E+00	1.9561E−02
$F_{16}(x)$	Avg.	1.4802E−261	0.0000E+00	0.0000E+00	0.0000E+00	0.0000E+00	−9.9996E−01
	Std.	0.0000E+00	0.0000E+00	0.0000E+00	0.0000E+00	0.0000E+00	3.8017E−05
$F_{17}(x)$	Avg.	1.5607E+00	3.7235E+00	2.8078E+00	9.9800E−01	1.5594E+00	1.4625E+00
	Std.	8.9065E−01	2.7626E+00	2.2124E+00	7.7165E−12	1.0912E+00	9.6225E−01
$F_{18}(x)$	Avg.	9.3314E−04	3.1081E−03	1.7669E−03	4.0776E−03	4.7203E−03	3.5287E−04
	Std.	3.8535E−04	5.8663E−03	3.5356E−03	7.4136E−03	7.9585E−03	3.4786E−05
$F_{19}(x)$	Avg.	−1.0316E+00	−1.0316E+00	−1.0316E+00	−1.0316E+00	−1.0316E+00	−1.0316E+00
	Std.	2.1357E−05	0.0000E+00	0.0000E+00	5.7709E−08	8.1190E−04	1.3166E−04
$F_{20}(x)$	Avg.	3.9870E−01	3.9789E−01	3.9789E−01	3.9789E−01	3.9789E−01	4.0284E−01
	Std.	9.6371E−04	0.0000E+00	0.0000E+00	1.5989E−07	4.0846E−14	7.3331E−03
$F_{21}(x)$	Avg.	3.0000E+00	3.0000E+00	3.0000E+00	3.0000E+00	3.0000E+00	3.0295E+00
	Std.	1.0124E−05	0.0000E+00	4.8014E−15	4.8579E−07	2.8150E−13	3.3891E−02
$F_{22}(x)$	Avg.	−3.8551E+00	−3.8625E+00	−3.8628E+00	−3.8628E+00	−3.8628E+00	−3.8541E+00
	Std.	2.6592E−03	1.4390E−03	2.7101E−15	4.9816E−07	2.9913E−14	1.4000E−02
$F_{23}(x)$	Avg.	−2.8128E+00	−3.2222E+00	−3.2220E+00	−3.2582E+00	−3.2705E+00	−3.1590E+00
	Std.	4.8513E−01	9.4865E−02	5.3410E−02	6.0678E−02	5.9929E−02	1.0387E−01

5.3.4 IALO 算法优化 BP 神经网络实现中国流感预测

1. 数据源

流感是由流感病毒引起的急性呼吸道感染,也是一种传染性强、传播快的疾病。它主要通过空气中的水滴、人与人之间的接触或与受污染物质的接触传播。确定流感患者数量和发病率,可以使医院为流感患者提供相应的医疗服务。因此,预测每年流感患者的数量和发病率是非常必要的。

本节所采用的用于预测的流感数据是全中国 2004 年 1 月到 2016 年 12 月期间的流感数据,下载网址为 http://www.phsciencedata.cn/Share/ky-sjml.jsp。从所下载的数据中,可以获得每月的流感患者人数、流感死亡人数、流感发病率和流感死亡率。本节选取流感患者人数和流感发生率进行预测。

2. IALO 优化 BP 神经网络的预测模型

利用 IALO 算法优化 BP 神经网络的权值和偏差,建立了预测模型,记为 IALO-BPNN。在 IALO-BPNN 模型中,每只蚂蚁或蚁狮映射为 BP 神经网络的参数:权值和偏差。因此,每只蚂蚁或蚁狮的维数就确定了。为了比较,SCA、PSO、MFO、MVO 和 ALO 算法仍然用来优化 BP 神经网络的权值和偏差,对应的预测模型为 SCA-BPNN、PSO-BPNN、MFO-BPNN、MVO-BPNN 和 ALO-BPNN。在 SCA、PSO、MFO、MVO、ALO 和 IALO 算法中适应度函数定义为

$$\text{fitness} = \sum_{i=1}^{Q} |y_i - \hat{y}_i| \tag{5-34}$$

式中:Q 为数据的个数;y_i 为实际值;$\hat{y}_i$ 为预测值。为方便起见,称 BPNN、SCA-BPNN、PSO-BPNN、MFO-BPNN、MVO-BPNN、ALO-BPNN 和 IALO-BPNN 分别为模型 1、模型 2、模型 3、模型 4、模型 5、模型 6 和模型 7。评价模型的 4 个评价指标为平均绝对误差(MAE)、均方误差(MSE)、相对均方误差(RMSE)和平均绝对百分比误差(MAPE)。

3. 实验结果

本节利用前三天的流感数据预测第四天的流感数据。取 2004 年 1 月到 2016 年 6 月期间的数据作为训练数据,2016 年 7 月到 2016 年 12 月期间的数据作为测试数据。

采用模型 1~模型 7 预测流感发病率和流感患者人数。模型 1 和模型 2~模型 7 的 BP 神经网络部分中,隐含层的神经元的个数设置为 10,最大迭代次数设置为 5000。在模型 2~模型 7 中,SCA、PSO、MFO、MVO、ALO 和 IALO 算法的最大迭代次数为 500。

这 7 个模型仅运行 1 次,流感患者人数和流感发病率的预测值分别如表 5-6 和表 5-7 所列,显然模型 IALO-BPNN 优于其他预测模型 BPNN、SCA-BPNN、PSO-BPNN、MFO-BPNN、MVO-BPNN 和 ALO-BPNN。

表 5-6 流感患者人数的预测

真 实 值	7893	11309	14254	21953	38319
BPNN	3371	10322	14614	22982	8202
SCA-BPNN	12258	10556	15551	30951	32987
PSO-BPNN	473	11454	17101	28559	55681
MFO-BPNN	11711	11597	15070	31986	25361
MVO-BPNN	12661	9816	13931	31863	49451
ALO-BPNN	3794	12461	17566	27023	28565
IALO-BPNN	10045	9117	15643	33590	35124

表 5-7 流感发病率的预测

真 实 值	0.5793	0.8300	1.0462	1.6113	2.8125
BPNN	0.9826	0.8887	1.0951	3.7006	3.4527
SCA-BPNN	0.8857	0.7253	1.1556	2.2747	3.4892
PSO-BPNN	1.0597	0.7585	1.3530	2.3815	2.3470
MFO-BPNN	1.1822	0.8733	0.8771	2.4030	2.4213
MVO-BPNN	0.3419	0.7514	0.9569	2.7613	2.6413
ALO-BPNN	0.2586	0.8221	1.2174	2.4559	2.5905
IALO-BPNN	0.7879	0.8667	1.1750	2.1211	2.0030

再将这 7 个模型分别独立运行 10 次,得到流感发病率预测的平均 MAE、MSE、RMSE、MAPE 和流感患者人数预测的平均 MAE、MSE、RMSE 和 MAPE,分别如表 5-8 和表 5-9 所列。

表 5-8 流感发病率预测的平均 MAE、MSE、RMSE 和 MAPE(%)

	模型 1	模型 2	模型 3	模型 4	模型 5	模型 6	模型 7
MAE	0.4950	0.3615	0.5333	0.3639	0.3620	0.3984	0.3254
MSE	0.5869	0.3098	0.5902	0.2686	0.2586	0.3327	0.2158
RMSE	0.1899	0.1419	0.2761	0.1687	0.1592	0.1940	0.0925
MAPE/%	32.7250	25.7252	39.7732	28.9608	28.3542	30.5593	23.4146

表 5-9 流感患者人数预测的平均 MAE、MSE、RMSE 和 MAPE(%)

	模型 1	模型 2	模型 3	模型 4
MAE	7448.0414	5746.8041	5968.9764	5748.0832
MSE(E+07)	13.140	6.4134	6.7473	6.6312
RMSE	0.3424	0.2004	0.2291	0.1939
MAPE/%	40.4356	32.0196	34.8283	31.8759

续表

	模型 5	模型 6	模型 7
MAE	4056.4442	4648.9527	4659.0447
MSE(E+07)	3.0765	4.2187	4.9102
RMSE	0.1427	0.1504	0.1050
MAPE/%	25.1653	27.4949	24.6722

从表 5-8 可以观测到 IALO-BPNN 所获得流感发病率预测的平均 MAE、MSE、RMSE 和 MAPE 分别达到最小,分别为 0.3254、0.2158、0.0925 和 23.4146%。由表 5-9 可见,IALO-BPNN 所获得流感患者人数预测的平均 RMSE 和 MAPE 达到最小,分别为 0.1050 和 24.6722%,且 MVO-BPNN 获得的流感患者人数预测的平均 MAE 和 MSE 达到最小,分别为 4056.4442 和 3.0765E+07。因此,预测模型 IALO-BPNN 优于其他预测模型 BPNN、SCA-BPNN、PSO-BPNN、MFO-BPNN、MVO-BPNN 和 ALO-BPNN,表明 IALO 能有效地用来优化 BP 神经网络的权值和偏差去实现流感预测。

5.3.5 讨论

由实验结果可知本节所提出的 IALO 算法在多维函数 $F_1(x) \sim F_{16}(x)$ 和固定维数的函数 $F_{17}(x) \sim F_{23}(x)$ 的函数优化问题上优于其他 5 种群智能算法 SCA、PSO、MFO、MVO 和 ALO。利用 IALO 算法优化 BP 神经网络的参数,建立了预测模型 IALO-BPNN。实验结果表明预测模型 IALO-BPNN 优于预测模型 BPNN、SCA-BPNN、MFO-BPNN、MVO-BPNN 和 ALO-BPNN。

受 PSO 算法启发改进了 ALO 算法的精英算子,得到了所提出的 IALO 算法的精英算子。所改进的精英算子揭示了对处理函数优化和流感预测的探索和开发阶段之间的平衡能力的影响。方程(5-31)有 3 个参数:惯性权重 ω,加速度因子 c_1、c_2。实验中,取递减函数 $\omega = e^{-\frac{t}{T}}$ 和 $c_1 = c_2 = 2$。但惯性权重 ω 可以采取不同的方式选取,这就造成优化问题中获得不同的优化解和不同的收敛曲线以及预测问题中获得不同的预测结果。另外,本节中的 BP 神经网络是由 IALO 算法进行优化的,但还有很多种神经网络。因此,如果 BP 神经网络被另外一种神经网络代替,结果可能发生改变。

5.3.6 结论

本节受 PSO 算法的启发,改进了 ALO 算法中精英算子,得到了改进的 ALO 算法,记为 IALO。通过实验验证了 IALO 算法适于函数优化和流感预测。23 个基准函数的函数极值寻优的结果表明 IALO 算法的探索、开发和收敛能力,并与 SCA、PSO、MFO、MVO 和 ALO 算法比较说明了 IALO 算法的有效性,优于 SCA、PSO、

MFO、MVO 和 ALO。由收敛曲线也得到类似的结果。为进一步确保 IALO 优化能力，用 IALO 算法优化 BP 神经网络的权值和偏差分别预测中国流感的发病率和流感患者人数，建立了预测模型 IALO-BPNN。实验结果表明所提出的模型 IALO-BPNN 预测流感发病率时有最小的 MAE、MSE、RMSE 和 MAPE，预测流感患者人数时有最小的 RMSE 和 MAPE。因此，所提出的 IALO 算法是函数优化的有力工具，且可以与人工神经网络结合在一起实现预测与分类。

5.4 基于改进的人工树算法和人工神经网络的流感样病例预测

当一个人的体温在 $100^\circ F$（$37.8\,^\circ C$）或更高时，发烧、咳嗽和/或喉咙痛，除了流感之外，没有其他已知原因，根据疾病预防控制中心（CDC）和世界卫生组织（WHO）的定义，该患者被诊断为流感样疾病（Influenza-like Illness，ILI）[227]。因此对 ILI 准确的实时监测、早期检测和预测，有助于卫生官员制定预防措施和协助诊所医院管理人员[115]。

2017 年 Li 等人提出了一种新颖的模拟树木生长与光合作用的基于种群的人工树（AT）算法[25]。具体的 AT 算法见 2.2 节内容。本节利用改进的 AT 算法优化 BP 神经网络对美国的流感样疾病进行预测。

5.4.1 IAT-BPNN 预测模型

1. 改进的人工树算法

在 AT 算法中，通过概率 p 改进了自进化算子。如果 $p>0.5$，根据方程（2-22）执行自适应算子。否则，设 $\max(x_i)$ 为树枝 x_i 的最大的分量值，s 是 x_i 中 $\max(x_i)$ 的位置。如果 $\max(x_i)$ 是正的，x_i 的第 s 个分量用 $1-\max(x_i)$ 代替，否则 x_i 的第 s 个分量用 $1+\max(x_i)$ 代替。这样改进了 AT 算法，将改进的 AT 算法称为 IAT，IAT 算法中相关变量的符号参看 2.3 节。

2. 预测模型

用 IAT 算法优化 BP 神经网络的参数：权值和偏差，建立了预测模型 IAT-BPNN。IAT-BPNN 的预测步骤如下：

步骤 1   初始化参数：L、N、Tol、SN 和最大函数进化数 MEN，每个树枝的分量的上界 ub 和下界 lb。

步骤 2   初始化 SN 个树枝 $x=(x_1,x_2,\cdots,x_{SN})$ 的种群；映射第 i 个树枝 $x_i(i=1,2,\cdots,SN)$ 到 BP 神经网络的参数，将归一化后的训练集输入训练该 BP 神经网络得到训练集的预测值，由预测值与实际值之间的均方差 MSE 作为第 i 个树枝的解，确定初始最好的解 $f(x_{\text{best}})$，初始最好的决策变量 x_{best}。

步骤 3　执行 IAT 算法，找到最粗的树干 x_{best}，将 x_{best} 映射到 BP 神经网络的参数，将输入数据输入该 BP 神经网络进行训练，得到稳定网络，再输入测试集，实现预测。

5.4.2　实验

1. 数据源

本节采用两类数据集研究 ILI 预测：美国 CDC 数据和流感 Twitter 数据集。这两类数据包括了 2016 年第 41 周至 2017 年第 45 周共 55 周的数据，这些数据是根据美国卫生部（HHS）定义的 10 个区域的划分提取的 CDC 数据和 Twitter 数据。

1）CDC 数据集

CDC 是美国卫生部的一个部门，它为保护公众健康和安全提供可靠的信息，并通过国家卫生部和其他组织之间的伙伴关系做出改善公民健康的健康决定。在美国，CDC 记录了因 ILI 症状寻求医疗救助的人数。CDC 的网站 https://gis.cdc.gov/grasp/fluview/fluportaldashboard.html 提供新的数据和历史数据，其中 CDC 的 ILI 数据通过 ILInet 是可以免费使用的[228]。从这个网站上，我们可以获得 CDC 关于未加权％ILI 的数据集。

2）Twitter 数据集

Twitter 是美国的一个社交网络服务和微博服务网站，允许用户更新长达 140 个字符的信息。Twitter 可以用来跟踪当用户给自己做自我诊断，遭受过敏、链球菌感染、普通感冒以及真正的流感时用户对自己感觉的随意评论。Wang 等人[229]建立了一个流感监测系统，并开发了一个动态的时空 PDE 模型，可以在国家和地区的时空维度上预测流感流行。设计、实现和评估了一个自动收集、分析和建模来自实时 Twitter 数据流的地理标记流感 tweets 系统。特别是，流感 Twitter 是从实时数据流中提取的，每条 Twitter 都基于三个信息源标记地理位置：①Twitter 信息用户的个人资料中的地理位置；②用户发送 tweet 并在 Twitter 应用程序中启用地理位置跟踪的物理位置；③Twitter 内容中提到的地理位置。本书的 Twitter 数据是从 Wang 等人建立的系统中收集的，下载网址为 https://twitter.com/usa。

本节取均方误差（MSE）、相对均方误差（RMSE）、平均绝对百分比误差（MAPE）作为衡量算法预测的评判标准。

2. 数据处理

由于一些不可避免的因素，上述 Twitter 数据集中有缺失数据以及一些数据非一周的数据而是几天的数据，因此首先要对 Twitter 数据集进行处理。先将几天的数据扩展为一周的数据，再利用标准的 BP 神经网络预测去填充缺失数据，我们独立运行 BP 神经网络 10 次，这 10 次预测结果中具有最小的 MAPE 对应的预测值去填充缺失数据。图 5-3 中给出了 HHS 定义的 10 个区域已填充好缺失数据的 Twitter 数据,其中第 16、25、26 和 46~49 周的数据为缺失数据(missing data),圆圈对应这些缺失数据的填充值,∗ 对应着存在数据(existing data)。

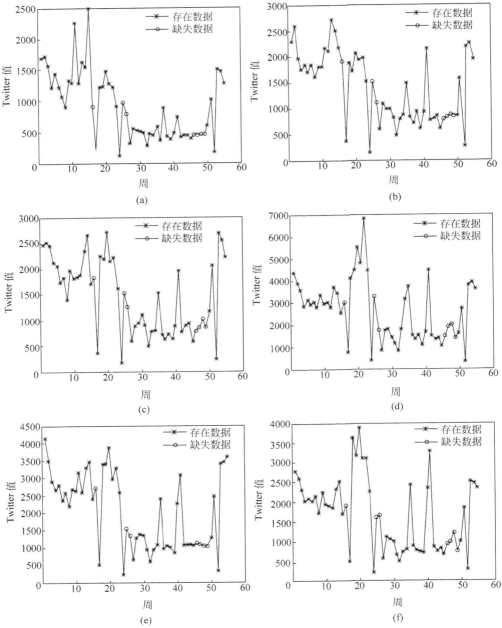

图 5-3　10 个区域存在的 Twitter 数据和已填充好的 Twitter 数据

(a) 区域 1;(b) 区域 2;(c) 区域 3;(d) 区域 4;(e) 区域 5;(f) 区域 6;(g) 区域 7;

(h) 区域 8;(i) 区域 9;(j) 区域 10

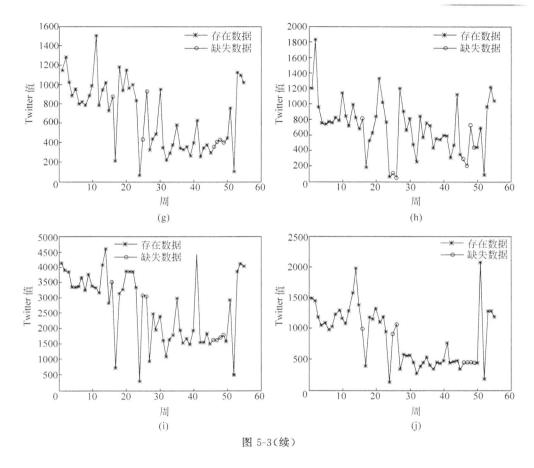

图 5-3(续)

3. 实验分析

本节建立了区域模型预测美国未加权的 ILI 的百分比(％ILI)。在这些模型中，CDC 数据中第 $(t-3)$ 周、第 $(t-2)$ 周和第 $(t-1)$ 周的未加权 ％ILI 和第 $(t-1)$ 周的 Twitter 数据预测 CDC 数据的第 t 周的未加权 ％ILI。本节利用 AT 算法和 IAT 算法分别优化 BP 神经网络的参数预测 ％ILI，建立了优化模型 AT-BPNN 和 IAT-BPNN。这样实现实时预测的比较模型有标准的 BPNN、AT-BPNN 和 IAT-BPNN。因此这三种模型的输入为：CDC 数据的第 $(t-3)$ 周、第 $(t-2)$ 周和第 $(t-1)$ 周的未加权 ％ILI 与第 $(t-1)$ 周的 Twitter 数据，输出为 CDC 数据的第 t 周的未加权 ％ILI。这样获得了 52 个 4 维输入数据，其中 47 个输入数据作为训练集，而其余的 5 个输入数据作为测试集。BPNN 和 AT-BPNN 与 IAT-BPNN 的 BPNN 部分的隐含层的神经元的个数取 8，这样 BPNN 和 AT-BPNN 与 IATBPNN 的 BPNN 部分的结构都为 4-8-1。进而通过上述数据利用 BPNN、AT-BPNN 和 IAT-BPNN 预测 ％ILI。

4. 实验结果

通过上述实验分析，设置 BPNN 和 AT-BPNN 与 IAT-BPNN 的 BPNN 部分训练的最大迭代数为 10000,学习率为 0.002,动量因子为 0.95,训练误差为 0.00001。另外,AT-BPNN 的 AT 部分和 IAT-BPNN 的 IAT 部分种群大小为 60,最大迭代数为 500。独立运行这三个模型一次得到的预测值如表 5-10 所列。

表 5-10　三个模型对这 10 个区域的美国未加权%ILI 的预测值

区域	实际值	BPNN	AT-BPNN	IAT-BPNN
1	0.5050	0.4742	0.4510	0.4753
	0.6594	0.5171	0.5285	0.5524
	0.8052	0.5076	0.4968	0.8102
	0.7786	0.8643	0.8156	0.7814
	0.9362	0.8231	0.8305	0.8417
2	1.4796	1.2580	1.3741	1.3906
	1.4258	1.1492	1.5039	1.5186
	1.5331	1.3858	1.6806	1.6328
	1.7285	1.5964	1.7876	1.6135
	1.8492	1.8956	2.1671	1.8990
3	0.9941	0.8193	0.8600	0.7899
	0.8740	0.9213	1.0110	0.9642
	0.9445	1.0774	0.7731	0.9399
	0.8872	1.4186	0.8432	1.0146
	1.0461	1.3848	0.8261	0.9331
4	1.4821	1.2234	1.2521	1.2542
	1.5698	1.7618	1.6904	1.5893
	1.6317	1.7345	1.8444	1.6973
	1.6781	1.7147	1.6868	1.8213
	1.9678	1.7909	1.7158	1.9637
5	1.2384	1.3052	1.1466	1.1457
	1.1376	1.1835	1.2454	1.3001
	1.2005	0.8522	1.1378	1.2061
	1.1283	1.6353	1.5921	1.5164
	1.1623	1.5703	1.5718	1.5001
6	1.9652	1.6748	1.7004	1.8260
	1.9243	2.0615	2.2016	2.1059
	2.0429	1.8920	1.8719	2.1123
	2.2239	2.0501	2.0943	2.1917
	2.3870	2.3582	2.3537	2.3428
7	0.5084	0.4334	0.3935	0.5648
	0.9257	0.6675	0.5941	0.4655
	0.9801	0.5756	0.4007	0.7255
	1.2478	0.8479	1.2105	1.1856
	1.3926	1.2545	1.4242	1.5153

续表

区域	实际值	BPNN	AT-BPNN	IAT-BPNN
8	0.3925	0.3352	0.4121	0.4408
	0.5161	0.3081	0.2724	0.2717
	0.6304	0.7126	0.6533	0.6308
	0.6422	0.4429	0.5163	0.4941
	0.9253	0.5430	0.5829	0.6448
9	1.2786	1.1430	1.1856	1.2454
	1.8003	1.0940	1.0214	1.2221
	1.6090	1.8083	1.5772	1.9151
	1.6016	1.9380	1.7780	1.6788
	1.7605	1.2813	1.6035	1.4732
10	0.5357	0.4770	0.5101	0.4607
	0.9562	3.2335	4.2785	1.8669
	0.9840	0.6558	0.6528	0.6121
	1.1943	1.0576	1.1528	1.6215
	1.1860	1.5869	1.5358	1.7857

运行这三个模型 BPNN、AT-BPNN 和 IAT-BPNN 预测美国未加权的%ILI,得到表 5-11 和表 5-12。

表 5.11 美国 CDC 数据的三个模型的误差 MSE、RMSE 和 MAPE(%)

区域	误差	BPNN	AT-BPNN	IAT-BPNN
1	MSE	0.0241	0.0254	0.0191
	RMSE	0.0475	0.0422	0.0320
	MAPE/%	18.98	16.88	14.27
2	MSE	0.0100	0.0402	0.0163
	RMSE	0.0041	0.0149	0.0051
	MAPE/%	6.13	8.93	5.26
3	MSE	0.0919	0.0420	0.0164
	RMSE	0.1075	0.0447	0.0170
	MAPE/%	27.29	18.24	11.86
4	MSE	0.0466	0.0280	0.0134
	RMSE	0.0165	0.0102	0.0054
	MAPE/%	10.99	9.12	5.94
5	MSE	0.0673	0.0454	0.0284
	RMSE	0.0509	0.0336	0.0217
	MAPE/%	19.41	15.86	12.56
6	MSE	0.0448	0.0494	0.0374
	RMSE	0.0103	0.0121	0.0088
	MAPE/%	9.21	8.88	8.72

续表

区域	误差	BPNN	AT-BPNN	IAT-BPNN
7	MSE	0.1007	0.1088	0.0322
	RMSE	0.1155	0.1084	0.0399
	MAPE/%	28.79	27.96	16.31
8	MSE	0.0549	0.0904	0.0333
	RMSE	0.1043	0.1790	0.0668
	MAPE/%	27.44	37.23	24.04
9	MSE	0.2831	0.1653	0.1414
	RMSE	0.1016	0.0554	0.0453
	MAPE/%	26.10	20.60	17.14
10	MSE	0.8188	0.3583	0.1569
	RMSE	0.8519	0.3794	0.1387
	MAPE/%	65.32	39.73	31.34

表 5-12　三个模型的总体预测误差 MSE、RMSE 和 MAPE(%)

模型	MSE	RMSE	MAPE/%
BPNN	0.1542	0.1410	23.97
AT-BPNN	0.0953	0.0880	20.34
IAT-BPNN	0.0495	0.0381	14.74

表 5-11 是这 10 个区域测试集的误差 MSE、RMSE 和 MAPE。按照 MSE 从小到大的关系,这三个模型在区域 1 和区域 6～区域 8 的顺序是 IAT-BPNN、BPNN 和 AT-BPNN;这三个模型在区域 2 的顺序是 BPNN、IAT-BPNN 和 AT-BPNN;这三个模型在区域 3～区域 5 和区域 9、区域 10 的顺序是 IAI-BPNN、AT-BPNN 和 BPNN。按照 RMSE 从小到大的关系,这三个模型在区域 1、区域 3～区域 5、区域 7 和区域 9、区域 10 的顺序是 IAT-BPNN、AT-BPNN 和 BPNN;这三个模型在区域 2 的顺序是 BPNN、IAT-BPNN 和 AT-BPNN;这三个模型在区域 6 和区域 8 的顺序是 IAT-BPNN、BPNN 和 AT-BPNN。按照 MAPE 从小到大的关系,这三个模型在区域 1、区域 3～区域 5、区域 7 和区域 9、区域 10 的顺序是 IAT-BPNN、AT-BPNN 和 BPNN;这三个模型在区域 2、区域 6 和区域 8 的顺序是 IAT-BPNN、BPNN 和 AT-BPNN。因此,根据这三个误差,本节提出的 IAT-BPNN 模型适用于流感样疾病的预测。

由表 5-12 可以看出,BPNN、AT-BPNN 和 IAT-BPNN 所预测的这 10 个区域测试集的平均 MSE 分别是 0.1542、0.0953 和 0.0495;平均 RMSE 分别是 0.1410、0.0880 和 0.0381;平均 MAPE 分别是 23.97%、20.34% 和 14.74%。从表 5-11 还可以发现这三个模型在区域 10 上得到的误差都是最大的。因此,所提出的模型 IAT-BPNN 优于 AT-BPNN 和 BPNN。

5.4.3　讨论

本节针对 2016 年第 41 周至 2017 年第 45 周之间的 55 周的 CDC 数据和 Twitter 数据,利用改进人工树算法优化 BP 神经网络的参数,能够准确预测美国 HHS 定义的 10 个区域的实时未加权的％ILI。

通过三个动态训练模型 BPNN、AT-BPNN 和 IAT-BPNN,建立了 CDC 数据和 Twitter 数据预测 CDC 区域性的 ILI 的预测模型。结果表明,将 CDC 的 ILI 数据和 Twitter 的流感数据结合起来,采用合适的改进人工树算法优化 BP 神经网络的参数,可以提高流感的预测能力。从表 5-11 可以看到,与 BPNN 和 AT-BPNN 相比,IAT-BPNN 的预测误差 MSE 和 RMSE 均得不到改进的区域是唯一区域 2,且 IAT-BPNN 的预测误差 MSE 为 0.0163 和 RMSE 为 0.0051,高于 BPNN 的 MSE 和 RMSE,但低于 AT-BPNN 的 MSE 和 RMSE。除此之外,其余 9 个区域的 IAT-BPNN 的预测误差 MSE、RMSE 和 MAPE 均小于 BPNN 和 AT-BPNN 的预测误差 MSE、RMSE 和 MAPE。因此,IAT-BPNN 能够正确地估计实时 CDC 的％ILI。

从表 5-11 可以看到,与 BPNN 和 AT-BPNN 相比,采用 IAT-BPNN 模型减少了误差(MSE、RMSE 和 MAPE)。所有区域上,一般 MSE 都减少,其中误差减少最大的区域是区域 10(MSE 从 0.8188 减少到 0.1569),误差减少最温和区域是区域 1(MSE 从 0.0254 减少到 0.0191);平均的 MSE 也相应地减少了,其中误差减少最大的是区域 10,误差减少最温和区域是区域 6。所有区域上,一般 RMSE 都减少,其中误差减少最大的区域是区域 10(RMSE 从 0.8519 减少到 0.1387),误差减少最温和区域是区域 6(RMSE 从 0.0121 减少到 0.0088);平均的 RMSE 也相应地减少了,其中误差减少最大的是区域 10,误差减少最温和区域是区域 7。所有区域上,一般 MAPE 都减少,其中误差减少最大的区域是区域 10(MAPE 从 65.32％减少到 31.34％),误差减少最温和区域是区域 6(MAPE 从 9.21％减少到 8.72％)。平均的 MSE 也相应地减少了,其中误差减少最大的是区域 10,误差减少最温和区域是区域 1。

在本节中,通过基本的 BP 神经网络修复了 Twitter 数据的缺失数据。注意到利用 Twitter 数据和 CDC 数据动态地训练这三个模型时,BPNN 和 AT-BPNN 与 IAT-BPNN 的 BPNN 部分设置为相同的参数,且 AT 和 IAT 也设置为相同的参数。通过误差 MSE、RMSE 和 MAPE 可知,利用 IAT-BPNN 的流感预测与实际 CDC 值之间存在许多差异。实验结果表明,IAT-BPNN 优于 BPNN 和 AT-BPNN。我们希望未来的工作将使用 IAT-BPNN 来预测州和市、其他国家的 ILI 以及其他传染病,还可以提出不同的改进人工树算法优化人工神经网络的参数应用于很多领域。

5.4.4　结论

本节提出了一种改进的人工树(AT)算法优化 BP 神经网络的参数去预测美国

CDC 的未加权的%ILI。IAT-BPNN 模型的输入包括美国 CDC 的未加权的%ILI 数据和 Twitter 数据。与 BPNN 和 AT-BPNN 相比，IAT-BPNN 更适合解决这类问题。IAT-BPNN 的未加权的%ILI 的预测不仅适合 HHS 定义的 10 个区域的预测，而且还提供了群智能算法及其改进算法能够优化人工神经网络算法的参数解决预测问题的思路。从表 5-11 我们还可以发现预测值与实际值之间存在差异，主要原因为：Twitter 数据中缺失数据的修复；人工神经网络的泛化性；BPNN 和 AT-BPNN 与 IAT-BPNN 的 BPNN 部分的结构；所用的数据仅是一年的时间序列数据。还需要继续改进现有的算法或提出新的算法来优化人工神经网络的参数以减少泛化。

5.5　基于改进的遗传算法与人工神经网络的流感样疾病的预测

本节将遗传算法（GA）与入侵杂草优化（IWO）相结合得到了改进的遗传算法（IWOGA），并将改进的遗传算法优化人工神经网络的参数对美国的流感样疾病进行预测。具体的遗传算法见 3.3.1 节，具体的入侵性杂草优化算法见 3.4.1 节。

5.5.1　IWOGA-BPNN 预测模型

1. 基于 GA 和 IWO 的混合算法

在 GA 的选择算子中，每个个体根据 IWO 中每个杂草的种子数产生它的后代。然后按照适应度值从小到大的顺序排列个体，选择前 N 个个体构成新的种群。这样 IWO 和 GA 组合建立了新颖的混合算法，记为 IWOGA。在 IWOGA 中，选择的交叉算子是单点交叉。

2. 预测模型

将种群中的每个个体映射到只含一个隐含层的 BP 神经网络的权值和偏差，建立了预测模型 IWOGA-BPNN。IWOGA-BPNN 的流程图如图 5-4 所示。

IWOGA-BPNN 预测模型的具体步骤如下：

步骤 1　初始化参数：种群大小 P_{size}，最大迭代次数 $iter_{max}$，最大种子数 S_{max}，最小种子数 S_{min}，交叉概率 P_c，变异概率 P_m，非线性调制指数 m，标准差 σ 的初始值 $\sigma_{initial}$，最终值 σ_{final}，每个个体的基因数 n，基因的上界 ub 和 lb。训练样本为 $P = (p_{ij})_{r \times Q}$，对应的目标输出为 $T = (t_k)_{1 \times Q}$。令 $t = 0$。

步骤 2　初始化种群：

$$pop(i,j) = lb + rand(0,1) \times (ub - lb) \quad (i = 1, 2, \cdots, P_{size}; j = 1, 2, \cdots, n)$$

$$(5-35)$$

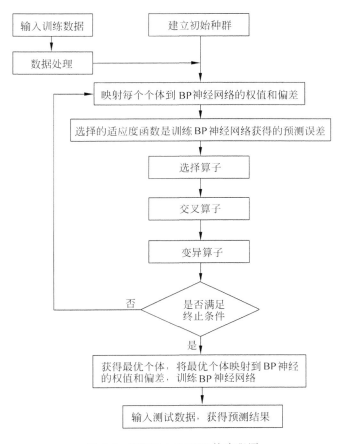

图 5-4 IWOGA-BPNN 的流程图

步骤 3 计算种群中每个个体的适应度值。将第 i 个个体 $\text{pop}(i,:)$ 映射为 BP 神经网络的隐含层的权值、偏差和输出层的权值、偏差,输入训练样本 P 和目标输出 T,训练 BP 神经网络,得到训练样本对应的输出 O,将 O 与 T 之间的均方差 MSE 作为第 i 个个体 $\text{pop}(i,:)$ 的适应度值,即第 i 个个体 $\text{pop}(i,:)$ 的适应度值为

$$\text{fitness}(i) = \frac{1}{Q} \sum_{k=1}^{Q} (o(k) - t(k))^2 \qquad (5\text{-}36)$$

令 $\text{fitness}(s) = \min_{i} \text{fitness}(i)$,则第 s 个个体 $\text{pop}(s,:)$ 为该种群中的最优个体。

步骤 4 对这个种群进行 GA 的选择算子操作。对每个个体根据 IWO 中每个杂草的种子数(式(3-39)),根据式(3-40)得到它的子代,然后根据步骤 3 得到个体和其子代的适应度值。所有个体和其子代按照适应值从小到大排序,前 P_{size} 个适应度值对应的个体构成新的种群,确定最优个体。

步骤 5 根据交叉概率 P_c 对种群进行 GA 的交叉算子操作,得到新的种群。根据步骤 3 得到个体的适应度值,确定最优个体。

步骤 6　根据变异概率 P_m 对种群进行 GA 的变异算子操作,得到新的种群。根据步骤 3 得到个体的适应度值,确定最优个体。

步骤 7　判断是否满足终止条件 $t > \text{iter}_{\max}$。若否,令 $t = t + 1$,转到步骤 4。若是,映射最优个体到 BP 神经网络的隐含层的权值、偏差和输出层的权值、偏差,输入训练样本 P 和目标输出 T 训练 BP 神经网络,得到了 IWOGA-BPNN 预测模型,将测试样本输入到已训练好的 BP 神经网络,即 IWOGA-BPNN 预测模型,得到测试样本的预测输出。

5.5.2　实验

1. 数据源

本节所采用的数据是从网站 https://gis.cdc.gov/grasp/fuview/fuportaldashboard.html.下载的 2009 年第 35 周到 2018 年第 45 周的 CDC 数据,包括美国卫生部所定义的美国 10 个区域的加权的%ILI,未加权的%ILI,年龄在 0~4 岁、5~24 岁、25~64 岁之间和 65 岁以上的病人数,ILI 病人总数和总的病人数。本节选取其中的未加权的%ILI 的 CDC 数据进行预测。评价预测算法的评价指标采用的是平均绝对误差(MAE)、均方差误差(MSE)和平均绝对百分比误差(MAPE)。

2. 实验结果

本节我们建立了模型 IWOGA-BPNN 预测美国未加权的%ILI。模型 IWOGA-BPNN 的输入数据是由第 $(t-1)$,$(t-2)$,$(t-3)$ 周的未加权的%ILI 构成,输出是第 t 周的未加权的%ILI。这样获得了 477 个三维输入数据,其中 377 个数据作为训练数据,100 个数据作为测试数据。本节预测未加权的%ILI 的比较模型有 BPNN、GA-BPNN、IWO-BPNN 和 IWOGA-BPNN。BPNN、GABPNN、IWO-BPNN 和 IWOGA-BPNN 的 BPNN 部分采用的是只有一个隐含层的 BP 神经网络,且隐含层的节点个数是 6,训练的最大迭代数是 3000,学习率是 0.1,动量因子是 0.8,训练目标误差是 0.0000001。另外,GA、IWO 和 IWOGA 中的种群大小是 30,迭代次数是 100 次。BPNN、GA-BPNN、IWO-BPNN 和 IWOGA-BPNN 分别独立运行 10 次,结果如表 5-13 所列。

表 5-13　10 个区域的评价标准 MAE、MAPE(%)、MSE

区域	误差	BPNN	GA-BPNN	IWO-BPNN	IWOGA-BPNN
1	MAE	0.1969	0.1752	0.1711	0.1720
	MAPE/%	13.20	12.72	12.37	12.43
	MSE	0.1272	0.0727	0.0729	0.0709
2	MAE	0.3362	0.3054	0.3061	0.3048
	MAPE/%	10.88	9.93	10.00	9.93
	MSE	0.5076	0.3706	0.3708	0.3645

区域	误差	BPNN	GA-BPNN	IWO-BPNN	IWOGA-BPNN
3	MAE	0.2305	0.2155	0.2170	0.2162
	MAPE/%	10.06	9.20	9.26	9.26
	MSE	0.1801	0.1614	0.1579	0.1593
4	MAE	0.4994	0.4731	0.4662	0.4627
	MAPE/%	14.12	13.03	12.90	12.87
	MSE	1.2138	1.0307	0.9778	0.9314
5	MAE	0.2126	0.1914	0.1989	0.1922
	MAPE/%	10.97	10.19	10.22	10.10
	MSE	0.1345	0.0982	0.1140	0.1019
6	MAE	0.2702	0.2645	0.2597	0.2584
	MAPE/%	7.68	7.75	7.65	7.67
	MSE	0.2360	0.2106	0.2043	0.1966
7	MAE	0.3586	0.3407	0.3399	0.3351
	MAPE/%	27.26	26.85	27.24	26.14
	MSE	0.2935	0.2487	0.2544	0.2483
8	MAE	0.1932	0.1863	0.1859	0.1838
	MAPE/%	23.63	22.23	21.72	21.98
	MSE	0.0755	0.0727	0.0711	0.0710
9	MAE	0.1765	0.1760	0.1759	0.1762
	MAPE/%	8.90	8.92	8.92	8.92
	MSE	0.0891	0.0802	0.0817	0.0826
10	MAE	0.2490	0.2422	0.2427	0.2400
	MAPE/%	22.16	21.54	22.59	21.36
	MSE	0.1650	0.1572	0.1597	0.1571

表 5-13 是这 10 次独立实验运行的平均 MAE、MAPE 和 MSE。从表 5-13 中可见,IWOGA-BPNN 得到的 MAE、MAPE 和 MSE 在区域 2、区域 4、区域 7 和区域 10 都达到了最小值。IWOGA-BPNN 的平均 MAE 和 MAPE 在区域 2、区域 4、区域 7 和区域 10 达到最小值。IWOGA-BPNN 的平均 MAE 和 MSE 在区域 2、区域 4、区域 6、区域 7、区域 8 和区域 10 达到最小值。IWOGA-BPNN 的平均 MSE 在区域 1、区域 2、区域 4、区域 6、区域 7、区域 8 和区域 10 达到最小值。IWOGA-BPNN 的平均 MAPE 在区域 2、区域 4、区域 5、区域 7、区域 9 和区域 10 达到最小值。

通过这四个模型的比较,可以得出本节所提出的 IWOGA-BPNN 优于 BPNN、GABPNN 和 IWO-BPNN,适合预测未加权的 %ILI。

5.5.3 结论

本节是在 GA 的基础上,将 IWO 的繁殖性引进了 GA 的选择算子中,这样提出了基于 GA 和 IWO 的混合算法 IWOGA,并且将 IWOGA 优化 BP 神经网络的权值和偏差实现美国未加权的%ILI 预测。实验结果表明,所提出的 IWOGA-BPNN 适合美国未加权的%ILI 预测。

5.6 基于改进的 MVO 算法与 Elman 神经网络的流感样疾病的预测

2015 年,Seyedali Mirjalili 等人提出了基于多元宇宙理论的多宇宙优化器(MVO)[35]。本节利用改进的 MVO 算法优化 Elman 神经网络的参数对美国流感样疾病进行预测。

5.6.1 多元优化器[35]

MVO 算法引入了多元宇宙理论[230]的三个主要概念:白洞、黑洞和虫洞。但我们生活的宇宙从来没有出现过一个白洞,然而物理学家认为大爆炸就是一个白洞,这可能是宇宙诞生的主要组成部分[231]。与白洞完全相反,黑洞是可以经常观察到的,以极高的引力吸引包括光束在内的一切[232]。虫洞是将宇宙不同部分连接在一起的洞,充当时间/空间旅行隧道,在隧道中物体能够在宇宙的任何角落之间或甚至从一个宇宙转移到另一个宇宙中[233]。在循环多元模型[234]中,多个宇宙是通过白洞、黑洞和虫洞相互作用以达到稳定的状态。在 MVO 算法中,利用白洞和黑洞的概念探索搜索空间,而虫洞辅助 MVO 算法开发搜索空间。假设每个解类比为一个宇宙,并且解的每个分量对应该宇宙中的一个物体。另外,每个解对应一个与其对应的适应度函数值成正比的膨胀率。膨胀率越高,白洞出现的概率就越高,黑洞出现的概率就越低;膨胀率较高的宇宙往往会将物体从白洞运输出去,膨胀率较低的宇宙倾向于接收从白洞输送过来的物体;不管膨胀率如何,所有宇宙中的物体都可能通过虫洞朝着最佳宇宙任意移动。

利用轮盘赌机制对白/黑洞隧道与宇宙中物体的交换进行数学建模。在每次迭代中,根据膨胀率对宇宙进行排序,并选择其中一个宇宙是白洞。

假设 $u_i = (x_i^1, x_i^2, \cdots, x_i^d)(i=1,2,\cdots,n)$ 是第 i 个宇宙(候选解),其中 d 是变量的个数,n 是宇宙的个数,则

$$x_i^j = \begin{cases} x_k^j, & r_1 < NI(u_i) \\ x_i^j, & r_1 \geqslant NI(u_i) \end{cases} \tag{5-37}$$

式中:x_i^j 为第 i 个宇宙的第 j 个变量;$NI(u_i)$ 为第 i 个宇宙的归一化的膨胀率;r_1 为区间[0,1]上的任意数;x_k^j 为轮盘赌选择的第 k 个宇宙的第 j 个变量。

在上述机制下,宇宙之间可以不受干扰地交换物体,并且每个宇宙都存在虫洞,使得宇宙之间可以任意地通过虫洞在空间中运输物体。不考虑宇宙膨胀率的情况

下,虫洞可以任意改变宇宙的物体。假设宇宙和当前最佳宇宙之间存在虫洞隧道,
如下:

$$x_i^j = \begin{cases} \begin{cases} X_j + \text{TDR} \times ((ub_j - lb_j) \times r_4 + lb_j), & r_3 < 0.5, \\ X_j - \text{TDR} \times ((ub_j - lb_j) \times r_4 + lb_j), & r_3 \geq 0.5, \end{cases} & r_2 < \text{WEP} \\ x_i^j, & r_2 \geq \text{WEP} \end{cases} \tag{5-38}$$

式中:X_j 为最佳宇宙的第 j 个变量;lb_j 和 ub_j 分别为第 j 个变量的下界和上界;
x_i^j 为第 i 个宇宙的第 j 个分量;r_2、r_3、r_4 皆为不超过 1 的非负数;WEP 为宇宙中虫
洞存在概率,且随着迭代次数的增加而线性递增;TDR 是移动距离率,TDR 随着迭
代次数的增加而递减,以便在获得最佳宇宙周围进行更精确的开发/局部搜索。

WEP 和 TDR 分别定义为

$$\text{WEP} = \min + (\max - \min) \times \frac{l}{T} \tag{5-39}$$

$$\text{TDR} = 1 - \left(\frac{l}{L}\right)^{\frac{1}{p}} \tag{5-40}$$

式中:min 和 max 分别为 WEP 的最小值和最大值;l 为当前迭代次数;L 为最大迭
代次数;p 定义为在所有的迭代中开发准确数。WEP 和 TDR 的相互关系如图 5-5
所示。

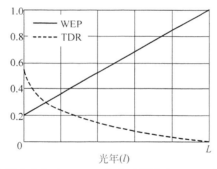

图 5-5 虫洞存在概率(WEP)和移动距离率(TDR)的相互关系

MVO 算法的优化过程从初始化宇宙开始,每次迭代中,物体往往从膨胀率高的
宇宙通过白/黑洞转移到膨胀率低的宇宙,同时每个宇宙都通过虫洞向最佳宇宙任意
运输物体,直到满足终止准则(如最大迭代次数),该过程才终止。

MVO 算法的计算复杂度依赖于迭代次数、宇宙个数、轮盘赌机制和宇宙排序
机制。

因此 MVO 算法中,膨胀率高的宇宙更可能产生白洞,可将物体运输到其他宇
宙,提高其他宇宙膨胀率,膨胀率低的宇宙更可能有黑洞,有很高的概率接收来自其
他宇宙的物体,有可能提高膨胀率低的宇宙的膨胀率,虫洞是从膨胀率高的宇宙运输
物体到膨胀率低的宇宙的通道,在迭代过程中,宇宙的总体/平均膨胀率都得到了改

善,自适应的 WEP 值增加了宇宙中虫洞的概率,在最佳解附近自适应的 TDR 值降低了移动距离,保证了 MVO 算法的收敛性。

5.6.2 改进的 MVO 算法

基于上述 MVO 算法,移动距离率 TDR 是非线性递减函数,宇宙的虫洞存在概率 WEP 是线性递减函数。本节提出了一个非线性递减函数作为移动距离率 TDR:

$$TDR = \frac{1 - \left(\frac{l}{L}\right)^m}{1 + \left(\frac{l}{L}\right)^m} \tag{5-41}$$

式中: l 为当前迭代; L 为最大迭代次数; m 是介于 0 和 1 之间的参数。图 5-6 表示 m 从 0.1 到 1 步长为 0.1 的 TDR 的变化情况。本节以 $m = 0.5$ 为例。这样改进的 MVO 算法记为 IMVO。

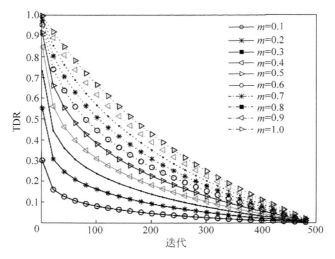

图 5-6　m 从 0.1 到 1 步长为 0.1 的 TDR 的变化情况

5.6.3 实验

1. 数据源

本节所采用的数据是从网址 https://gis.cdc.gov/grasp/fluview/fluportaldashboard.html 下载的美国从 2002 年第 40 周至 2017 年第 36 周共 780 周的由 HHS 定义的 10 个区域的 CDC 的流感样疾病(ILI)数据。由该网址可以看到每个区域加权的%ILI、未加权的%ILI、年龄分别在 0~4 岁,5~24 岁,25~49 岁,50~64 岁,65 岁及以上的 ILI 患者数,总的 ILI 患者数和该区域的受检查的总人数。本节采用前三天的未加权的%ILI 预测第四天的未加权的%ILI。

评价预测性能的指标有 Pearson 相关性(pearson correlation)、均方差误差(MSE)、相对均方差误差(RMSE)和平均绝对百分比误差(MAPE),其中 Pearson 相关性定义为

$$\text{Pearson 相关性} = \frac{\sum_{i=1}^{n}(y_i-\overline{y})(x_i-\overline{x})}{\sqrt{\sum_{i=1}^{n}(y_i-\overline{y})^2}\sqrt{\sum_{i=1}^{n}(x_i-\overline{x})^2}} \tag{5-42}$$

式中:y_i 和 x_i 分别为实际值和预测值。

2. 实验结果

在实验中 2002 年第 40 周到 2015 年第 40 周的%ILI 数据为训练数据,2015 年第 41 周到 2017 年第 36 周的%ILI 数据为测试数据。

本节利用 IMVO 算法优化 Elman 递归神经网络(ERNN)的参数,得到模型 IMVO-ERNN,用前三周的无加权的%ILI 预测第四周的未加权的%ILI,准确预测美国 CDC 定义的 10 个区的实时未加权的%ILI。与多元线性回归模型(Multi-linear Regression,MLR)、ERNN、MVO-ERNN 比较,模型 IMVO-ERNN 是有效的。为方便讨论,分别将 MLR、ERNN、MVO-ERNN 和 IMVO-ERNN 称为模型 1、模型 2、模型 3 和模型 4。

表 5-14 列出了 10 个区域的未加权的%ILI 的实际值与 4 个模型的预测值之间的误差 MSE、RMSE、MAPE 及 Pearson 相关性。通过与 MLR、ERNN 和 MVO-ERNN 进行比较,表 5-14 还表明模型 4 适合区域 1、区域 2、区域 4、区域 5、区域 7、区域 8 和区域 10 的%ILI 预测,且具有最小的 MSE、RMSE、MAPE 和最大的 Pearson 相关性。各区域的 Pearson 性一般都有所提高,改进达到最高的区域在区域 1(从 0.9470~0.9542),改进不大的区域为区域 10(从 0.8903~0.8917)。平均误差 MSE、RMSE 和 MAPE 一般都有所降低。区域 6 是这 4 个模型中没有得到改进的区域。区域 3 在 RMSE 和 MAPE 上有所改进,区域 9 具有最大 Pearson 相关性 0.9742。

表 5-14 4 个模型的美国 10 个区域的 MSE、RMSE、MAPE(%)和 Pearson 相关性

区域	模型	MSE	RMSE	MAPE/%	Pearson 相关性
1	模型 1	0.0384	0.0429	16.6218	0.9470
	模型 2	0.0373	0.0348	14.8492	0.9496
	模型 3	0.0481	0.0469	16.5838	0.9344
	模型 4	0.0343	0.0323	14.1402	0.9542
2	模型 1	0.0858	0.0113	8.7363	0.9585
	模型 2	0.0838	0.0114	8.5168	0.9576
	模型 3	0.0808	0.0108	8.2748	0.9594
	模型 4	0.0789	0.0108	8.2129	0.9603

区域	模型	MSE	RMSE	MAPE/%	Pearson 相关性
3	模型 1	0.1122	0.0221	11.6468	0.9504
	模型 2	0.1073	0.0200	10.7950	0.9531
	模型 3	0.1183	0.0193	10.4635	0.9487
	模型 4	0.1165	0.0189	10.3281	0.9496
4	模型 1	0.1153	0.0181	10.9420	0.9641
	模型 2	0.1185	0.0191	11.1771	0.9629
	模型 3	0.1179	0.0188	11.3255	0.9628
	模型 4	0.1137	0.0178	10.8759	0.9644
5	模型 1	0.0557	0.0203	11.5742	0.9643
	模型 2	0.0494	0.0150	9.8482	0.9690
	模型 3	0.0494	0.0146	9.6516	0.9691
	模型 4	0.0487	0.0146	9.5946	0.9696
6	模型 1	0.1127	0.0169	9.7352	0.9688
	模型 2	0.1047	0.0163	9.5183	0.9709
	模型 3	0.1061	0.0155	9.3340	0.9704
	模型 4	0.1071	0.0157	9.4106	0.9701
7	模型 1	0.1256	0.4523	34.8752	0.9624
	模型 2	0.1069	0.2611	28.3036	0.9677
	模型 3	0.1127	0.2901	29.1539	0.9665
	模型 4	0.1063	0.2559	28.0509	0.9683
8	模型 1	0.0477	0.0468	15.9180	0.9537
	模型 2	0.0484	0.0463	14.4880	0.9525
	模型 3	0.0453	0.0403	14.4880	0.9551
	模型 4	0.0451	0.0386	14.3007	0.9554
9	模型 1	0.0374	0.0115	8.5073	0.9715
	模型 2	0.0330	0.0105	8.3401	0.9741
	模型 3	0.0330	0.0103	8.2338	0.9741
	模型 4	0.0330	0.0105	8.2972	0.9742
10	模型 1	0.1374	0.5048	43.4011	0.8906
	模型 2	0.1374	0.4879	43.3100	0.8903
	模型 3	0.1367	0.3642	38.1644	0.8910
	模型 4	0.1357	0.3609	37.7605	0.8917

4 个模型下,10 个区域的平均 Pearson 相关性、平均的 MSE、平均的 RMSE 和平均的 MAPE 如表 5-15 所列。从表 5-15 可以看到模型 4 IMVO-ERNN 是最佳模型,平均 Pearson 相关性是最大值 0.9557,平均的 MSE、RMSE 和 MAPE 是最小值,分别为 0.0820、0.0776 和 15.0885%。

表 5-15 4 个模型下美国 10 个区域的平均的 MSE、RMSE、MAPE（%）和 Pearson 相关性

模型	MSE	RMSE	MAPE/%	Pearson 相关性
模型 1	0.0868	0.1147	17.1958	0.9531
模型 2	0.0827	0.0922	16.0397	0.9548
模型 3	0.0848	0.0831	15.5673	0.9532
模型 4	0.0820	0.0776	15.0885	0.9557

5.6.4 结论

本节对 MVO 算法的 TDR 进行了改进,得到改进的 IMVO 算法,记为 IMVO,并用 IMOV 优化 ERNN 的参数对美国的流感样疾病进行了预测。通过与 MLR、ERNN 和 MVO-ERNN 比较,IMVO-ERNN 能有效地实现流感预测和提前做好流感的预防工作。同时也进一步说明改进很多群智能算法或提出新的群智能算法优化人工神经网络的权值和偏差,实现传染病、股票指数、空气质量指数的预测以及其他应用。

5.7 本章小结

本章的内容取自文献[235-239]。在本章,我们针对手足口病、中国流感和美国流感样疾病的预测进行了研究。首先利用改进的人工蜂群算法优化 BP 神经网络的权值和偏差对中国的手足口病进行预测,然后在 23 个基准函数上验证改进的蚁狮算法,并将改进的蚁狮算法与 BP 神经网络结合起来建立预测模型,实现流感患者人数和发病率的预测,进而改进的人工神经网络和改进的遗传算法分别与 BP 神经网络结合建立的预测模型,以及改进的多元宇宙算法与 Elman 递归神经网络相结合建立的预测模型对美国的流感样疾病预测。这些方法有效地对传染病进行了预测,可以应用于其他领域的预测与分类。有关流感样疾病的预测还做了不少研究,参看文献[240-241]。

第6章

机器人转向及地表水水质分类

6.1　引言

水是整个国民经济的命脉,特别是地表水水质对人类生活和健康的影响更为重要。随着时代和社会的进步,人们对地表水水质的认识日益提高。地表水的分类是对水质的定性描述,是人们认识地表水水质的必要手段和工具,并找出其存在的问题。只有充分了解主要污染因素和污染源,才能制定合理的治理方案和预防措施。

在机器人研究领域,移动机器人以其强大的可用性得到了广泛的研究。自主导航是移动机器人最基本的功能,它要求机器人在未知环境中能够通过对周围复杂环境的感知而到达目的地。一般情况下,为了实现自主导航,机器人往往会安装一些传感器:超声波传感器、红外线传感器、接触传感器。沿墙移动的机器人的导航任务大致可以分为四类:直行、轻微右移、轻微左移和急转弯。

本章利用群智能算法和机器学习实现地表水水质和机器人转向分类的研究。

6.2　基于 PSO 与 GSA 的地表水水质及机器人转向分类

本节是将改进的粒子群算法(PSO)与引力搜索算法(Gravitational Search Algorithm,GSA)结合在一起建立了混合算法 I-PSO-GSA,并用该算法优化 BP 神经网络的参数对地表水水质及机器人转向进行分类。

6.2.1　引力搜索算法[242-244]

2009 年伊朗克尔曼沙希德巴胡纳大学(Shahid Bahonar University of Kerman, Iran)Rashedi 等人提出的 GSA 是一种基于万有引力定律和牛顿第二定律的种群优化算法[242-244]。该算法通过种群的粒子位置移动来寻找最优解,即随着算法的迭代,粒子靠它们之间的万有引力在搜索空间内不断运动,当粒子移动到最优位置时,就找到了最优解。假设在 D 维搜索空间中有 N 个粒子。第 i 个粒子的位置和速度分别为

$$X_i = (x_i^1, x_i^2, \cdots, x_i^D) \quad (i = 1, 2, \cdots, N) \tag{6-1}$$

$$v_i = (v_i^1, v_i^2, \cdots, v_i^D) \quad (i = 1, 2, \cdots, N) \tag{6-2}$$

式中: x_i^k 和 v_i^k 分别为第 i 个粒子的位置和速度的第 k 个分量($k = 1, 2, \cdots, D$)。

在 t 时刻,在第 k 维空间上粒子 j 对粒子 i 的引力定义为

$$F_{ij}^k(t) = G(t) \frac{M_{pi}(t) \times M_{aj}(t)}{R_{ij} + \varepsilon} (x_j^k(t) - x_i^k(t)) \tag{6-3}$$

式中: $M_{aj}(t)$ 为施力粒子 j 的惯性质量; $M_{pi}(t)$ 为受力粒子 i 的惯性质量; $R_{ij} = \| X_i(t) - X_j(t) \|$ 为粒子 i 和粒子 j 之间的欧几里得距离; ε 为一个很小的常量,确保式(6-3)分母不为零,且

$$G(t) = G_0 e^{-\alpha \frac{t}{T}} \tag{6-4}$$

是在 t 时刻的万有引力常数,其值会动态变化,其中 t_0 时刻, G 取初值 G_0, α 是万有引力常数的衰减率, T 是最大迭代次数, $G(t)$ 的取值随着时间(迭代)的推移不断减小,取值影响着万有引力搜索算法的全局探索能力和后期的局部开发能力,因此 G_0 和 α 取值非常重要。在 t 时刻,粒子 i 的第 k 维分量受到其他所有粒子第 k 维分量的引力作用,这些引力的合力为

$$F_i^k(t) = \sum_{j=1, j \neq i}^{N} \text{rand}_j \cdot F_{ij}^k(t) \tag{6-5}$$

其中 rand_j 是区间 $[0, 1]$ 上的任意数。

根据牛顿第二定律,粒子 i 在 t 时刻第 k 个分量上所受的合力所产生的加速度 $a_i^k(t)$ 定义为

$$a_i^k(t) = \frac{F_1^k(t)}{M_i(t)} \tag{6-6}$$

式中: $M_i(t)$ 为第 i 个粒子的惯性质量。

在 GSA 算法的迭代过程中,合力作用在粒子 i 上产生加速度,从而导致粒子 i 的速度和位置更新方式为

$$v_i^k(t+1) = \text{rand}_i \times v_i^k(t) + a_i^k(t) \tag{6-7}$$

$$x_i^k(t+1) = x_i^k(t) + v_i^k(t+1) \tag{6-8}$$

式中: rand_i 为服从区间 $[0, 1]$ 上均匀分布的任意数; $x_i^k(t)$ 和 $v_i^k(t)$ 分别为当前 t 时刻粒子 i 的第 k 维分量的位置和速度。

每个粒子的惯性质量根据其适应度值计算,其更新方式如下:

$$\begin{cases} m_i(t) = \dfrac{\text{fit}_i(t) - \text{worst}(t)}{\text{best}(t) - \text{worst}(t)} \\[4mm] M_i(t) = \dfrac{m_i(t)}{\sum\limits_{j=1}^{N} m_j(t)} \end{cases} \tag{6-9}$$

式中：$fit_i(t)$ 为在 t 时刻粒子 i 的适应度值；$best(t)$ 和 $worst(t)$ 分别为在 t 时刻所有粒子的最优适应度值和最差适应度值；$M_i(t)$ 为在 t 时刻粒子 i 的质量。

对于最小值问题，

$$best(t) = \min_i fit_i(t) \tag{6-10}$$

$$worst(t) = \max_i fit_i(t) \tag{6-11}$$

对于最大值问题，

$$best(t) = \max_i fit_i(t) \tag{6-12}$$

$$worst(t) = \min_i fit_i(t) \tag{6-13}$$

每个粒子的位置和速度根据 GSA 原理不断更新。当全局最优解 $best(t)$ 达到预先设定的精度或迭代次数达到最大时，该算法被终止。

6.2.2 分类模型

1. PSO 和 GSA 的结合方法

在 GSA 中，质点之间没有共享群体信息，有比较弱的开发能力。充分结合 PSO 的全局优化搜索能力和 GSA 的局部搜索能力，也就是说搜索空间中的每个质点在新的算法中主要通过 PSO 的速度和 GSA 的加速度更新其位置，这种新的算法称为 PSO-GSA。这样通过参数的调整使得 PSO-GSA 的搜索能力和开发能力很好地结合在一起。

第 i 个质点的速度和位置更新公式为

$$v_i^{t+1} = \omega \cdot v_i^t + c_1' \cdot rand \cdot ac_i(t) + c_2' \cdot rand \cdot (g_{best} - x_i^t) \tag{6-14}$$

$$x_i^{t+1} = x_i^t + v_i^{t+1} \tag{6-15}$$

式中：ω 为惯性权重；v_i^t、x_i^t 和 $ac_i(t)$ 分别为在 t 次迭代中第 i 个质点的速度、位置和加速度；c_1' 和 c_2' 为加速度常系数。

本节取 c_1' 和 c_2' 是关于迭代次数的指数函数，定义为

$$c_i' = c_{start} \cdot \left(\frac{c_{end}}{c_{start}}\right)^{\frac{1}{1+\frac{k}{T_{max}}}} \quad (i=1,2) \tag{6-16}$$

式中：c_{start} 为 c_1' 和 c_2' 的初始值；c_{end} 为 c_1' 和 c_2' 的最终值；T_{max} 为最大迭代次数；k 是当前的迭代次数。为了区别 GSA-PSO，加速度系数取方程（6-16）的 GSA-PSO 记为 I-PSO-GSA。

2. I-PSO-GSA 优化 BP 神经网络的分类模型

采用 I-PSO-GSA 算法优化 BP 神经网络的权值和偏差，I-PSO-GSA 算法的适应度定义为

$$f = \frac{1}{q} \sum_{k=1}^{q} \sum_{i=1}^{t} (o_i^k - d_i^k)^2 \tag{6-17}$$

式中：q 为样本数；d_i^k 和 o_i^k 分别为第 k 个样本的预测输出和目标输出的第 i 个分量；t 为目标输出的维数。

假设 BP 神经网络的结构是 $r-s-t$，其中 r 是输入的个数，s 是隐含层神经元节点数，t 是输出层神经元节点数。一般情况下可取 s 是 r 的 2 倍左右。假设种群中有 N 个质点，其中每个质点 $L_i(i=1,2,\cdots,N)$ 是 d 维向量 $(l_{i,1},l_{i,2},\cdots,l_{i,d})$，其中 $d = rs + s + st + t$。将 $L_i(i=1,2,\cdots,N)$ 映射为 BP 神经网络的权值和偏差，其中 $L_i(i=1,2,\cdots,N)$ 的分量 $l_{i,1},l_{i,2},\cdots,l_{i,rs}$ 是输入层与隐含层之间的连接权值，$L_i(i=1,2,\cdots,N)$ 的分量 $l_{i,rs+1},l_{i,rs+2},\cdots,l_{i,rs+s}$ 是隐含层的偏差，$L_i(i=1,2,\cdots,N)$ 的分量 $l_{i,rs+s+1},l_{i,rs+s+2},\cdots,l_{i,rs+s+st}$ 是隐含层与输出层之间的连接权值，$L_i(i=1,2,\cdots,N)$ 的分量 $l_{i,rs+s+st+1},l_{i,rs+s+st+2},\cdots,l_{i,d}$ 是输出层的偏差。

I-PSO-GSA 算法优化 BP 神经网络的具体步骤如下：

步骤 1 设置 I-GSA-PSO 算法的初始参数。

步骤 2 初始化 N 个质点 $L_i(i=1,2,\cdots,N)$。

步骤 3 映射第 i 个质点 L_i 到 BP 神经网络的权值和偏差，并根据方程(6-17)计算它的适应度值 f_i。

步骤 4 计算引力系数 $G(t)$ 及 g_{best}。

步骤 5 根据方程(6-5)计算 $F^d(t)$，根据方程(6-6)计算质点的加速度 $a^d(t)$。

步骤 6 由方程(6-16)更新 c_1' 和 c_2'。

步骤 7 根据方程(6-14)和方程(6-15)更新质点的速度和位置。

步骤 8 若停止准则满足，则转步骤 9；否则，转步骤 3。

步骤 9 返回最优质点，并将该质点映射为 BP 神经网络的权值和偏差，这样 BP 神经网络的初始参数确定了，再训练 BP 神经网络和测试 BP 神经网络。

6.2.3 实验

本节利用 I-PSO-GSA 优化 BP 神经网络的参数来解决两类分类问题：地表水水质分类问题和机器人转向分类问题，并与 PSO、GSA 和 PSO-GSA 分别优化 BP 神经网络的参数构成分类模型进行比较。实验中，种群大小设置为 50，最大迭代次数设置为 200，质点的初始位置和初始速度都是在区间 [0,1] 中任意生成的。在 I-PSO-GSA 中，c_1' 和 c_2' 是由方程(6-16)定义的指数函数，且 $c_{start}=1,c_{end}=0.3$；在 PSO-GSA 中，$c_1=c_2=1$；在 PSO 中，$c_1=c_2=1$；在 I-PSO-GSA 中 PSO 和 PSO-GSA 中，惯性权重 ω 从 0.9 线性递减到 0.3；在 GSA 和 I-PSO-GSA 中，引力系数 (G_0) 设置为 1，加速度和质量的初始值设置为 0。

1. 地表水水质分类

1）数据源

我国根据地表水域环境功能和保护目标，将其按功能由高到低分为 5 类：第 I

类是主要适用于源头水、国家级自然保护区；第Ⅱ类主要适用于集中式生活饮用水、地表水源地一级保护区、珍稀水生生境、鱼虾产卵场、幼鱼穿梭饵等；第Ⅲ类主要适用于集中生活地表水饮用水二级保护区、鱼虾越冬地、迁徙通道、渔业养殖区、游泳区；第Ⅳ类主要适用于一般工业水域和非直接接触休闲水域；第Ⅴ类主要适用于农业水域和一般要求的景观用水。劣Ⅴ类水质是指比第Ⅴ类水质污染程度更严重的水质。

本节选用的数据来源于环境保护部全国主要流域重点断面水质自动监测周报的黄河流域段上中下游的兰州新城桥、忻州万家寨水库和渭南潼关吊桥三个检测点2015 年至 2016 年共 306 组数据；除去该断面断流，共剩下 276 组数据，其中只有 1 组数据属于第Ⅰ类，第Ⅱ类有 155 组数据，第Ⅲ类有 33 组数据，第Ⅳ类有 76 组数据，第Ⅴ类有 10 组数据，劣Ⅴ类有 1 组数据，数据的分布柱形图如图 6-1 所示。由于劣Ⅴ类数据对于地表水水质问题的影响较小，因此在进行分类研究中，去掉了劣Ⅴ类数据，故剩下 275 组数据进行地表水水质分类研究。这些数据有四种特征：pH 值、溶解氧（DO（mg/L））、化学需氧量（COD（mg/L））和氨氮（NH_3-N（mg/L））。本节中，140 组数据作为训练集，剩下的 135 组数据作为测试集。

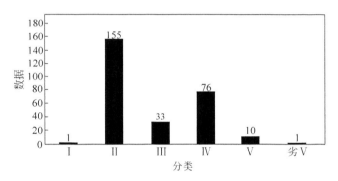

图 6-1　数据的分布柱形图

2）实验结果

本节利用 I-PSO-GSA 优化只有一个隐含层的 BP 神经网络的参数解决地表水水质分类问题，并与 PSO、GSA 和 PSO-GSA 优化 BP 神经网络的参数对地表水水质分类进行了比较。BP 神经网络的结构为 4-S-5，其中 4 是输入个数，S 是隐含层神经元的个数，5 是输出层神经元的个数。在 BP 神经网络中分别选取 $S=7,8,\cdots,15$，地表水水质分类的测试集的分类准确率如表 6-1 所列。从表 6-1 可以看到，I-PSO-GSA 优化 BP 神经网络的分类算法的准确率都在 91% 以上，当 $S=12$ 和 $S=14$，I-PSO-GSA 优化 BP 神经网络的分类算法最高的准确率达到 96.30%。对于每个 $S=7,8,\cdots,15$，I-PSO-GSA 优化 BP 神经网络的分类算法的准确率都高于 PSO-GSA、PSO 和 GSA 优化 BP 神经网络的分类算法的准确率。因此，在解决地表水水质分类问题中 I-PSO-GSA 优于 PSO-GSA、PSO 和 GSA。

表 6-1   I-PSO-GSA、PSO-GSA、PSO 和 GSA 在 $S=7,8,\cdots,15$ 的测试准确率   ％

	$S=7$	$S=8$	$S=9$	$S=10$	$S=11$	$S=12$	$S=13$	$S=14$	$S=15$
I-PSO-GSA	95.56	91.11	91.11	95.56	92.60	96.30	94.81	96.30	94.81
PSO-GSA	85.93	86.67	85.93	85.93	85.93	85.93	85.93	86.67	85.93
PSO	76.30	85.19	80	84.44	77.78	60.74	83.70	85.19	71.85
GSA	81.48	79.26	57.78	86.67	80.74	85.19	80.74	86.67	85.93

2. 机器人转向分类问题

1) 数据源

本节所采用的数据来源于 Ananda Freire 和 Barreto 提供的 UCI 数据。该数据中一共有 5456 个样本,每个样本有 24 个特征,而这 24 个特征是在机器人的腰部每隔 15°角放置一个超声波传感器采集到的数据。在这 5456 个样本中,826 个轻微右移样本,328 个轻微左移样本,2205 个直行样本,2097 个急转弯样本。本节从这 4 类中各任意选取 150 个样本,共 600 个样本,选取其中的 500 个样本作为 BP 神经网络的训练集,剩余的 100 个样本作为 BP 神经网络的测试集。

2) 实验结果

本节利用 I-PSO-GSA 优化结构为 24-S-4 的 BP 神经网络的参数解决机器人移向分类问题,其中 24 是输入的个数,S 是隐含层神经元数,4 是输出层神经元数。比较的算法 PSO-GSA、PSO 和 GSA 也是优化结构为 24-S-4 的 BP 神经网络的参数解决机器人转向分类问题。在 BP 神经网络中分别选取 $S=45,46,\cdots,51$,机器人转向的分类准确率如表 6-2 所列。从表 6-2 可见,I-PSO-GSA 的分类准确率都超过 89％,以及对于每个 $S=45,46,\cdots,51$,I-PSO-GSA 的分类准确率都高于 PSO-GSA、PSO 和 GSA 的分类准确率。当 $S=47$ 时,I-PSO-GSA 的分类准确率达到最大值 95％。因此,在解决机器人移向分类问题中,I-PSO-GSA 优于 PSO-GSA、PSO 和 GSA。我们还可以看出,GSA 和 PSO 的分类准确率最差,GSA 和 PSO 的结合提高了分类准确率。

表 6-2   I-PSO-GSA、PSO-GSA、PSO 和 GSA 在 $S=45,46,\cdots,51$ 的测试准确率   ％

	$S=45$	$S=46$	$S=47$	$S=48$	$S=49$	$S=50$	$S=51$
I-PSO-GSA	89	90	95	92	91	93	90
PSO-GSA	82	88	86	81	87	85	87
PSO	26	27	26	25	27	26	25
GSA	24	25	25	25	27	23	24

6.2.4   讨论

在地表水水质分类问题中,BP 神经网络隐含层神经元个数 S 由 7 变到 15,而在机器人转向分类问题中,BP 神经网络隐含层神经元个数 S 由 45 变到 51。表 6-1 和表 6-2 的结果表明分类准确率随着 S 的增加而改变,因此 S 的取值与分类准确率密切相关。从表 6-1 到表 6-2,I-PSO-GSA 在这 4 个模型 I-PSO-GSA、PSO-GSA、PSO 和 GSA 中有最高的分类准确率,而 PSO 和 GSA 有最低的分类准确率。通过隐含层神经元的个数 S 的比较,表 6-1 中当 $S=12$ 和 $S=14$ 时,I-PSO-GSA 的分类准确率都达到最大值 96.30%,而当 $S=12$ 时,PSO-GSA、PSO、GSA 的分类准确率分别达到 85.93%、60.74% 和 85.19%,$S=14$ 时 PSO-GSA、PSO 和 GSA 的分类准确率分别达到 86.67%、85.19% 和 86.67%;表 6-2 中,当 $S=47$ 时,I-PSO-GSA 的分类准确率都达到最大值 95%,而 PSO-GSA、PSO 和 GSA 的分类准确率分别达到 86%、26% 和 25%。因此,I-PSO-GSA 非常可靠,对于解决分类问题有很高的精度。通过比较,4 种算法优化 BP 神经网络的优化结果是:在地表水水质分类问题中,这 4 种模型从差到优的顺序是 PSO、PSO-GSA、I-PSO-GSA,但 GSA 有时优于 PSO-GSA 和 PSO;在机器人移向分类问题中,这 4 种模型从差到优的顺序是 GSA、PSO、PSO-GSA、I-PSO-GSA。因此,I-PSO-GSA 优于 PSO-GSA、PSO 和 GSA,分类结果表明 PSO 中粒子的速度和 GSA 中质点的加速度的协作行为能够改进分类准确率。

6.2.5 结论

GSA 搜索速度慢,会影响开发能力,但 GSA 具有很强的探索能力。PSO 具有精确的开发能力,但容易陷入局部极小值。本节结合 PSO 和 GSA 的优点,提出了具有较强开发能力的 I-PSO-GSA 算法优化 BP 神经网络的参数取解决地表水水质分类问题和机器人移向分类问题。表 6-1 和表 6-2 的结果表明所提出的 I-PSO-GSA 避免了陷于局部极小值且具有较快的收敛速度。在 I-PSO-GSA 优化 BP 神经网络的参数解决分类问题时 c_1' 和 c_2' 取相同的值。分类结果还表明 I-PSO-GSA 优于 PSO-GSA、PSO 和 GSA。因此 I-PSO-GSA 优化人工神经网络建立的分类模型可作为地表水水质和机器人移动方向的分类工具。为进一步提高实际问题的分类准确率,利用其他函数改进参数 c_1' 和 c_2' 的表达式,无论 c_1' 和 c_2' 是相同还是不同。一些基于种群的元启发式优化算法还可以结合在一起优化 BP 神经网络和其他类型的神经网络进一步解决分类和预测问题。

6.3 基于 PCA 和改进的 PSO-SVM 机器人转向分类

本节利用主成分分析法(PCA)对数据进行降维,再利用改进的 PSO 算法,对 SVM 中的惩罚因子 C 和核函数的参数 γ 进行优化实现机器人的导航任务的转向分类。

6.3.1 基于 PCA 和改进的 PSO 算法优化 SVM 的分类模型 PSO-SVM

在进行分类之前,先对数据进行归一化处理,归一化的方式为

$$y = \frac{x - x_{\min}}{x_{\max} - x_{\min}} \tag{6-18}$$

将数据归一化到区间[0,1]之间。为防止维数过高,先计算每个主成分方差贡献率,每个主成分方差贡献率的大小就意味着信息量的大小,主成分的信息量由大到小排列,同时再通过公式

$$\psi_m = \frac{\sum\limits_{i=1}^{m} \lambda_i}{\sum\limits_{j=1}^{p} \lambda_j}, \quad m < p \tag{6-19}$$

计算前 m 个主成分的累积方差矩阵,当累积方差贡献率达到90%以上时,可以将原来的 p 个变量用前 m 个主成分来代替[245];用改进的粒子群优化算法对参数进行更新,在连续几代没有发生变化或达到最大迭代次数后,得到 SVM 的最优的惩罚因子 C 和核函数中的参数 γ,实现分类。

基于 PCA 和 PSO-SVM 的分类模型的步骤为:

步骤 1 对数据进行归一化处理。

步骤 2 运用主成分分析法进行降维。本节中将数据特征从 24 维降到 19 维。

步骤 3 随机产生 M 个粒子构成的初始种群。

步骤 4 通过目标函数计算每个粒子的适应度值。

步骤 5 对于每个粒子,将适应度值和自身的历史最优值进行比较,如果优于最优值,那么适应度值取代历史最优值,局部最优解为当前粒子的位置。

步骤 6 对于每个粒子,将适应度值和群体的历史最优值进行比较,如果优于群体最优值,那么适应度值取代历史最优值,群体最优解为当前粒子的位置。

步骤 7 根据步骤 5 和步骤 6 对粒子的速度和位置进行更新,并调整惯性权重 $\omega(t)$。惯性权重 $\omega(t)$采用递减函数

$$\omega(t) = \omega_{\text{start}} - (\omega_{\text{start}} - \omega_{\text{end}}) \left(\frac{t}{T_{\max}} \right)^2 \tag{6-20}$$

式中:ω_{start} 为初始惯性权重;ω_{end} 为迭代到最大次数时的惯性权重;t 为当前迭代次数;$T_{\max}$ 为最大迭代次数。本节选取 $\omega_{\text{start}} = 0.9, \omega_{\text{end}} = 0.4$。

步骤 8 当最优的惩罚因子 C 和核函数参数 γ 连续多次迭代没有发生变化或达到最大迭代次数后,则输出当前的群体最优解;否则,转至步骤 4 继续迭代。

步骤 9 利用改进的 PSO 算法得到的群体最优解为 SVM 的惩罚因子 C 和核函数参数 γ,解决分类问题。

6.3.2 实验结果

本节的数据源与 6.2.3 节中 2. 的数据源一样,共 5456 个样本。本节采用 4438 组数据作为训练集,1018 组数据作为测试集。通过主成分分析对数据降维,可以得到影响机器人转向的 24 个相关系数矩阵的特征值及贡献率,前 19 个主成分解释了原来 24 个因子的 90% 的信息。通常情况下,当已有因子的累计贡献率达到 90% 时,就能很好地反映相关因子的影响。因此前 19 个成分反映了原始 24 个变量的大部分信息。

为了使改进后的 PSO 算法的结果更具有可比性,先采用 PCA 进行特征选择,再利用改进的 PSO 算法优化 SVM 中参数,建立了 PSO-SVM1 模型;采用 PCA 进行特征选择,标准的 PSO 算法优化 SVM 参数,建立了 PSO-SVM2 模型;采用全部 24 个特征,用标准的 PSO 算法优化 SVM 中参数,建立了 PSO-SVM3 模型,通过这三个模型进行比较。

对于 PSO-SVM1,当累计方差贡献率达到 90% 时,特征值从 24 维降到 19 维。在经过 10 次迭代,种群规模为 10,参数分别为 1.7 和 1.9 的情况下得到的最佳的惩罚因子 $C=100$,核函数的参数 $\gamma=2.30$,最佳准确率为 91.03%,平均的准确率为 87.91%。

对于 PSO-SVM2,当累计方差贡献率达到 90% 时,特征值从 24 维降到 19 维。在经过 10 次迭代,种群规模为 10,参数分别为 1.7 和 1.9 的情况下得到的最佳的惩罚因子 $C=99.99$,核函数的参数 $\gamma=0.01$,最佳准确率为 82.58%,平均的准确率为 82.81%。

对于 PSO-SVM3,在经过 10 次迭代,种群规模为 10,参数分别为 1.7 和 1.9 的情况下得到的最佳的惩罚因子 $C=100$,核函数的参数 $\gamma=0.01$,最佳准确率为 82.86%,平均的准确率为 82.51%。

采用 PSO-SVM1、PSO-SVM2、PSO-SVM3、模糊聚类和广义神经网络模糊聚类这 5 种分类的准确率如表 6-3 所列,其中模糊聚类和广义神经网络模糊聚类选取的为 5 次实验结果的平均值。

表 6-3 沿墙移动的机器人分类对比结果

模 型	PSO-SVM1	PSO-SVM2	PSO-SVM3	模糊聚类	广义模糊聚类
准确率/%	87.91	82.81	82.51	27.43	10.39

分析 PSO-SVM1、PSO-SVM2、PSO-SVM3、模糊聚类和广义模糊聚类这 5 种模型的分类准确类可知,PSO-SVM1 的准确率明显高于其他几种方法的分类结果。

6.3.3 结论

本节通过 PCA 进行特征选择,改进的 PSO 算法选择 SVM 中的参数的模型对沿墙移动的机器人的转向进行分类,结果表明,本节提出的分类模型是可行且有效的,可以帮助人们在通过多个传感器得到的数据后更为准确地判断机器人的走向。

6.4   本章小结

本章的内容取自文献[246-247]。本章利用改进的 PSO 算法与 GSA 算法相结合的算法优化 BP 神经网络的参数实现地表水水质的分类和机器人转向的分类,以及通过 PCA 进行数据降维,再利用改进 PSO 算法优化 SVM 的参数实现沿墙机器人转向的分类。同时,也说明群智能算法与机器学习结合起来可以解决分类问题。

第7章

空气质量指数的预测与分类

7.1　引言

随着经济水平的不断提高,人们的生活质量不断得到改善,对环境的要求不断提高,但影响环境的因素有很多,最主要的因素是人为因素,能源的大量消耗和污染物排放造成的空气污染问题日趋严重,雾霾天气日渐增多,严重影响着人们的日常生活和身心健康[128]。城市大气污染物的排放,特别是其对空气质量的不利影响能否得到改善,已成为非常热门的研究课题[248]。空气污染预测对公共卫生和污染控制具有重要意义[249]。因此,对空气质量指数(AQI)的预测和等级分类的研究具有非常重要的意义。

本章着重讨论群智能算法与机器学习相结合建立预测模型或分类模型实现空气质量指数的预测或空气质量等级的分类。

7.2　基于 ISSA-SVM 的空气质量的等级分类

在 3.4.2 节,我们提出了改进的飞鼠搜索算法(ISSA),并将其与支持向量机(SVM)结合在一起建立混合模型 ISSA-SVM,应用于 MEMS 矢量水听器信号的波达方向角的估计,本节将该模型 ISSA-SVM 应用于山西省太原市空气质量等级的分类。

7.2.1　数据源

根据文献[250],影响空气质量的两大因素是空气质量指数和气象数据,其中空气质量指数包括细颗粒物(PM2.5)、可吸入颗粒物(PM10)、二氧化硫(SO_2)、一氧化碳(CO)、二氧化氮(NO_2)和 8h 平均的臭氧(O_3);气象数据包括日最低温度

(Minimum Temperature,MinT)、日最高温度(Maximum Temperature,MaxT)、日平均气压(AP)、日总降水量(PR)、日地表空气相对湿度(RH)和日地面风速(WS)。本节中取日平均 PM2.5、PM10、SO_2、CO、NO_2、O_3、MinT 和 MaxT 作为影响空气质量的因素。

本节中,我们所选取的数据集是山西省太原市 2014 年 3 月 9 日到 2019 年 3 月 17 日之间的空气质量指数的数据集和气象数据集,分别来源于网站 https://www.aqistudy.cn/historydata/和网站 https://tianqi.2345.com/wea-history/53772.htm,其中 2018 年 2 月 9 日、2018 年 3 月 28—29 日、2018 年 4 月 10 日和 14 日、2018 年 5 月 26 日的数据存在部分或全部缺失,因此在数据预处理时直接将这些数据删除,这样数据集的大小变为 1829×8,其中 1829 表示天数,8 表示特征数:PM2.5、PM10、SO_2、CO、NO_2、O_3、MinT 和 MaxT。根据 AQI,空气质量的评价分为 6 个等级(Grade):优、良、轻度污染、中度污染、重度污染和严重污染,其对应的空气质量评价的等级分别设定为等级 1、等级 2、等级 3、等级 4、等级 5 和等级 6,如表 7-1 所列。

表 7-1　空气质量评价的条件和等级

AQI	空气质量评价的条件	空气质量评价的等级
0~50	优	1
51~100	良	2
101~150	轻度污染	3
151~200	中度污染	4
201~250	重度污染	5
251~	严重污染	6

根据空气质量的等级,这 1829 个数据的分布如图 7-1 所示,AQI 数据集的盒可视化如图 7-2 所示。

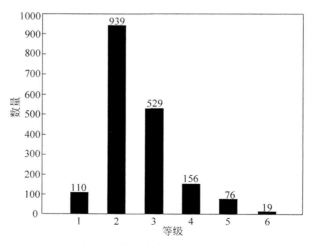

图 7-1　数据中每个等级的数量

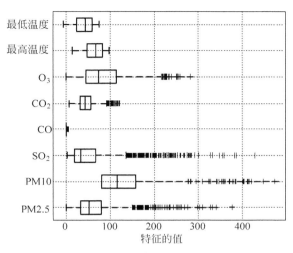

图 7-2 AQI 数据集的盒可视化

7.2.2 实验结果

本节选取 2014 年 3 月 9 日到 2017 年 9 月 9 日的 1281 个数据作为训练集,2017 年 9 月 10 日到 2019 年 3 月 17 日的 548 个数据作为测试集。SVM 分别与蚁狮算法 (ALO)、蜻蜓算法(DA)、粒子群算法(PSO)、入侵杂草优化(IWO)、SSA 和 ISSA 结合在一起建立了混合模型:ALO-SVM、DA-SVM、PSO-SVM、IWO-SVM、SSA-SVM 和 ISSA-SVM。模型 ALO-SVM、DA-SVM、PSO-SVM、IWO-SVM、SSA-SVM 和 ISSA-SVM 的参数设置为:种群大小为 20,最大迭代次数为 20,传统的 SVM 的参数设置为 $c=1$ 和 $\gamma=1.2$,其中 c 为惩罚因子,γ 为核函数参数。

分别独立地运行 SVM、ALO-SVM、DA-SVM、PSO-SVM、IWO-SVM、SSA-SVM 和 ISSA-SVM 模型 10 次对空气质量的数据集进行等级分类,分类的平均准确率如表 7-2 所列。从表 7-2 可得,ISSA 模型的分类准确率达到最大值 87.91971%,这说明了 ISSA-SVM 模型优于 SVM、ALO-SVM、DA-SVM、PSO-SVM、IWO-SVM 和 SSA-SVM 模型。根据表 7-2 所列的准确率的降序排列,模型的排列顺序为 ISSA-SVM、IWO-SVM、PSO-SVM、SSA-SVM、DA-SVM、SVM 和 ALO-SVM 模型。

表 7-2 7 个模型的分类平均准确率

模 型	准确率/%	模 型	准确率/%
ISSA-SVM	87.91971	DA-SVM	84.08759
SSA-SVM	86.33212	ALO-SVM	78.86862
IWO-SVM	87.24452	SVM	83.0292
PSO-SVM	86.53359		

7.2.3　结论

本节将 2016 年提出的 IWO 的种子的繁殖能力引入 2019 年提出的 SSA 中,使得每棵树上的飞鼠有其繁殖能力,这就得到了混合算法 ISSA。ISSA 与 SVM 相结合建立模型 ISSA-SVM 实现空气质量等级的分类,分类准确率达到 87.91971%,表明所提出的 ISAA-SVM 适合空气质量等级的分类,并且还说明在未来的工作中,我们将提出新的或改进的群体智能算法,并将其与其他方法相结合,用于优化机器学习的参数,以便在现实世界中进行分类和估计。

7.3　基于改进的鲸优化算法的空气质量指数的预测

2016 年 Seyedali Mirjalili 和 Andrew Lewis 提出的鲸优化算法(WOA)[29]模拟了座头鲸的捕猎行为。本节提出了改进的鲸优化算法,用 27 个基准函数进行验证,再与多元线性回归模型相结合对空气质量指数进行预测。

7.3.1　鲸优化算法[29]

座头鲸是最大的须鲸之一,有其独特的猎食方式:螺旋泡网捕食。这种觅食是座头鲸通过沿着圆形或"9"形的路径形成独特的气泡来完成捕食磷虾或小鱼群的,如图 7-3 所示。下面对座头鲸的螺旋泡网捕食方式:包围猎物、螺旋泡网捕食和搜索猎物进行数学建模,提出了鲸优化算法。

图 7-3　座头鲸的泡网捕食行为

1. 包围猎物

座头鲸能够识别猎物的位置并包围它们。因为搜索空间中最优位置是未知,所以在 WOA 算法中,假设当前的最优候选解是目标猎物或是近似最优解。定义了目标猎物后,其他候选解趋向于目标猎物进行位置更新,更新方式如下:

$$D = | C \cdot X^*(t) - X(t) | \tag{7-1}$$

$$X(t+1) = X(t) - A \cdot D \tag{7-2}$$

式中:t 为当前迭代次数;A 和 C 为系数向量;X^* 为当前最优解的位置向量;X 为

位置向量；||为绝对值；·为元素对元素的乘积。在每次迭代中若存在较好的解，则都需要更新 X^{*}。

向量 A 和 C 的计算公式如下：

$$A = 2a \cdot r - a \tag{7-3}$$

$$C = 2r \tag{7-4}$$

其中 a 在迭代过程中由 2 线性递减到 0（在探索阶段和开发阶段），r 是区间 $[0,1]$ 上的任意向量。

2. 泡网攻击方法（开发阶段）

座头鲸也用泡网策略攻击猎物，采用了两种方法：

（1）收缩包围机制。这种行为是通过方程（7-3）中 a 的值递减实现的。注意到向量 A 的波动范围也是通过向量 a 的值递减实现的。换言之，向量 A 是在区间 $[-a, a]$ 上取的任意值，其中 a 在迭代过程中从 2 递减到 0。设向量 A 取区间 $[-1,1]$ 上的任意值，新候选解定义为候选解和当前最优候选解的位置之间的任意位置。

（2）螺旋更新位置。这种行为是用来模拟座头鲸的螺旋形状的运动，建立了鲸与猎物之间的螺旋方程：

$$X(t+1) = D' \cdot e^{bl} \cdot \cos(2\pi l) + X^{*}(t) \tag{7-5}$$

式中：$D' = |X^{*}(t) - X(t)|$ 为第 i 只鲸与猎物（目前为止的最优解）之间的距离；b 为定义对数螺线形状的常数；l 为区间 $[-1,1]$ 上的任意数；·为元素对元素的乘积。

座头鲸是缩小包围圈沿着螺旋形的路径围绕猎物游动的。假设在优化过程中有 50% 的概率选择收缩包围机制和螺旋模型二者之一去更新鲸鱼的位置，建立的数学模型如下：

$$X(t+1) = \begin{cases} X^{*}(t) - A \cdot D, & p < 0.5 \\ D' \cdot e^{bl} \cdot \cos(2\pi l) + X^{*}(t), & p \geqslant 0.5 \end{cases} \tag{7-6}$$

式中：p 为区间 $[0,1]$ 上的任意数。

3. 搜索猎物（探索阶段）

座头鲸是通过螺旋泡网方式进行捕食，但其搜索猎物的方式是任意的。座头鲸根据彼此的位置任意搜索。利用 A 大于 1 或小于 -1 使得搜索的候选解远离或靠近参考鲸。与开发阶段相反，在探索阶段任意选择的候选解代替当前最优解来更新候选解的位置，建立的数学模型如下：

$$D = |C \cdot X_{\mathrm{rand}} - X| \tag{7-7}$$

$$X(t+1) = X_{\mathrm{rand}} - A \cdot D \tag{7-8}$$

式中：X_{rand} 为当前种群中任意选择的位置向量（任意鲸）。

在 WOA 算法，初始化一组任意候选解组成种群。在每次迭代中，候选解根据任意选择的候选解或当前最优候选解更新其位置，并且参数 a 从 2 递减到 0 贯穿了 WOA 算法的探索阶段和开发阶段。当 $|A| > 1$ 时，任意选择候选解；当 $|A| < 1$ 时，

选择最优解来更新候选解的位置。根据 p 的值,WOA 算法可以在螺旋运动或圆形运动之间切换,直到终止准则满足时,WOA 算法终止。

7.3.2　改进的鲸优化算法

在 WOA 中,更新的候选解的更新方式大部分依赖于当前最优候选解。类似于 PSO 算法,将惯性权重 $\omega \in [0,1]$ 引入到 WOA 中得到了改进的鲸优化算法,记为 IWOA。

在围攻猎物时,候选解的更新方式为

$$D = | \boldsymbol{C} \cdot \omega \boldsymbol{X}^*(t) - \boldsymbol{X}(t) | \tag{7-9}$$

$$\boldsymbol{X}(t+1) = \omega \boldsymbol{X}(t) - \boldsymbol{A} \cdot \boldsymbol{D} \tag{7-10}$$

式中：t 为当前迭代次数；$\boldsymbol{A}$ 和 $\boldsymbol{C}$ 为系数向量；$\boldsymbol{X}^*$ 为当前最优解的位置向量；$\boldsymbol{X}$ 为位置向量；$||$ 为绝对值；$\cdot$ 为元素对元素的乘积。在每次迭代中若存在较好的解,则都需要更新 $\boldsymbol{X}^*$。

在螺旋更新位置时,用来模拟座头鲸的螺旋形状的运动,建立了鲸与猎物之间的螺旋方程：

$$\boldsymbol{X}(t+1) = \boldsymbol{D}' \cdot e^{bl} \cdot \cos(2\pi l) + \omega \boldsymbol{X}^*(t) \tag{7-11}$$

式中：$\boldsymbol{D}' = |\boldsymbol{X}^*(t) - \boldsymbol{X}(t)|$ 为第 i 只鲸与猎物(目前为止的最优解)之间的距离；b 为定义对数螺线形状的常数；l 为区间 $[-1,1]$ 上的任意数；$\cdot$ 为元素对元素的乘积。

同样为了模拟座头鲸以缩小包围圈的方式沿着螺旋形的路径围绕猎物游动的行为,假设在优化过程中有 50% 的概率选择缩小包围机制或螺旋模型更新鲸鱼的位置。建立的数学模型如下：

$$\boldsymbol{X}(t+1) = \begin{cases} \boldsymbol{X}^*(t) - \boldsymbol{A} \cdot \boldsymbol{D}, & p < 0.5 \\ \boldsymbol{D}' \cdot e^{bl} \cdot \cos(2\pi l) + \boldsymbol{X}^*(t), & p \geqslant 0.5 \end{cases} \tag{7-12}$$

式中：p 为区间 $[0,1]$ 上的任意数。除了泡网方法,座头鲸是任意搜索猎物的。

在搜索猎物即探索阶段,基于 $\boldsymbol{A}$ 的变化采用相同的方法搜索猎物,建立的数学模型为

$$D = | \boldsymbol{C} \cdot \boldsymbol{X}_{\text{rand}} - \boldsymbol{X} | \tag{7-13}$$

$$\boldsymbol{X}(t+1) = \boldsymbol{X}_{\text{rand}} - \boldsymbol{A} \cdot \boldsymbol{D} \tag{7-14}$$

式中：$\boldsymbol{X}_{\text{rand}}$ 为当前种群中任意选择的位置向量(任意鲸)。

IWOA 的具体步骤如下：

步骤 1　初始化鲸种群 $X_i(i=1,2,\cdots,n)$ 和设置最大迭代次数。令 $t=1$。

步骤 2　计算每只鲸 $X_i(i=1,2,\cdots,n)$ 的适应度值,并找出最优候选解 X^*。

步骤 3　重复如下过程：

对于每只鲸 $X_i(i=1,2,\cdots,n)$,更新 $a,\boldsymbol{A},\boldsymbol{C},l,p$。

如果 $p<0.5$,那么,若 $|\boldsymbol{A}|<1$,则根据方程(7-10)更新当前的候选解的位置；若

$|A| \geqslant 1$，选择任意候选解 X_{rand}，并根据方程(7-14)更新当前候选解的位置。

如果 $p \geqslant 0.5$，根据方程(7-11)更新当前候选解的位置。

检查这些候选解是否超出了搜索范围并进行修正。如果存在较好的候选解，那么修改最优候选解 X^*。令 $t = t + 1$。

直到 t 达到了最大迭代次数，IWOA 结束。

步骤 4 返回最优候选解 X^*，最优的适应度值。

本节引入了 PSO 算法中已有的 3 种惯性权重 ω，公式如下：

$$\omega(t) = \omega_{initial} - (\omega_{initial} - \omega_{final}) \frac{t}{T} \tag{7-15}$$

$$\omega(t) = \frac{1 - \dfrac{t}{T}}{1 + s \times \dfrac{t}{T}} \tag{7-16}$$

$$\omega(t) = \omega_{final} + (\omega_{initial} - \omega_{final}) e^{-\frac{ct}{T}} \tag{7-17}$$

式中：t 为当前迭代次数；T 为最大迭代次数；$\omega_{initial}$ 为惯性权重的初始值；ω_{final} 为惯性权重的最终值；s 为大于 -1 的常数；c 为控制惯性权重收敛的控制参数且 $c > 0$。

方程(7-15)是 1998 年 Shi 和 Eberhart[224] 引入到 PSO 算法中的惯性权重，称为线性递减惯性权重(LDIW)；方程(7-16)是 Lei 等人[225] 将 Sugeno 函数作为 PSO 算法的惯性权重，称为 Sugeno 函数惯性权重(SFIW)；方程(7-17)是 Lu 等人[50] 提出的指数递减惯性权重。这样得到了 4 种 IWOA：

（1）常数惯性权重的 IWOA，记为 IWOA-CIW；

（2）惯性权重为方程(7-15)的 IWOA，记为 IWOA-LDIW；

（3）惯性权重为方程(7-16)的 IWOA，记为 IWOA-SFIW；

（4）惯性权重为方程(7-17)的 IWOA，记为 IWOA-EDIW。

7.3.3 函数极值寻优

1. 27 个基准函数

本节采用 27 个基准函数[221,251-252]（表 7-3）测试 IWOA 的性能。这 27 个基准函数包括 18 个单峰函数和 9 个多峰函数，且其维数是 n 维的，其中 $F_6(x) = F_4(x) + F_5(x)$，$F_{12}(x) = F_{10}(x) + F_{11}(x)$。

表 7-3 27 个基准函数

函数表达式	维数	范围	f_{min}
$F_1(x) = \sum\limits_{i=1}^{n} x_i^2$	30	$[-100, 100]$	0
$F_2(x) = \sum\limits_{i=1}^{n} \mid x_i \mid + \prod\limits_{i=1}^{n} \mid x_i \mid$	30	$[-10, 10]$	0

函数表达式	维数	范围	$f_{\min}$
$F_3(x) = \max_i \{ \mid x_i \mid , 1 \leqslant i \leqslant n \}$	30	$[-100, 100]$	0
$F_4(x) = \sum_{i=1}^{n-1} 100(x_{i+1} - x_i^2)^2$	30	$[-30, 30]$	0
$F_5(x) = \sum_{i=1}^{n-1} (x_i - 1)^2$	30	$[-30, 30]$	0
$F_6(x) = \sum_{i=1}^{n-1} (100(x_{i+1} - x_i^2)^2 + (x_i - 1)^2)$	30	$[-30, 30]$	0
$F_7(x) = \sum_{i=1}^{n} ([x_i + 0.5])^2$	30	$[-100, 100]$	0
$F_8(x) = \sum_{i=1}^{n} i x_i^2 + \mathrm{random}[0, 1)$	30	$[-10, 10]$	0
$F_9(x) = \sum_{i=1}^{n} i x_i^2$	30	$[-10, 10]$	0
$F_{10}(x) = \sum_{i=2}^{n} i (2x_i^2 - x_{i-1})^2$	30	$[-10, 10]$	0
$F_{11}(x) = (x_1 - 1)^2$	30	$[-10, 10]$	0
$F_{12}(x) = (x_1 - 1)^2 + \sum_{i=2}^{n} i (2x_i^2 - x_{i-1})^2$	30	$[-10, 10]$	0
$F_{13}(x) = -\exp\left(-0.5 \sum_{i=1}^{n} x_i^2\right)$	30	$[-1, 1]$	-1
$F_{14}(x) = \sum_{i=1}^{n} (10^6)^{\frac{i-1}{n-1}} x_i^2$	30	$[-100, 100]$	0
$F_{15}(x) = \sum_{i=1}^{n} \left(\sum_{j=1}^{i} x_j \right)^2$	30	$[-100, 100]$	0
$F_{16}(x) = \sum_{i=1}^{n} \mid x_i \mid^{i+1}$	30	$[-1, 1]$	0
$F_{17}(x) = -20\exp\left(0.2 \sqrt{\dfrac{1}{n} \sum_{i=1}^{n} x_i^2}\right) - \exp\left(\dfrac{1}{n} \sum_{i=1}^{n} \cos(2\pi x_i)\right) + 20 + \mathrm{e}$	30	$[-32, 32]$	0
$F_{18}(x) = \sum_{i=1}^{n} \mid x_i \sin(x_i) + 0.1 x_i \mid$	30	$[-10, 10]$	0
$F_{19}(x) = f_s(x_1, x_2) + f_s(x_2, x_3) + \cdots + f_s(x_n, x_1),$ 其中 $f_s(x, y) = 0.5 + \dfrac{\sin^2 \sqrt{x^2 + y^2} - 0.5}{(1 + 0.001(x^2 + y^2))^2}$	30	$[-100, 100]$	0

续表

函数表达式	维数	范围	$f_{\min}$
$F_{20}(x)=f_{10}(x_1,x_2)+f(x_2,x_3)+\cdots+f(x_n,x_1)$, 其中 $f_{10}(x,y)=(x^2+y^2)^{0.25}\left[\sin^2(50(x^2+y^2)0.1)+1\right]$	30	$[-100,100]$	0
$F_{21}(x)=\dfrac{1}{4000}\sum\limits_{i=1}^{n}x_i^2-\prod\limits_{i=1}^{n}\cos\left(\dfrac{x_i}{\sqrt{i}}\right)+1$	30	$[-600,600]$	0
$F_{22}(x)=-\sum\limits_{i=1}^{n-1}\left(\exp\left(-\dfrac{x_i^2+x_{i+1}^2+0.5x_ix_{i+1}}{8}\right)\times \right.$ $\left. \cos(4\sqrt{x_i^2+x_{i+1}^2+0.5x_ix_{i+1}})\right)$	30	$[-5,5]$	$1-n$
$F_{23}(x)=\sum\limits_{i=1}^{n-1}\left(0.5+\dfrac{\sin^2\sqrt{100x_i^2+x_{i+1}^2}-0.5}{1+0.001(x_i^2-2x_ix_{i+1}+x_{i+1}^2)}\right)^2$	30	$[-100,100]$	0
$F_{24}(x)=\sum\limits_{i=1}^{n}(x_i^2-10\cos(2\pi x_i)+10)$	30	$[-5.12,5.12]$	0
$F_{25}(x)=1-\cos\left(2\pi\sqrt{\sum\limits_{i=1}^{n}x_i^2}\right)+0.1\sqrt{\sum\limits_{i=1}^{n}x_i^2}$	30	$[-100,100]$	0
$F_{26}(x)=\sum\limits_{i=1}^{n}ix_i^2$	30	$[-10,10]$	0
$F_{27}(x)=\sum\limits_{i=1}^{n}(-x_i\sin\sqrt{x_i})$	30	$[-500,500]$	$-418.9829\times$ 维数

2. 实验结果

本节将这 4 种 IWOA 算法与基本的 WOA 算法、基本的人工蜂群算法(ABC)、基本的果蝇算法(Fruit fly Optimization Algorithm,FOA)和基本的 PSO 算法进行比较。在 IWOA、ABC、FOA 和 WOA 算法中,种群大小为 30,最大迭代次数为 1000。每种算法对表 7-3 的每个函数独立运行 30 次。表 7-3 中 27 个基准函数的维数 n 取 30。Avg. 表示平均值,Std. 表示标准差。

1) IWOA-CIW 与 WOA 的比较

IWOA-CIW 算法中,惯性权重 ω 分别取 $0,0.1,0.2,\cdots,1$。当 $\omega=1$ 时,IWOA 就是 WOA;当 $\omega=0$ 时,IWOA 的位置更新不依赖于当前的最优解。这 27 个基准函数获得了相应的函数值的平均值 Avg. 和标准差 Std.,如表 7-4 所列。

从表 7-4 可以看出 IWOA-CIW 算法优于 WOA 算法,函数 $F_1(x)\sim F_4(x)$, $F_7(x),F_9(x)$,$F_{10}(x),F_{13}(x)\sim F_{26}(x)$ 的函数值随着惯性权重的增加而增加,但函数 $F_{11}(x)$ 的函数值随着惯性权重的增加而减少。函数 $F_5(x),F_6(x),F_{27}(x)$ 的函数值不能趋向于最小值。尽管函数 $F_4(x),F_{10}(x)$ 的函数值能够达到其最小值,但函数 $F_5(x),F_{11}(x)$ 的函数值不能达到最小值,因此函数 $F_6(x)=F_4(x)+F_5(x)$,

表 7-4　基于不同惯性权重的 IWOA-CIW 的 Avg. 和 Std.

函数		0	0.1	0.2	0.3	0.4	0.5	0.6	0.7	0.8	0.9	1
$F_1(x)$	Avg.	0.0000E+00	0.0000E+00	0.0000E+00	0.0000E+00	0.0000E+00	1.6771E−274	1.1027E−224	5.2662E−184	1.7841E−142	3.2628E−106	6.5673E−74
	Std.	0.0000E+00	0.0000E+00	0.0000E+00	0.0000E+00	0.0000E+00	0.0000E+00	0.0000E+00	0.0000E+00	7.1847E−142	1.3377E−105	3.4065E−73
$F_2(x)$	Avg.	0.0000E+00	9.7881E−275	9.1595E−218	1.4647E−192	2.7450E−167	4.4696E−144	3.7960E−123	1.7259E−101	8.6564E−83	2.3786E−65	7.9402E−51
	Std.	0.0000E+00	0.0000E+00	0.0000E+00	0.0000E+00	0.0000E+00	1.2140E−143	1.3634E−122	6.0877E−101	4.4291E−82	7.2710E−65	4.0809E−50
$F_3(x)$	Avg.	0.0000E+00	1.3884E−269	3.0795E−221	1.2851E−183	1.0486E−152	4.0812E−123	3.7481E−94	9.8701E−67	1.3256E−46	8.2539E−24	5.2281E+01
	Std.	0.0000E+00	0.0000E+00	0.0000E+00	0.0000E+00	5.5670E−152	1.6887E−122	1.8858E−93	5.2914E−66	4.1233E−46	2.0755E−23	3.0841E+01
$F_4(x)$	Avg.	0.0000E+00	0.0000E+00	0.0000E+00	0.0000E+00	0.0000E+00	1.9985E−274	1.1708E−227	8.2835E−183	2.1361E−144	1.2952E−107	3.6599E−68
	Std.	0.0000E+00	0.0000E+00	0.0000E+00	0.0000E+00	0.0000E+00	0.0000E+00	0.0000E+00	0.0000E+00	8.9505E−144	4.3302E−107	1.4110E−67
$F_5(x)$	Avg.	1.1647E+00	1.1461E+00	1.3790E+00	1.2956E+00	1.0954E+00	9.5220E−01	7.3640E−01	5.8580E−01	4.2290E−01	2.7800E−01	4.3820E−01
	Std.	7.0490E−01	5.7230E−01	7.8400E−01	5.6380E−01	4.9760E−01	4.0000E−01	2.6460E−01	2.0380E−01	1.8370E−01	1.3040E−01	2.9280E−01
$F_6(x)$	Avg.	2.8589E+01	2.8281E+01	2.8181E+01	2.8109E+01	2.8075E+01	2.7944E+01	2.7914E+01	2.7859E+01	2.7898E+01	2.7876E+01	2.8002E+01
	Std.	7.0240E−01	3.3790E−01	3.1970E−01	3.2180E−01	3.9540E−01	3.4040E−01	3.5160E−01	3.4140E−01	3.3950E−01	3.7370E−01	4.3200E−01
$F_7(x)$	Avg.	0.0000E+00	0.0000E+00	0.0000E+00	0.0000E+00	0.0000E+00	0.0000E+00	0.0000E+00	0.0000E+00	0.0000E+00	0.0000E+00	0.0000E+00
	Std.	0.0000E+00	0.0000E+00	0.0000E+00	0.0000E+00	0.0000E+00	0.0000E+00	0.0000E+00	0.0000E+00	0.0000E+00	0.0000E+00	0.0000E+00
$F_8(x)$	Avg.	5.9332E−05	5.8764E−05	5.1179E−05	7.0771E−05	9.2813E−05	8.0091E−05	8.9908E−05	9.6107E−05	1.2481E−04	3.0871E−04	4.2000E−03
	Std.	5.5715E−05	4.6065E−05	5.0852E−05	4.8943E−05	9.7650E−05	6.7522E−05	9.2702E−05	1.0087E−04	1.1877E−04	2.4146E−04	3.8000E−03
$F_9(x)$	Avg.	0.0000E+00	0.0000E+00	0.0000E+00	0.0000E+00	0.0000E+00	3.3193E−274	5.5534E−228	4.9173E−181	9.1861E−263	5.4649E−184	1.3330E−114
	Std.	0.0000E+00	0.0000E+00	0.0000E+00	0.0000E+00	0.0000E+00	0.0000E+00	0.0000E+00	0.0000E+00	0.0000E+00	0.0000E+00	4.2194E−114
$F_{10}(x)$	Avg.	0.0000E+00	0.0000E+00	0.0000E+00	0.0000E+00	0.0000E+00	1.1189E−270	1.8096E−223	5.1597E−178	4.9602E−143	1.0288E−106	2.9016E−75
	Std.	0.0000E+00	0.0000E+00	0.0000E+00	0.0000E+00	0.0000E+00	0.0000E+00	0.0000E+00	0.0000E+00	2.7074E−142	5.6347E−106	1.0297E−74
$F_{11}(x)$	Avg.	1.3375E−07	1.1370E−07	4.9797E−08	6.5610E−08	4.0028E−08	2.9708E−08	1.6383E−08	1.5190E−08	2.8363E−09	5.5892E−10	1.2582E−15
	Std.	3.2872E−07	2.5164E−07	6.9118E−08	1.0477E−07	7.0027E−08	5.0772E−08	3.3148E−08	2.4319E−09	5.0060E−09	1.0350E−09	4.4536E−15
$F_{12}(x)$	Avg.	9.8530E−01	6.6720E−01	6.6680E−01	6.6680E−01	6.6680E−01	6.6680E−01	6.6680E−01	6.6690E−01	6.6690E−01	6.6740E−01	6.7100E−01
	Std.	1.0400E−02	6.4777E−04	7.3830E−05	1.4740E−04	1.3420E−04	9.8997E−05	1.9401E−04	1.8176E−04	4.1162E−04	4.4162E−04	5.9043E−04
$F_{13}(x)$	Avg.	−1.0000E+00	−1.0000E+00	−1.0000E+00	−1.0000E+00	−1.0000E+00	−1.0000E+00	−1.0000E+00	−1.0000E+00	−1.0000E+00	−1.0000E+00	−1.0000E+00
	Std.	0.0000E+00	−1.0000E+00	−1.0000E+00	−1.0000E+00	−1.0000E+00	−1.0000E+00	−1.0000E+00	−1.0000E+00	−1.0000E+00	2.9156E−17	6.1849E−17
$F_{14}(x)$	Avg.	0.0000E+00	0.0000E+00	0.0000E+00	0.0000E+00	3.8765E−282	5.2376E−219	8.7377E−169	1.0597E−178	2.0298E−141	3.1224E−102	1.3006E−69
	Std.	0.0000E+00	0.0000E+00	0.0000E+00	0.0000E+00	0.0000E+00	0.0000E+00	0.0000E+00	0.0000E+00	6.6685E−141	1.6742E−101	6.8643E−69
$F_{15}(x)$	Avg.	0.0000E+00	0.0000E+00	0.0000E+00	0.0000E+00	0.0000E+00	0.0000E+00	0.0000E+00	9.5127E−124	1.3646E−81	9.3366E−40	4.6135E+04
	Std.	0.0000E+00	0.0000E+00	0.0000E+00	0.0000E+00	0.0000E+00	0.0000E+00	0.0000E+00	3.6297E−123	4.9961E−81	1.2615E−39	1.2825E+04

续表

函数		0	0.1	0.2	0.3	0.4	0.5	0.6	0.7	0.8	0.9	1
$F_{16}(x)$	Avg.	0.0000E+00	0.0000E+00	0.0000E+00	0.0000E+00	0.0000E+00	0.0000E+00	1.2550E-304	3.1358E-255	3.5562E-205	2.8814E-154	1.2370E-107
	Std.	0.0000E+00	0.0000E+00	0.0000E+00	0.0000E+00	0.0000E+00	0.0000E+00	0.0000E+00	0.0000E+00	0.0000E+00	1.4912E-153	6.5916E-107
$F_{17}(x)$	Avg.	8.8818E-16	8.8818E-16	8.8818E-16	8.8818E-16	8.8818E-16	8.8818E-16	2.1908E-15	3.0198E-15	1.7906E-15	3.2567E-15	3.8488E-15
	Std.	0.0000E+00	0.0000E+00	0.0000E+00	0.0000E+00	0.0000E+00	0.0000E+00	1.7413E-15	2.4277E-15	1.7702E-15	2.5265E-15	3.3747E-15
$F_{18}(x)$	Avg.	0.0000E+00	6.9235E-272	8.8634E-219	1.4805E-193	1.4342E-166	3.0588E-143	2.7729E-122	1.2530E-103	5.8627E-85	1.7677E-67	2.3483E-49
	Std.	0.0000E+00	0.0000E+00	0.0000E+00	0.0000E+00	0.0000E+00	1.5335E-142	7.4797E-122	3.9272E-103	1.7866E-84	5.5500E-67	1.2408E-48
$F_{19}(x)$	Avg.	0.0000E+00	0.0000E+00	0.0000E+00	0.0000E+00	0.0000E+00	0.0000E+00	0.0000E+00	0.0000E+00	0.0000E+00	7.2320E-01	2.7914E+00
	Std.	0.0000E+00	0.0000E+00	0.0000E+00	0.0000E+00	0.0000E+00	0.0000E+00	0.0000E+00	0.0000E+00	0.0000E+00	1.4962E+00	4.0965E+00
$F_{20}(x)$	Avg.	0.0000E+00	0.0000E+00	0.0000E+00	0.0000E+00	0.0000E+00	1.8510E-73	1.3378E-62	4.6115E-53	9.1298E-45	8.8715E-36	2.4425E-28
	Std.	0.0000E+00	0.0000E+00	0.0000E+00	0.0000E+00	0.0000E+00	3.2577E-73	5.2859E-62	1.4895E-52	3.1710E-44	3.0517E-35	8.3472E-28
$F_{21}(x)$	Avg.	0.0000E+00	0.0000E+00	0.0000E+00	0.0000E+00	0.0000E+00	0.0000E+00	0.0000E+00	0.0000E+00	0.0000E+00	0.0000E+00	3.7007E-18
	Std.	0.0000E+00	0.0000E+00	0.0000E+00	0.0000E+00	0.0000E+00	0.0000E+00	0.0000E+00	0.0000E+00	0.0000E+00	0.0000E+00	2.0270E-17
$F_{22}(x)$	Avg.	-2.9000E+01	-2.9000E+01	-2.9000E+01	-2.9000E+01	-2.9000E+01	-2.9000E+01	-2.9000E+01	-2.9000E+01	-2.9000E+01	-2.9000E+01	-2.7934E+01
	Std.	0.0000E+00	0.0000E+00	0.0000E+00	0.0000E+00	0.0000E+00	0.0000E+00	0.0000E+00	0.0000E+00	0.0000E+00	0.0000E+00	4.1260E+00
$F_{23}(x)$	Avg.	2.7733E-32	2.7733E-32	2.7733E-32	2.7733E-32	2.7733E-32	1.8141E-14	6.4087E-15	2.3408E-13	1.4745E-08	7.7707E-08	2.1586E-07
	Std.	0.0000E+00	0.0000E+00	0.0000E+00	0.0000E+00	0.0000E+00	9.8641E-14	3.2571E-14	7.5007E-13	7.0957E-08	2.4323E-07	1.0878E-06
$F_{24}(x)$	Avg.	0.0000E+00	0.0000E+00	0.0000E+00	0.0000E+00	0.0000E+00	0.0000E+00	0.0000E+00	0.0000E+00	0.0000E+00	0.0000E+00	0.0000E+00
	Std.	0.0000E+00	0.0000E+00	0.0000E+00	0.0000E+00	0.0000E+00	0.0000E+00	0.0000E+00	0.0000E+00	0.0000E+00	0.0000E+00	0.0000E+00
$F_{25}(x)$	Avg.	0.0000E+00	0.0000E+00	0.0000E+00	0.0000E+00	7.1067E-164	3.3000E-03	3.3000E-03	1.0000E-02	2.6600E-02	5.6600E-02	1.1660E-01
	Std.	0.0000E+00	0.0000E+00	0.0000E+00	0.0000E+00	0.0000E+00	1.8200E-02	1.8200E-02	3.0500E-02	4.9000E-02	5.0300E-02	6.9900E-02
$F_{26}(x)$	Avg.	0.0000E+00	0.0000E+00	0.0000E+00	0.0000E+00	0.0000E+00	0.0000E+00	2.8529E-275	4.3029E-228	7.9829E-141	2.5342E-106	1.0666E-73
	Std.	0.0000E+00	0.0000E+00	0.0000E+00	0.0000E+00	0.0000E+00	0.0000E+00	0.0000E+00	0.0000E+00	4.3724E-140	9.6745E-106	3.5973E-73
$F_{27}(x)$	Avg.	-1.2531E+04	-1.2509E+04	-1.2545E+04	-1.2551E+04	-1.2544E+04	-1.2365E+04	-1.2319E+04	-1.2206E+04	-1.1959E+04	-1.0822E+04	-1.0830E+04
	Std.	1.4826E+02	1.6167E+02	8.1921E+01	4.9536E+01	7.8087E+01	4.4136E+02	7.3316E+02	7.5940E+02	1.2588E+03	2.0176E+03	1.6987E+03

$F_{12}(x)=F_{10}(x)+F_{11}(x)$ 也不能达到其最小值且有很大的偏差。因此,IWOA-CIW 显著改善了基本 WOA,惯性权值越小,IWOA-CIW 越容易趋向于函数的最小值。然而,IWOA-CIW 得到的最优解与实际最优值存在小间隙。这就为进一步的研究 IWOA 提供了改进的空间。

2) IWOA 与 ABC、FOA、PSO 和 WOA 的比较

IWOA-CIW 算法中以惯性权重 $\omega=0.1$ 为例,与 IWOA-LDIW、IWOA-SFIW、IWOA-EDIW、ABCA、FOA、PSO 和 WOA 进行比较,其中 PSO 算法的惯性权重也取 $\omega=0.1$。比较结果如表 7-5 所列。

从表 7-5 可以看到对于函数 $F_1(x) \sim F_4(x)$,$F_7(x) \sim F_{26}(x)$,IWOA 所得到的函数值全低于 WOA、FOA、ABC 和 PSO 算法所得到的函数值,并且通过较小的迭代趋向于最小值,但 IWOA 不能求函数 $F_5(x)$,$F_6(x)$,$F_{27}(x)$ 的最小值,从而说明 IWOA 与其他元启发算法 WOA、FOA、ABC 和 PSO 相比具有较强的竞争力,因此 IWOA 具有了非常好的开发能力。

7.3.4 基于 IWOA 的太原市 AQI 预测

本节选取 IWOA、WOA 和 PSO 算法对太原市空气质量指数 AQI 进行预测。影响日空气质量指数的 6 个因素为 PM2.5、PM10、SO_2、CO、NO_2 和 O_3。我们选取 2013 年 12 月 2 日至 2016 年 12 月 5 日的 1100 组数据作为训练数据,选取 2016 年 12 月 6 日至 2016 年 12 月 27 日的 22 组数据作为实验数据。本节利用 IWOA、WOA 和 PSO 算法优化多元线性回归模型(Multi-Linear Regression,LR)的参数对太原市空气质量指数进行预测。

如上所述,AQI 依赖于 6 个指标:PM2.5、PM10、SO_2、CO、NO_2 和 O_3。因此,建立了 AQI 是 PM2.5、PM10、SO_2、CO、NO_2、O_3 值的线性函数,即多元线性回归模型,预测 AQI:

$$\text{AQI}=\theta_0+\theta_1 x_{\text{PM2.5}}+\theta_2 x_{\text{PM10}}+\theta_3 x_{\text{SO}_2}+\theta_4 x_{\text{CO}}+\theta_5 x_{\text{O}_3} \qquad (7\text{-}18)$$

式中:$\theta_i(i=1,2,\cdots,6)$ 为线性回归模型的参数。

本节选取的模型性能的评价指标为均方误差(MSE)、相对均方误差(RMSE)和平均绝对百分比误差(MAPE)。

表 7-6 是 IWOA、WOA 和 PSO 预测太原市 AQI 的训练输出的 MSE、RMSE 和 MAPE。分别由 IWOA、WOA、PSO 算法训练得到方程(7-18)的参数预测太原市 2016 年 12 月 6 日到 2016 年 12 月 27 日这 22 天的 AQI,预测结果如表 7-7 所列,预测误差如表 7-8 所列。从表 7-6~表 7-8 可以看出根据 MSE、RMSE 和 MAPE,无论是有常数还是动态的惯性权重的 IWOA 算法都优于 WOA 和 PSO 算法,因此我们认为 IWOA 算法优化多元线性回归更适于预测 AQI 值。

表 7-5 IWOA、WOA、FOA、ABC、PSO 的比较

函数		IWOA-CIW	IWOA-LDIW	IWOA-SFIW	IWOA-EDIW	WOA	FOA	ABC	PSO
$F_1(x)$	Avg.	0.0000E+00	0.0000E+00	0.0000E+00	0.0000E+00	6.5673E-74	1.0010E-08	4.1071E-04	3.6630E-01
	Std.	0.0000E+00	0.0000E+00	0.0000E+00	0.0000E+00	3.4065E-73	1.4142E-10	5.9621E-04	1.0350E-01
$F_2(x)$	Avg.	1.0132E-228	9.7881E-275	1.7721E-290	2.3976E-211	7.9402E-51	5.5000E-03	6.7956E-03	3.9027E+00
	Std.	0.0000E+00	0.0000E+00	0.0000E+00	0.0000E+00	4.0809E-50	3.4600E-05	3.1589E-03	1.4724E+00
$F_3(x)$	Avg.	1.2739E-220	1.3884E-269	4.5192E-285	1.4581E-208	5.2281E+01	1.8315E-05	6.3944E+01	3.9458E+00
	Std.	0.0000E+00	0.0000E+00	0.0000E+00	0.0000E+00	3.0841E+01	1.5755E-07	4.8319E+00	1.8696E+00
$F_4(x)$	Avg.	0.0000E+00	0.0000E+00	0.0000E+00	0.0000E+00	3.6599E-68	3.0944E+00	3.6914E+01	1.9193E+02
	Std.	0.0000E+00	0.0000E+00	0.0000E+00	0.0000E+00	1.4110E-67	8.6960E-01	2.7924E+01	1.7425E+02
$F_5(x)$	Avg.	1.1461E+00	6.2770E-01	9.6930E-01	9.6910E-01	4.3820E-01	2.5126E+01	2.4488E-05	2.3130E-01
	Std.	5.7230E-01	2.1600E-01	4.5650E-01	5.0930E-01	2.9280E-01	4.1440E-01	3.0852E-05	7.6100E-02
$F_6(x)$	Avg.	2.8281E+01	2.7994E+01	2.8146E+01	2.8057E+01	2.8002E+01	2.8709E+01	4.5665E+01	2.9345E+02
	Std.	3.3790E-01	4.0940E-01	9.4000E-01	4.4270E-01	4.3200E-01	4.7000E-03	2.6198E+01	2.0225E+02
$F_7(x)$	Avg.	0.0000E+00	0.0000E+00	0.0000E+00	0.0000E+00	0.0000E+00	0.0000E+00	1.4333E+00	1.2167E+01
	Std.	5.8764E-05	1.1992E-04	7.2559E-05	1.2625E-04	4.2000E-03	0.0000E+00	7.7390E-01	7.4282E+02
$F_8(x)$	Avg.	4.6065E-05	7.9489E-05	5.9930E-05	1.2604E-04	3.8000E-03	3.3000E-03	2.6069E-01	3.9500E-02
	Std.	0.0000E+00	0.0000E+00	0.0000E+00	0.0000E+00	3.8000E-03	7.9224E-04	6.7009E-02	3.8500E-02
$F_9(x)$	Avg.	0.0000E+00	0.0000E+00	0.0000E+00	0.0000E+00	1.3330E-114	5.8874E-05	3.0747E-05	1.5310E-01
	Std.	0.0000E+00	0.0000E+00	0.0000E+00	0.0000E+00	4.2194E-114	8.0579E-07	6.8599E-07	1.1980E-01
$F_{10}(x)$	Avg.	0.0000E+00	0.0000E+00	0.0000E+00	0.0000E+00	2.9016E-75	9.9780E-01	8.9943E-01	1.2984E+01
	Std.	0.0000E+00	0.0000E+00	0.0000E+00	0.0000E+00	1.0297E-74	2.9911E-05	8.7859E-01	7.4848E+00
$F_{11}(x)$	Avg.	1.1370E-07	9.1917E-09	3.8185E+00	2.2704E-08	1.2582E-15	2.1050E-01	5.9916E-05	3.5501E-09
	Std.	2.5164E-07	1.5441E-08	5.6226E-08	5.6301E-08	4.4536E-15	1.7950E-01	1.1370E-04	6.0949E-09
$F_{12}(x)$	Avg.	6.6720E-01	6.6700E-01	6.6680E-01	6.6700E-01	6.6710E-01	9.9780E-01	1.0164E+00	1.1665E+01
	Std.	6.4777E-04	2.1378E-04	1.3094E-04	3.1925E-04	5.9043E-04	3.1756E-05	8.0653E-01	5.2364E+00
$F_{13}(x)$	Avg.	-1.0000E+00	-1.0000E+00	-1.0000E+00	-1.0000E+00	-1.0000E+00	-9.9990E-01	-1.0000E+00	-9.4750E-01
	Std.	0.0000E+00	0.0000E+00	0.0000E+00	0.0000E+00	6.1849E-17	5.5532E-07	6.5510E-08	1.3600E-01

续表

函数		IWOA-CIW	IWOA-LDIW	IWOA-SFIW	IWOA-EDIW	WOA	FOA	ABC	PSO
$F_{14}(x)$	Avg.	0.0000E+00	0.0000E+00	0.0000E+00	0.0000E+00	1.3006E-69	8.7745E-04	2.6720E+01	7.7968E+05
	Std.	0.0000E+00	0.0000E+00	0.0000E+00	0.0000E+00	6.8643E-69	8.3306E-06	2.7143E+01	3.1086E+05
$F_{15}(x)$	Avg.	0.0000E+00	0.0000E+00	0.0000E+00	0.0000E+00	4.6135E+04	3.1339E-06	1.7466E+04	5.5328E+01
	Std.	0.0000E+00	0.0000E+00	0.0000E+00	0.0000E+00	1.2825E+04	4.4659E-08	3.0319E+03	2.6781E+01
$F_{16}(x)$	Avg.	0.0000E+00	0.0000E+00	0.0000E+00	0.0000E+00	1.2370E-107	3.3271E-06	3.5351E-09	0.0000E+00
	Std.	0.0000E+00	0.0000E+00	0.0000E+00	0.0000E+00	6.5916E-107	4.7056E-08	5.5004E-09	0.0000E+00
$F_{17}(x)$	Avg.	8.8818E-16	8.8818E-16	8.8818E-16	8.8818E-16	3.8488E-15	2.2782E-04	1.1368E-01	4.2481E+00
	Std.	0.0000E+00	0.0000E+00	0.0000E+00	0.0000E+00	3.3747E-15	1.5902E-06	1.5052E-01	7.5590E-01
$F_{18}(x)$	Avg.	6.9235E-272	3.5969E-231	3.5969E-231	6.8228E-288	2.3483E-49	5.4855E-04	3.8313E-02	1.9677E+00
	Std.	0.0000E+00	0.0000E+00	0.0000E+00	0.0000E+00	1.2408E-48	4.4818E-06	2.8527E-02	8.5990E-01
$F_{19}(x)$	Avg.	0.0000E+00	0.0000E+00	0.0000E+00	0.0000E+00	2.7914E+00	1.9948E-08	3.3145E+00	8.5288E+00
	Std.	0.0000E+00	0.0000E+00	0.0000E+00	0.0000E+00	4.0965E+00	2.5651E-10	4.3110E-01	1.1389E+00
$F_{20}(x)$	Avg.	0.0000E+00	0.0000E+00	0.0000E+00	0.0000E+00	2.4425E-28	2.3325E+00	5.8859E+01	1.0795E+02
	Std.	0.0000E+00	0.0000E+00	0.0000E+00	0.0000E+00	8.3472E-28	7.3730E-01	1.2781E+01	1.0016E+01
$F_{21}(x)$	Avg.	0.0000E+00	0.0000E+00	0.0000E+00	0.0000E+00	3.7007E-18	1.1496E-10	1.2450E-01	2.5842E+01
	Std.	0.0000E+00	0.0000E+00	0.0000E+00	0.0000E+00	2.0270E-17	2.6833E-12	3.2071E-02	4.7892E+00
$F_{22}(x)$	Avg.	-2.9000E+01	-2.9000E+01	-2.9000E+01	-2.9000E+01	-2.7934E+01	-2.9000E+01	-2.2665E+01	-1.5439E+01
	Std.	0.0000E+00	0.0000E+00	0.0000E+00	0.0000E+00	4.1260E+00	9.7549E-07	7.0880E-01	1.9440E+00
$F_{23}(x)$	Avg.	2.7733E-32	4.8768E-13	4.5424E-16	1.0690E-09	2.1586E-07	5.9786	2.5944E+00	2.4780E-01
	Std.	0.0000E+00	2.6581E-12	2.0139E-15	4.0712E-09	1.0878E-06	0.1763	1.6676E-01	2.1000E-03
$F_{24}(x)$	Avg.	0.0000E+00	0.0000E+00	0.0000E+00	0.0000E+00	0.0000E+00	7.5656E-04	4.1082E+00	7.8837E+01
	Std.	0.0000E+00	0.0000E+00	0.0000E+00	0.0000E+00	0.0000E+00	1.1233E-05	6.1090E-01	1.4369E+01
$F_{25}(x)$	Avg.	0.0000E+00	8.4296E-123	0.0000E+00	7.6683E-79	1.1660E-01	1.0198E-05	3.9224E+00	1.3707E+00
	Std.	0.0000E+00	4.6171E-122	0.0000E+00	4.2001E-78	6.9900E-02	9.4037E-08	6.2967E-01	3.8260E-01
$F_{26}(x)$	Avg.	0.0000E+00	0.0000E+00	0.0000E+00	0.0000E+00	1.0666E-73	1.5439E-05	4.3258E-05	8.2483E+00
	Std.	0.0000E+00	0.0000E+00	0.0000E+00	0.0000E+00	3.5973E-73	2.2077E-07	4.1465E-05	3.9217E+00
$F_{27}(x)$	Avg.	-1.2509E+04	-1.2204E+04	-1.2370E+04	-1.2386E+04	-1.0830E+04	-1.0131E+00	-1.1549E+04	-3.1569E+03
	Std.	1.6167E+02	8.9084E+02	4.2672E+02	4.8972E+02	1.6987E+03	7.0130E-01	1.7235E+02	3.6150E+02

表 7-6 　IWOA、WOA、ABC 和 FOA 训练输出的误差 MSE、RMSE 和 MAPE(%)

	IWOA-CIW	IWOA-LDIW	IWOA-SFIW	IWOA-EDIW	WOA	PSO
MSE(＊E＋02)	0.9905	0.8447	0.8234	0.8277	1.0135	0.8942
RMSE	0.0104	0.0103	0.0111	0.0110	0.0139	0.0135
MAPE/%	7.7567	7.6325	7.8525	7.8694	8.9627	8.7750

表 7-7 　IWOA、WOA、ABC 和 FOA 的测试预测 AQI 结果

天	实际值	IWOA-CIW	IWOA-LDIW	IWOA-SFIW	IWOA-EDIW	WOA	PSO
1	143	157.2687	153.9617	148.1389	153.0401	149.6477	151.5613
2	133	144.0815	141.1212	137.4794	140.1434	138.4456	138.6943
3	139	142.4272	140.1033	137.1792	139.6982	136.9146	137.811
4	94	102.2962	97.6425	96.7131	95.3261	99.0838	93.7954
5	208	209.3517	207.7187	207.3221	206.9071	209.6435	205.8379
6	193	182.2236	180.7762	183.7089	180.4548	182.9695	177.9846
7	377	365.6333	372.0338	380.3302	377.7501	368.9741	371.7747
8	156	135.1924	134.8706	139.2012	136.2761	133.2854	131.8705
9	201	178.4328	178.4492	182.2282	180.6347	174.7013	175.2570
10	196	188.2178	188.2976	190.6199	190.0495	185.1273	185.8449
11	201	198.7698	197.5373	194.9014	198.0620	193.6999	1995.5587
12	248	243.8703	241.8791	240.8426	242.4487	238.6637	238.7176
13	250	245.8880	244.0664	244.2850	244.6814	241.6229	240.8397
14	229	225.3582	223.0888	224.2850	223.1567	222.4431	219.6051
15	174	167.9413	164.8724	166.3462	155.5422	164.6581	160.8428
16	173	152.9039	153.4943	157.9378	55.1679	150.8027	150.8884
17	58	56.9036	54.97952	54.6615	120.2806	50.9397	52.1687
18	117	126.4711	121.7301	118.9606	118.9606	119.1360	117.5390
19	150	150.2562	147.0683	146.4567	146.6440	144.3212	143.3140
20	240	224.2156	224.481	226.5871	226.5871	221.6362	222.0375
21	137	131.8470	132.334	131.6138	131.6138	126.1813	130.8541
22	46	37.0565	36.1308	35.7904	35.7904	35.1595	34.7713

表 7-8 　IWOA、WOA、ABC 和 FOA 测试输出的误差 MSE、RMSE 和 MAPE(%)

	IWOA-CIW	IWOA-LDIW	IWOA-SFIW	IWOA-EDIW	WOA	PSO
MSE(＊E＋02)	1.1802	1.0784	0.7223	0.9029	1.4044	1.4673
RMSE	0.0058	0.0055	0.0044	0.0050	0.0073	0.0073
MAPE/%	5.8378	5.5963	4.7705	5.0582	6.6213	6.4052

7.3.5　结论

本节将 PSO 算法的惯性权重引入到 WOA 算法中,得到改进的 WOA,记为

IWOA。根据 4 种不同的惯性权重,得到 4 种 IWOAs。利用 IWOA 对 27 个基准函数实现极值寻优,并与 WOA、FOA、ABC 和 PSO 算法进行比较,结果表明 IWOA 算法有足够的竞争力,FOA 和 ABC 均次于 IWOAs、WOA 和 PSO 算法。因此仅将 IWOA、WOA 和 PSO 算法应用于太原市 AQI 的预测。根据评价预测性能指标 MSE、RMSE 和 MAPE,实验表明具有惯性权重的 IWOA 算法明显优于 WOA 和 PSO 算法,更适合应用于实际问题的预测等方面。

7.4　基于改进的粒子群算法和 RBF 神经网络的空气质量指数预测

7.4.1　惯性权重的选择

粒子群算法(PSO)中惯性权重决定了当前粒子速度的比例。较大的惯性权重加快了粒子搜索速度和加强了粒子的搜索能力,但可能会错过全局最优解;而较小的惯性权重使粒子速度变慢,但需要较长的时间搜索局部最优解和全局最优解。换言之,较大的惯性权重有助于全局探索,较小的惯性权重有助于在当前搜索区域中实现局部探索微调。粒子群算法要同时具有二者的优势,故取的惯性权重 ω 随迭代次数呈线性或非线性变化。

1998 年,Shi 和 Eberhart 在 PSO 算法中给出的惯性权重是线性递减惯性权重(Linearly Decreasing Inertia Weight,LDIW)策略[224],定义为

$$\omega(t) = \omega_{\text{initial}} - (\omega_{\text{initial}} - \omega_{\text{final}}) \frac{t}{T} \tag{7-19}$$

式中:t 为当前迭代数;T 为执行 PSO 算法的最大迭代数;ω_{initial} 和 ω_{final} 分别为惯性权重的最大值和最小值。

Chatterjee 和 Siarry 给出了 PSO 算法的惯性权重为自适应的非线性递减惯性权重(Nonlinear Decreasing Inertia Weight,NDIW)[226],定义为

$$\omega(t) = \omega_{\text{final}} + (\omega_{\text{initial}} - \omega_{\text{final}}) \frac{t^n}{T^n} \tag{7-20}$$

式中:n 为非线性调整指数。当 $n=1$,NDIW 就是 LDIW。

Arumugam 和 Rao 给出了 PSO 算法的惯性权重为全局-局部最优惯性权重(Global-Local best Inertia Weight,GLbestIW)[253],定义为

$$\omega_i(t) = 1.1 - \frac{f_{p_g}^t}{f_{p_i}^t} \tag{7-21}$$

式中:$f_{p_g}^t$ 为第 t 次迭代中的全局最优适应度值;$f_{p_i}^t$ 为第 t 次迭代中第 i 个粒子的局部最优适应度值。

为平衡全局探索与局部探索,本节给出了 PSO 算法的惯性权重为指数递减的惯

性权重（Exponential Decreasing Inertia Weight，EDIW），定义为

$$\omega(t) = \omega_{\text{final}} + (\omega_{\text{initial}} - \omega_{\text{final}})e^{-\frac{ct}{T}} \tag{7-22}$$

式中：$c>0$ 为控制惯性权重收敛速度的可控参数。当 $t=0$ 时，$\omega=\omega_{\text{initial}}$；当 $t=T$ 时，

$$\omega(t) = \omega_{\text{final}} + (\omega_{\text{initial}} - \omega_{\text{final}})e^{-c} \tag{7-23}$$

为便于讨论，设 $\omega_{\text{final}}=0.2$，$\omega_{\max}=0.9$，$T=1000$。选择 $c \in (6,8)$。迭代初期该 ω 比线性情况下降得快，这非常适合于算法发现次优区域。在迭代后期微调 ω，这有助于在已经发现的最佳区域中确定最佳区域。

根据上述惯性权重的不同，相应的 PSO 算法记为 LDIW-PSO、NDIW-PSO、GLbestIW-PSO 和 EDIW-PSO。

7.4.2 EDIW-PSO 算法优化的 PBF 模型

本节提出的 EDIW-PSO 算法优化 RBF 神经网络的参数，建立了 EDIW-PSO-RBF 网络模型。每个粒子的位置向量 x 表示 RBF 神经网络隐含层神经元的中心 c_{ji} 和宽度 d_j，隐含层与输出层的连接权值 $\bar{\omega}_{kj}$，其中 $i=1,2,\cdots,n$；$j=1,2,\cdots,J$；$k=1,2,\cdots,K$（n 是输入向量的维数，J 是隐含层神经元的个数，K 是输出层神经元的个数），因此 EDIW-PSO 算法中每个粒子的维数为 $n \times J + J + K \times J$。每个粒子映射为 RBF 神经网络的 c_{ji}，宽度 d_j 和 $\bar{\omega}_{kj}$。EDIW-PSO 算法的适应度值定义为

$$\text{fitness} = \frac{1}{N}\sum_{q=1}^{N}\left(\frac{y_q - \hat{y}_q}{\hat{y}_q}\right)^2 \tag{7-24}$$

式中：$\hat{y}_q$ 和 y_q 分别为第 q 个样本的实际输出和预测输出；N 为训练样本数。

EDIW-PSO-RBF 预测模型的步骤如下：

步骤1 初始化相关参数：种群大小 M、位置的上下界 [LB，UB]、速度的上下界 [VLB，VUB]、加速度系数 c_1 和 c_2、最大迭代次数 T。初始化 $t=1$，初始化每个粒子的 D 维位置向量和 D 维速度向量。

步骤2 映射每个粒子的位置向量 $x_i(i=1,2,\cdots,M)$ 为 RBF 神经网络的参数。

步骤3 根据式(7-24)计算每个粒子的适应度值。设置每个粒子的当前位置为每个粒子的局部最优位置 p_i。适应度最小的粒子为整个种群的全局最优解 p_g。

步骤4 根据式(7-22)更新惯性权值 ω。根据式(2-18)和式(2-19)分别更新粒子的速度 v_i 和位置 x_i。

步骤5 映射每个粒子的新位置向量 x_i 为 RBF 神经网络的参数，输入训练数据并训练 RBF 神经网络。

步骤6 重新计算新粒子的适应度值并修改 p_i^t 和 p_g^t。对于每个粒子，如果当前的适应度值优于先前的局部解的适应度值，则将当前的粒子的位置设置为局部最优解，否则局部最优解保持不变。对于整个种群，如果所有粒子的局部最优解对应的适应度值的最优值优于先前的全局最优值，则更新全局最优解，否则全局最优解保持

不变。

步骤 7   判断粒子是否满足条件 $t=T$。如果条件满足,转步骤 8;否则 $t=t+1$,转步骤 4。

步骤 8   记录全局最优解 p_g。

步骤 9   利用优化后的 RBF 神经网络解决预测问题。

7.4.3   实验

本节采取的数据为西安市 2013 年 1 月 1 日到 2014 年 2 月 10 日期间的 AQI。影响 AQI 的 6 个因素有 PM2.5、PM10、SO_2、CO、NO_2 和 O_3。选取 2013 年 1 月 1 日至 2014 年 2 月 5 日期间的 400 组数据作为训练数据,2014 年 2 月 6 日至 2014 年 2 月 10 日期间的 5 组数据作为测试数据。在预测之前,先对数据进行归一化处理,归一化的方式为

$$y=(y_{\max}-y_{\min})\frac{x-x_{\min}}{x_{\max}-x_{\min}}+y_{\min} \tag{7-25}$$

式中:x 为归一化之前的原始数据;$x_{\min}$ 和 $x_{\max}$ 分别为归一化之前原始数据的最小值和最大值;y 为归一化之后的数据;$y_{\min}$ 和 $y_{\max}$ 分别为归一化之后原始数据的最小值和最大值,本节中 $y_{\min}=-1$ 和 $y_{\max}=1$。

本节将模型 EDIW-PSO-RBF 与其他三个模型 LDIW-PSO-RBF[226]、NDIW-PSORBF[228] 和 GLbestIW-PSO-RBF[256] 进行比较。这几个模型的输入为当天的影响空气质量指数的 6 个因素和空气质量指数,输出层的输出是下一天的空气质量指数。隐含层神经元的个数取 10,故 RBF 神经网络的结构为 7-10-1,进而改进的 PSO 算法中的粒子的维数 $D=7\times10+10+10\times1+1=91$。这 4 种模型中,加速度系数 $c_1=c_2=2$,粒子位置和速度的最小值和最大值分别为 -1 和 1,最大迭代次数为 1000,种群的大小为 50,EDIW-PSO-RBF 模型的控制因子 $c=8$,NDIW-PSO-RBF 模型的非线性调制指数 $n=1.2$。本节选取的预测模型的评价指标为均方误差(MSE)、相对均方误差(RMSE)和平均绝对百分比误差(MAPE)。

当 EDIW-PSO-RBF 模型的适应度值达到最小值时,RBF 神经网络隐含层神经元的中心 c_{ji} 和宽度 d_j,隐含层与输出层的连接权值 ω_{kj},如表 7-9 所列。

表 7-10 是这 4 个模型预测西安市 AQI 的训练输出的误差 MSE、RMSE 和 MAPE。表 7-11 是这 4 个模型对西安市 AQI 的预测输出的误差 MSE、RMSE 和 MAPE。表 7-12 是西安市 2014 年 2 月 6 日至 2014 年 2 月 10 日这 4 个模型的 AQI 预测输出。

从表 7-10 可以看到在这 4 个模型中,EDIW-PSO 优化 RBF 神经网络的训练输出的误差 MSE、RMSE 和 MAPE 都是最小的,分别为 2.5389×10^2,0.1350,2.8644%。从表 7-11 可以看到在这 4 个模型中,EDIW-PSO 优化 RBF 神经网络的预测输出的误差 MSE、RMSE 和 MAPE 都是最小的,分别为 4.9985×10^2,0.0080,7.5166%。

表 7-9 最优参数值：中心 c_{ji} 和宽度 d_j，连接权值 ω_{kj}

j	1	2	3	4	5	6	7	8	9	10
c_{j1}	1.0000	-0.9849	-0.9569	0.7735	0.5874	1.0000	-0.4653	0.7688	-1.0000	-0.3863
c_{j2}	0.5752	-0.1652	-0.9023	-0.9643	0.6898	0.4439	0.4378	0.4779	0.0860	-0.8635
c_{j3}	0.4994	0.2723	-1.0000	-0.1271	0.7500	0.5629	0.2198	-0.9292	0.7286	-0.9566
c_{j4}	0.5250	-0.2811	0.7298	0.9254	-0.1321	0.3404	-0.3397	-0.1867	0.5373	-0.6491
c_{j5}	-0.0776	-1.0000	0.1190	0.4846	0.2787	0.1364	-0.8673	0.9034	1.0000	0.0959
c_{j6}	-0.4532	0.9372	1.0000	0.5370	0.2975	0.9214	0.4095	-1.0000	-0.0813	-0.2635
c_{j7}	-0.0124	1.0000	-0.4612	0.0190	-0.1061	-0.2451	0.7454	0.1273	0.1925	0.0609
d_j	-0.0156	-0.9724	0.0728	0.0588	-0.5133	0.8992	1.0000	-0.0857	0.7017	-0.9959
ω_{kj}	-0.0289	-0.7936	-0.5968	0.8891	-0.5265	-0.0812	0.3979	0.2548	-0.9623	0.8871

表 7-10　4 个模型预测西安 AQI 的训练输出的误差 MSE、RMSE 和 MAPE

误　　差	LDIW-PSO	NDIW-PSO	GLbestIW-PSO	EDIW-PSO
MSE(E+02)	3.6565	2.6560	3.5800	2.5389
RMSE	0.2239	0.1846	0.1935	0.1350
MAPE/%	3.2143	2.9898	3.1684	2.8644

表 7-11　4 个模型对西安 AQI 的预测输出的误差 MSE、RMSE 和 MAPE

误　　差	LDIW-PSO	NDIW-PSO	GLbestIW-PSO	EDIW-PSO
MSE(E+02)	6.4862	5.2236	6.0768	4.9985
RMSE	0.0111	0.0096	0.0113	0.0080
MAPE/%	8.8246	8.1400	8.8342	7.5166

表 7-12　西安 2014 年 2 月 6 日至 2014 年 2 月 10 日这 4 个模型的 AQI 预测输出

天	实际值	LDIW-PSO	NDIW-PSO	GLbestIW-PSO	EDIW-PSO
1	231.2500	224.3392	222.8994	223.3160	234.1575
2	222.0000	247.3886	245.6876	243.5894	236.7476
3	280.0000	240.9040	250.5690	249.1804	241.5187
4	215.0000	246.8951	248.3747	254.2518	241.8096
5	247.5000	249.7290	246.5483	243.1647	238.9121

7.4.4　结论

本节提出改进 EDIW-PSO 算法对径向基函数神经网络的中心、宽度和连接权值进行了优化,建立了 EDIW-PSO-RBF 预测模型对西安市 AQI 进行预测。结果表明,与惯性权重为 LDIW、NDIW 和 GLbestIW 的其他 PSO 方法相比,采用所提出的 EDIW 惯性权重的粒子群优化算法具有较好的效果,进而提出 EDIW-PSO-RBF 模型可以很好地应用于其他预测问题。

7.5　基于 TVIW-PSO-GSA 算法与 SVM 的空气质量的等级分类

7.5.1　分类模型

1. TVIW-PSO-GSA 算法

GSA 算法有很强的寻优能力,但有明显的早熟收敛、易陷入局部最优解、收敛速度慢等缺点[254-256],且只利用当前位置的影响来更新位置。将 PSO 算法的群信息交换能力和 GSA 的局部搜索能力相结合得到改进的 GSA 算法,记为 PSO-GSA。

PSO-GSA 算法的速度更新公式为

$$v_i(t+1) = \omega v_i(t) + c_1' r_1' ac_i(t) + c_2' r_2'(g_{best} - X_i(t)) \tag{7-26}$$

式中：c_1'、c_2' 为区间$[0,1]$上的常数；r_1'、r_2' 为区间$[0,1]$上的任意数；g_{best} 为目前最优解，有助于开发全局最优解；ω 为惯性权重；$v_i(t)$ 为第 t 次迭代质点 i 的速度；$ac_i(t)$ 为第 t 次迭代质点 i 的加速度。

为了平衡质点的探索能力和开发能力，本节给出的惯性权重为

$$\omega(t) = \omega_{max}\left(\frac{\omega_{min}}{\omega_{max}}\right)^{\frac{t}{T}} \tag{7-27}$$

记为 TVIW，其中 ω_{max} 和 ω_{min} 分别是惯性权重的最大值和最小值，t 是当前迭代数，T 是最大迭代数，当 $t=0$ 时，$\omega(t)=\omega_{max}$；当 $t=T$ 时，$\omega(t)=\omega_{min}$。区别于原始的 PSO-GSA，惯性权重为方程(7-27)的 PSO-GSA 算法记为 TVIW-PSO-GSA。

速度更新后，质点位置的更新方式为

$$X_i(t+1) = X_i(t) + v_i(t+1) \tag{7-28}$$

2. TVIW-PSO-GSA-SVM 算法

本节利用 TVIW-PSO-GSA 算法优化 SVM 的惩罚参数 C 和核函数参数 γ，记为 TVIW-PSO-GSA-SVM。取 TVIW-PSO-GSA 算法适应度函数为

$$\text{fitness} = \frac{1}{n}\sum_{k=1}^{n}\sum_{i=1}^{m}(y_i^k - \hat{y}_i^k)^2 \tag{7-29}$$

式中：n 为训练样本的个数；y_i^k、$\hat{y}_i^k$ 分别为第 i 个训练样本对应输出的第 k 个分量的预测值和实际值。

TVIW-PSO-GSA-SVM 算法的基本步骤如下：

步骤 1 参数初始化，其中每个粒子是由 C 和 γ 构成，初始化粒子种群(C,γ)。确定种群大小，初始化位置、速度和权重的上、下界，最大迭代次数。

步骤 2 训练 SVM，根据方程(7-29)计算适应度函数。

步骤 3 更新 $G(t)$、$best(t)$、$worst(t)$ 和 $M_i(t)$。

步骤 4 计算粒子的合力。

步骤 5 计算粒子的加速度，并分别根据式(7-26)，式(7-28)和式(7-27)更新粒子的速度、位置和惯性权重。

步骤 6 确定是否满足最佳条件。如果满足，优化过程结束，最优参数为$(C_{best}, \gamma_{best})$，转向步骤 7；否则，返回步骤 2。

步骤 7 通过训练样本建立惩罚参数为 C_{best} 和核函数参数 γ_{best} 的 SVM 分类模型，用测试数据进行验证。

7.5.2 实验

1. 实验设置

TVIW-PSO-GSA 算法中，方程(7-26)中参数 c_1'、c_2' 是正常数，用来调节粒子的

步长大小,都取 1.5。r_1'、r_2' 服从区间 $[0,1]$ 上的均匀分布。本节给出的惯性权重 ω 是从 0.9 递减到 0.2,进而粒子从探索阶段转换到开发阶段。方程(6-4)中 α 的取值与文献[245]一致,GSA 算法中的常数 G_0 是重力常数的初始值,且 $G_0 = 10$。

为了便于比较,PSO-GSA 和 GSA 中 c_1',c_2'、r_1'、r_2'、G_0 和 α 取值与 TVIW-PSO-GSA 中的值一样,且 $\omega = 1$。PSO 算法中加速度系数 $c_1 = c_2 = 1.5$,参数 r_1 和 r_2 服从区间 $[0,1]$ 上的均匀分布,惯性权重 ω 的值取自文献[257]。TVIW-PSO-GSA-SVM、PSO-GSA-SVM、GSA-SVM、GA-SVM 和 PSOSVM 的种群大小为 20,最大迭代次数为 100。

2. 实验结果

影响 AQI 指数的主要因素有 PM2.5、PM10、SO_2、NO_2、O_3、CO。本节选取的 AQI 数据为太原市 2013 年 12 月 2 日至 2018 年 5 月 24 日期间的 1632 天的数据。在这 1632 天,有 101 天等级为 1,830 天等级为 2,474 天等级为 3,133 天等级为 4,76 天等级为 5,18 天等级为 6。在实验中任意选择 1400 天的数据作为 SVM 的训练集,剩余的 232 天的数据作为 SVM 的测试集。

分别利用 TVIW-PSO-GSA、PSO-GSA、GSA、GA 和 PSO 优化 SVM 的参数:惩罚因子 C 和核函数因子 γ,建立了空气质量等级分类模型:TVIW-PSO-GSA-SVM、PSO-GSA-SVM、GSASVM、GA-SVM 和 PSO-SVM。表 7-13 是这 5 个等级分类模型的分类结果。

表 7-13 表明 TVIW-PSO-GSA-SVM 模型有最高的分类准确率 99.14%,而 PSO-GSA-SVM、GSA-SVM、GA-SVM 和 PSO-SVM 的分类准确率分别为 96.12%、90.52%、56.03% 和 58.19%。因此本节所提出的 TVIW-PSO-GSA-SVM 模型不仅有最高的分类准确率,而且还改进了 SVM 的能力,在 AQI 分类问题中避免陷入局部最优解。

表 7-13　5 种模型的 AQI 等级分类结果

模　　型	TVIW-PSO-GSA-SVM	PSO-GSA-SVM	GSA-SVM	GA-SVM	PSO-SVM
分类准确率/%	99.14	96.12	90.52	56.03	58.19
正确分类样本数/总样本数	230/232	223/232	210/232	130/232	135/232

7.5.3　结论

GSA 有较强的探索能力,但具有较慢的搜索过程,而 PSO 有相对快速找到最优解的方法且能有效地优化系统参数的特点,但又易于早熟收敛,特别是处理多峰搜索问题。将 PSO 和 GSA 的优点结合起来,本节建立了惯性权重为 TVIW 的改进的 PSO-GSA,并用其优化 SVM 的参数实现太原市空气质量等级的分类。与 PSO-

GSA-SVM、GSA-SVM、GA-SVM 和 PSO-SVM 相比较，TVIW-PSO-GSA-SVM 方法具有较好分类准确率和高效性。

7.6 基于改进的思维进化算法与 BP 神经网络的 AQI 预测

7.6.1 思维进化算法[258-260]

思维进化算法(Memory Evolution Algorithm，MEA)[258-260]是一种模拟人类思维进化的群体搜索的优化算法。在 MEA 算法中，任意初始化生成一组个体，根据对环境的反应，将每个个体的误差的倒数作为得分，其中得分较高的一部分个体为优胜个体，得分相对较低的个体为临时个体。以优胜个体和临时个体为中心，在其邻域内产生若干个体，从而形成优胜子群体和临时子群体。

趋同和异化是 MEA 算法的两个关键部分，其中趋同是在子群体内部，在局部公告板上面记录所有个体的得分，对得分进行比较，将得分高的作为优胜者，子种群不再产生新的优胜者是趋同过程完成的标志；异化是在全局公告板上面记录每个子种群的得分，将子种群分为优胜子种群和临时子种群，不断地将优胜子种群和其他临时子种群进行比较，当某个临时子种群的得分高于优胜子种群时，将得分较高的临时子种群替换优胜子种群，将替换出的原优胜子种群中的个体释放掉。

为保证解空间内群体数量保持不变，在整个种群中进行搜索找到得分最高的个体，并以该个体为中心形成新的临时子群体。对上述过程不断进行迭代，直到找到最优解，算法结束。

7.6.2 改进的 MEA 算法

MEA 算法是任意初始化种群和子种群，为了避免重复搜索，提高效率，增加种群的多样性，本节借鉴 PSO 中的粒子移动更新位置的行为和遗传算法(GA)的交叉和变异算子，提出了改进的 MEA 算法，记为 MEA-PSO-GA。

以得分最高的个体为中心，随机产生一个种群，对种群中个体的速度和位置随机进行初始化，根据 PSO 算法，种群中个体通过个体极值和群体极值更新自身的速度和位置的公式如下：

$$v_{id}^{k+1} = \omega v_{id}^k + c_1 r_1 (P_{id}^k - X_{id}^k) + c_2 r_2 (P_{gd}^k - X_{id}^k) \tag{7-30}$$

$$X_{id}^{k+1} = X_{id}^k + v_{id}^{k+1} \tag{7-31}$$

将种群中的个体任意两两配对，按一指定概率 P_c 对第 k 个染色体 a_k 和第 l 个染色体 a_l 在 j 位进行 GA 的交叉操作：

$$\begin{cases} a_{kj} = a_{kj}(1-b) + a_{lj}b \\ a_{lj} = a_{lj}(1-b) + a_{kj}b \end{cases} \tag{7-32}$$

式中：b 为区间[0,1]的随机数。

选取第 i 个个体的第 j 个基因 a_{ij} 进行 GA 的变异操作：

$$a_{ij} = \begin{cases} a_{ij} + (a_{ij} - a_{\max}) \times f(g), & r > 0.5 \\ a_{ij} + (a_{\min} - a_{ij}) \times f(g), & r \leqslant 0.5 \end{cases} \tag{7-33}$$

式中：$a_{\max}$ 为基因 a_{ij} 的上界；$a_{\min}$ 为基因 a_{ij} 的下界；$f(g) = r_2 \left(1 - \dfrac{g}{G_{\max}}\right)^2$，$r_2$ 为一个随机数，g 为当前迭代次数，$G_{\max}$ 为最大进化代数；r 为区间 $[0, 1]$ 的随机数。

7.6.3　基于 MEA-PSO-GA 的 BP 神经网络

将 MEA-PSO-GA 算法优化 BP 神经网络的参数，建立预测模型 MEA-PSO-GA-BP，其流程图如图 7-4 所示，具体步骤如下：

步骤 1　将数据进行归一化，以确保所有的变量的值缩小到 0 和 1 之间变化。本节采用的归一化方法：

$$RN = \frac{R - R_{\min}}{R_{\max} - R_{\min}} \tag{7-34}$$

式中：R 为样本数据；RN 为 R 的归一化值；$R_{\min}$ 为 R 的最小值；$R_{\max}$ 为 R 的最大值。

步骤 2　初始化。在解空间随机产生 S 个个体，并通过对每个个体的得分进行计算，优胜者从 $M + T$ 个得分较高的个体中进行选择。

步骤 3　产生初始群体。分别以每一个优胜者为中心，随机产生 N_j 个个体，构

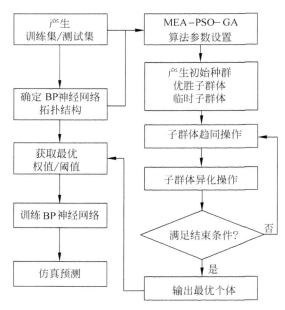

图 7-4　MEA-PSO-GA-BP 算法框架

成 M 个优胜子群体、T 个临时子群体。

步骤 4　趋同操作。在每一子群体内,对每一个体的得分进行计算,优胜者为得分最高的个体,利用式(7-30)~式(7-33)以优胜个体为中心产生新的子群体。对每个子群体进行趋同操作,直到子群体成熟,即得分不再发生改变。在算法中将优胜者的得分作为子群体的得分。

步骤 5　异化操作。若某一优胜子群体比某一临时子群体的得分低时,用此临时子群体将优胜子群体进行替换,含有 M_r 个个体的优胜子群体被放弃。当一个临时子群体得分小于任意优胜子群体的得分时,它将不再对全局产生影响从而被放弃,被放弃的临时子群体个数记为 T_w。

步骤 6　在全局公告板信息指导下,在解空间中按照子种群产生过程重新产生 $M_r + T_w$ 个临时子群体。

步骤 7　如果满足收敛条件(收敛性判别的依据:当全局公告板优胜者的得分不再发生改变时,则认为收敛),则执行步骤 8,否则返回步骤 4。

步骤 8　训练 BP 神经网络。

步骤 9　计算测试样本的均方根误差(RMSE)、平均绝对误差(MAE)和相对误差(MAPE)。

7.6.4　空气质量指数预测结果及分析

1. 数据源

本节选取的数据是 2014 年 1 月 1 日至 2017 年 4 月 14 日太原市日空气质量数据,共 1200 组数据。模型 MEA-PSO-GA-BP 的输入变量为第 t 天的 7 个指标:AQI、PM2.5、PM10、SO_2、NO_2、O_3 和 CO,输出变量为第 $t+1$ 天的 AQI。

2. 实验结果与分析

在 1200 组数据中,选取 2014 年 1 月 1 日至 2017 年 3 月 25 日的 1180 组数据作为训练集,2017 年 3 月 26 日至 2017 年 4 月 14 日的 19 组数据作为测试集,即用 2017 年 3 月 26 日至 2017 年 4 月 13 日的空气质量的 7 个指标预测 2017 年 3 月 27 日至 2017 年 4 月 14 日的 AQI。

分别利用 MEA-BP、MEA-PSO-BP、MEA-GA-BP 和 MEA-PSO-GA-BP 模型进行预测,预测结果如表 7-14 所列,独立运行每个模型 20 次,取误差的均值,4 种算法误差对比如表 7-15 所列。

表 7-14　各预测模型的预测值与实测值比较

日　　期	AQI 实测值	MEA-BP	MEA-PSO-BP	MEA-GA-BP	MEA-PSO-GA-BP
3 月 27 日	74	66.2	60.9	69.6	66.4
3 月 28 日	80	86.2	86.9	90.4	84.3
3 月 29 日	90	85.3	82.4	84.2	82.7

续表

日　　　期	AQI 实测值	MEA-BP	MEA-PSO-BP	MEA-GA-BP	MEA-PSO-GA-BP
3 月 30 日	80	97.0	102.3	104.5	100.0
3 月 31 日	62	92.1	87.1	93.3	85.4
4 月 01 日	74	76.5	71.3	78.6	74.0
4 月 02 日	89	84.1	81.1	88.3	79.7
4 月 03 日	101	94.6	97.7	101.1	100.7
4 月 04 日	63	100.5	105.2	102.2	98.8
4 月 05 日	79	73.6	73.2	76.9	73.3
4 月 06 日	89	79.8	81.5	84.8	80.4
4 月 07 日	127	84.3	100.1	92.7	94.5
4 月 08 日	78	99.0	109.1	97.1	92.5
4 月 09 日	31	82.9	77.4	78.6	77.9
4 月 10 日	107	63.1	58.4	63.9	63.2
4 月 11 日	104	111.6	106.4	114.5	101.5
4 月 12 日	88	93.9	92.9	92.6	88.4
4 月 13 日	97	100.0	97.7	106.1	94.1
4 月 14 日	101	107.0	102.5	107.7	101.1
AQI 类别准确数		14	12	13	16
AQI 类别准确率		73.68%	63.16%	68.42%	84.21%

表 7-15　各预测模型的预测误差结果比较

模　　　型	MEA-BP	MEA-PSO-BP	MEA-GA-BP	MEA-PSO-GA-BP
RMSE	22.948	22.709	22.421	21.277
MAE	16.881	16.596	16.561	15.438
MAPE/%	24.65	24.77	24.55	23.18

　　由表 7-14 可得,4 种预测模型 MEA-BP、MEA-PSO-BP、MEA-GA-BP 和 MEA-PSO-GA-BP 对 2017 年 3 月 27 日至 2017 年 4 月 14 日这 19 天的 AQI 等级的分类准确率分别为 73.68%、63.16%、68.42% 和 84.21%。由表 7-15 可以看出,MEA-PSO-GA-BP 模型的预测误差 RMSE、MAE 和 MAPE 分别为 21.277,15.438,23.18%,低于其他 3 种模型的误差。因此,MEA-PSO-GA-BP 预测准确率比其他 3 种模型都高,更加适合预测 AQI 的未来变化趋势。

7.6.5　结论

　　本节将粒子群算法(PSO)与遗传算法(GA)和思维进化算法相结合得到混合算法 MEA-PSO-GA,并将 MEA-PSO-GA 算法优化 BP 神经网络的参数建立了预测模型 MEA-PSO-GA-BP 对太原市空气质量指数进行预测。结果表明 MEA-PSO-GA-BP 在预测精度、误差率和可靠性方面搜索速度更优。

7.7　基于飞蛾扑火算法与支持向量机的空气质量指数预测

2015 年,Seyedali Mirjalili 提出了一种新颖的元启发算法——飞蛾扑火算法(MFO)[33]。飞蛾通过一种特殊的横向定位机制进行导航,在飞行中保持相对于月球的固定角度。当飞蛾看到人造光时,它们试图保持与光线相似的角度直线飞行,由于这样的光线比月球的距离近很多,因此飞蛾会以螺旋飞行路径收敛于光。

7.7.1　飞蛾扑火优化算法[33]

MFO 算法中,假设候选解是飞蛾和火焰,区别在于迭代中更新方式的不同。飞蛾的集合用矩阵 $\boldsymbol{M}$ 表示,矩阵 $\boldsymbol{OM}$ 表示蛾的适应度值,火焰的集合用矩阵 $\boldsymbol{F}$ 表示,矩阵 $\boldsymbol{OF}$ 表示火焰的适应度值,表示如下:

$$\boldsymbol{M} = \begin{bmatrix} m_{11} & m_{12} & \cdots & m_{1d} \\ m_{21} & m_{22} & \cdots & m_{2d} \\ \vdots & \vdots & & \vdots \\ m_{n1} & m_{n2} & \cdots & m_{nd} \end{bmatrix}, \quad \boldsymbol{OM} = \begin{bmatrix} OM_1 \\ OM_2 \\ \vdots \\ OM_n \end{bmatrix} \tag{7-35}$$

$$\boldsymbol{F} = \begin{bmatrix} F_{11} & F_{12} & \cdots & F_{1d} \\ F_{21} & F_{22} & \cdots & F_{2d} \\ \vdots & \vdots & & \vdots \\ F_{n1} & F_{n2} & \cdots & F_{nd} \end{bmatrix}, \quad \boldsymbol{OF} = \begin{bmatrix} OF_1 \\ OF_2 \\ \vdots \\ OF_n \end{bmatrix} \tag{7-36}$$

式中: n 为飞蛾的数量; d 为变量的数量(维数)。

MFO 算法是一个三元组,定义如下:

$$\mathrm{MFO} = (I, P, T) \tag{7-37}$$

其中 I 是生成任意飞蛾种群和相应适应度值的函数,定义为

$$I: \phi \to \{\boldsymbol{M}, \boldsymbol{OM}\} \tag{7-38}$$

P 函数是主函数,在搜索空间邻域内移动蛾的位置。该函数将 $\boldsymbol{M}$ 矩阵映射为更新的 $\boldsymbol{M}$ 矩阵:

$$P: \boldsymbol{M} \to \boldsymbol{M} \tag{7-39}$$

若满足终止条件,则 T 函数返回 true,否则返回 false:

$$T: \boldsymbol{M} \to \{\mathrm{true}, \mathrm{false}\} \tag{7-40}$$

变量的上界和下界分别定义为

$$ub = (ub_1, ub_2, \cdots, ub_n) \tag{7-41}$$

$$lb = (lb_1, lb_2, \cdots, lb_n) \tag{7-42}$$

式中: ub_i 和 lb_i 分别为第 i 个变量的上界和下界。

初始化后,主函数 P 函数迭代运行,直到 T 函数返回 true。每只飞蛾相对于火

焰的位置更新方式为

$$M_i = S(M_i, F_j) \tag{7-43}$$

式中：M_i 为第 i 只飞蛾；F_j 为第 j 个火焰；S 为螺旋函数。

飞蛾在进行螺旋飞行的时候，满足飞蛾是螺旋的起点，终点是火焰，且螺旋范围在搜索空间内的条件，飞蛾的主要更新机制可以采用任意类型的螺旋。在 MFO 算法中，选择对数螺旋作为飞蛾的主要更新机制，模拟了飞蛾的螺旋飞行的路径，螺旋定义如下：

$$S(M_i, F_j) = D_i \cdot e^{bt} \cdot \cos(2\pi t) + F_j \tag{7-44}$$

其中 D_i 表示第 j 个火焰和第 i 个飞蛾的距离，定义为

$$D_i = | F_j - M_i | \tag{7-45}$$

b 是用于定义对数螺旋形状的常数，t 是 $[-1,1]$ 中的随机数。

在方程（7-44）中，位置更新仅要求飞蛾扑向火焰，但这可能使得 MFO 算法很快陷入局部最优。为了避免发生这种情况，在方程（7-44）中每只飞蛾仅利用其中一个火焰更新位置。每次迭代和更新火焰后，根据适应度值对火焰进行排序。然后飞蛾根据对应的火焰更新位置。第一只飞蛾总是根据最佳火焰更新位置，而最后一只飞蛾总是根据最差火焰更新位置。

火焰的数量 flame_no 定义为

$$\text{flame\_no} = \text{round}\left(N - L \times \frac{N-2}{T}\right) \tag{7-46}$$

式中：L 为当前迭代次数；N 为火焰数；T 为最大迭代次数。

7.7.2 MFO-SVM 算法

本节将支持向量机的惩罚因子 C 和径向基核函数的参数 γ 作为 MFO 算法的优化变量，K-CV 意义下的准确率作为 MFO 中的适应度函数，建立了 MFO-SVM 模型，对空气质量等级进行分类。

MFO-SVM 算法具体步骤如下：

步骤 1 原始数据信息粒化，每 4 天作为一个粒化窗口，采用三角模糊粒子作为隶属度函数，找到每个窗口的最小值 Low、平均值 R 和最大值 Up。隶属度函数如下：

$$f(x, a, m, b) = \begin{cases} 0, & x < a \\ \dfrac{x-a}{m-a}, & a \leqslant x \leqslant m \\ \dfrac{b-x}{b-m}, & m < x \leqslant b \\ 0, & x > b \end{cases} \tag{7-47}$$

式中：a 为最小值 Low；m 为平均值 R；b 为最大值 Up。

步骤 2　考虑到数据的广泛范围,对 Low、R 和 Up 归一化,以确保所有的变量的值在 $0\sim5$ 之间变化。本节采用的归一化如下:

$$PN = \frac{P - P_{\min}}{P_{\max} - P_{\min}} \tag{7-48}$$

式中:P 是样本数据,PN 是 P 的归一化值,$P_{\min}$ 是 P 的最小值,$P_{\max}$ 是 P 的最大值。

步骤 3　确定适应度函数。K-CV 意义下的准确率作为 MFO 中的适应度函数。

步骤 4　初始化任意的飞蛾群体。

步骤 5　计算适应度函数值,判断是否满足终止条件(最大进化代数),如果满足,则执行步骤 7,否则执行步骤 6。

步骤 6　通过飞蛾排序、更新火焰数量和更新飞蛾相对火焰位置找到最优解 C,γ。

步骤 7　输出最优解 C、γ。

步骤 8　MFO-SVM 算法采用最优的 C,γ 训练数据,将决定系数 R^2 和平均绝对百分比误差 MAPE 作为评估指标。

7.7.3　实验

1. 数据源

本节采用的数据来源于中华人民共和国环境保护部(http://datacenter. mep. gov. cn/index)发布的山西省太原市和大同市 2015 年 1 月 1 日至 2017 年 3 月 10 日的日空气质量数据,共计 800 组。选取第 t 天 7 个指标:AQI、PM2.5、PM10、SO_2、CO、NO_2 和 O_3 作为输入变量,输出变量为第 $t+1$ 天的 AQI,并按照预测等级划分为 6 类。

2. 实验结果

选取山西省太原市和大同市 2015 年 1 月 1 日至 2017 年 3 月 10 日共 800 组数据作为训练集,其中每 4 天作为一个粒化窗口,一共 200 个粒化窗口,在实验中用 2015 年 1 月 1 日至 2017 年 3 月 10 日 200 个粒化窗口的空气质量的 7 个指标预测第 201 个粒化窗口,即 2017 年 3 月 11 日至 2017 年 3 月 14 日的 AQI 最小值、平均值和最大值。本节中实验环境为 Windows 64 位 PC 计算机,数学软件为 MATLAB R2014a,分别用 SVM 算法、PSO-SVM 算法、GA-SVM 算法和 MFO-SVM 算法进行预测,表 7-16 为 2017 年 3 月 11 日至 2017 年 3 月 14 日的 AQI 实测值,表 7-17 和表 7-18 为各预测模型分别对太原市和大同市这 4 天 AQI 指数范围的预测。

表 7-16　AQI 实测值

城　　市	3 月 11 日	3 月 12 日	3 月 13 日	3 月 14 日
太原市	98	59	69	88
大同市	67	46	57	64

表 7-17　各模型对太原市 AQI 的预测结果比较

模　　　型	SVM	PSO-SVM	GA-SVM	MFO-SVM
AQI 预测变化范围	[40,83]	[37,87]	[52,123]	[53,118]
AQI 预测均值	60	61	62	94
R^2	0.5764	0.5810	0.9901	0.9946
MAPE/%	33.13	32.35	2.16	0.92

表 7-18　各模型对大同市 AQI 的预测结果比较

模　　　型	SVM	PSO-SVM	GA-SVM	MFO-SVM
AQI 预测变化范围	[51,92]	[45,79]	[43,79]	[44,68]
AQI 预测均值	75	64	62	63
R^2	0.4075	0.3351	0.9838	0.9904
MAPE/%	20.67	23.15	1.67	0.91

由表 7-17 和表 7-18 可以看出,MFO-SVM 算法在模型 R^2 和 MAPE 方面都优于其他 3 种模型,并且 MFO-SVM 算法预测的 AQI 变化范围与实际情况完全符合,平方相关系数接近 100%,误差较小,从而该算法更优。

7.7.4　结论

本节将 MFO 算法与 SVM 相结合对山西省太原市和大同市的空气质量指数进行预测,结果表明 MFO-SVM 算法与实际情况完全符合,更加适合预测 AQI 的未来变化趋势,从而更好地指导人们的生产实践。因此,MFO-SVM 算法在预测精度、误差率和可靠性方面更优。

7.8　本章小结

本章的内容取自文献[50,134,198,261-263]。本章讨论了改进的飞鼠优化算法优化 SVM 的参数,改进的鲸优化算法与粒子群算法相结合优化多元回归模型的参数,改进的粒子群算法优化径向基神经网络的参数,引力搜索算法与粒子群相结合的算法优化 SVM 的参数,改进的思维进化算法优化 BP 神经网络的参数,以及飞蛾扑火算法优化 SVM 的参数实现空气质量指数的预测和空气质量等级分类,这些结果有望应用于人类生产实践中,从而提前做好防范措施。关于空气质量的研究还有很多,可以参见文献[264-266]。

第 8 章

股市指数预测

8.1 引言

在经济环境、政治政策、产业发展、市场新闻、自然因素等多种因素的影响下,股票具有动态性和广泛的变异性,股票市场的高度非线性和复杂的维数使对其进行预测成为一个极具挑战性的课题[267-268]。准确预测股票价格可以为投资者提供更多在证券交易所获得利润的机会,但预测股票价格是一个困难的问题。搜索引擎 Google 提供对不同搜索词的查询量汇总信息的访问且这些查询量是随时间变化的,这些都是通过在线搜索工具 Google Trends 实现的。从 Google Trends 来看,由于互联网的普及,人们可以观察到类似的股票暴涨模式。这些数据不仅反映了股票的变化,而且还可以用来预测未来的某些趋势[269]。

本章是在群智能算法与机器学习的基础上研究美国两大股票指数和中国上证综合指数的预测。

8.2 基于改进的正余弦算法的股票指数预测

本节将改进的正余弦算法(SCA)优化 BP 神经网络的参数对美国的两类股票指数进行预测,命中率作为衡量模型的指标,同时考虑了 Google Trends 对股票指数的影响。

8.2.1 正余弦算法[37]

2016 年,Mirjalili 提出了求解优化问题的基于种群的 SCA 算法[37]。SCA 算法是利用正弦和余弦函数的数学模型来生成多个趋向最优解的初始任意候选解。SCA

算法中探索阶段和开发阶段的位置更新公式如下：

$$X_i^{t+1} = X_i^t + r_1 \times \sin r_2 \times |r_3 P_i^t - X_i^t| \tag{8-1}$$

$$X_i^{t+1} = X_i^t + r_1 \times \cos r_2 \times |r_3 P_i^t - X_i^t| \tag{8-2}$$

式中：X_i^t 为第 t 次迭代中第 i 个个体的位置；r_1、r_2、r_3 为任意数；P_i^t 为第 t 次迭代中第 i 个个体的目标位置；$|\ |$ 为绝对值。

方程(8-1)和方程(8-2)组合起来如下：

$$X_i^{t+1} = \begin{cases} X_i^t + r_1 \times \sin r_2 \times |r_3 P_i^t - X_i^t|, & r_4 < 0.5 \\ X_i^t + r_1 \times \cos r_2 \times |r_3 P_i^t - X_i^t|, & r_4 \geqslant 0.5 \end{cases} \tag{8-3}$$

式中：r_4 为区间 $[0,1]$ 上的任意数。

方程(8-3)中，SCA 中有 4 个主要参数 r_1、r_2、r_3、r_4，其中 r_1 是确定下一个位置的邻域，该邻域在候选解与最优解之间或之外；r_2 是候选解趋向最优解或远离最优解的距离；r_3 是赋予候选解的任意权重，$r_3 > 1$ 和 $r_3 < 1$ 分别表示候选解的重要性和不重要性；r_4 确定了方程(8-3)在正弦和余弦分量之间的切换。

SCA 算法中，根据方程(8-4)，方程(8-1)～方程(8-3)中正余弦的范围自适应地变化平衡了探索阶段和开发阶段：

$$r_1 = a - \frac{at}{T} \tag{8-4}$$

式中：t 为第 t 次迭代；T 为最大迭代次数；a 为常数。

SCA 算法是先通过一组任意解开始优化过程，再将目前为止获得的最优解指定为目标，根据目标更新其他解。同时更新了正弦和余弦函数的范围，随着迭代次数的增加加强搜索空间的开发。

8.2.2　预测模型

1. 改进的正余弦算法

本节中在 SCA 算法中引入了参数 ω，得到改进的 SCA，记为 ISCA。在 ISCA 中，位置更新方程为

$$X_i^{t+1} = \omega \times X_i^t + r_1 \times \sin r_2 \times |r_3 P_i^t - X_i^t| \tag{8-5}$$

$$X_i^{t+1} = \omega \times X_i^t + r_1 \times \cos r_2 \times |r_3 P_i^t - X_i^t| \tag{8-6}$$

式中：X_i^t、r_1、r_2、r_3、P_i^t、$|\ |$ 的含义如前；ω 为参数。显然，当 $\omega = 1$ 时，ISCA 就是 SCA。

将方程(8-5)和方程(8-6)联立起来，如下：

$$X_i^{t+1} = \begin{cases} \omega \times X_i^t + r_1 \times \sin r_2 \times |r_3 P_i^t - X_i^t|, & r_4 < 0.5 \\ \omega \times X_i^t + r_1 \times \cos r_2 \times |r_3 P_i^t - X_i^t|, & r_4 \geqslant 0.5 \end{cases} \tag{8-7}$$

其中 r_4 的含义如前。

类似于 SCA 算法,ISCA 算法有 4 个主要参数:r_1、r_2、r_3、r_4,任取 $r_2 \in [0, 2\pi]$,且 $r_1 = a - \dfrac{at}{T}$,$a = 2$。

2. ISCA-BP 预测模型

利用 ISCA 优化只有一个隐含层的 BP 神经网络的权值和偏差,建立了 ISCA-BPNN 模型。ISCA 中,共有 p 个候选解,T 为最大迭代次数。$ISCA$ 通过这 p 个候选解在 T 次迭代中找到全局最优解。每个候选解 L 是一个向量,映射为 BP 神经网络的参数:输入层与隐含层的连接权值 $w_{ji}^0 (i=1,2,\cdots,m; j=1,2,\cdots,n)$,隐含层与输出层的连接权值 $w_{sj}^1 (j=1,2,\cdots,n; s=1,2,\cdots,r)$,隐含层的偏差 $b_j (j=1,2,\cdots,n)$,输出层的偏差 $b_s' (s=1,2,\cdots,r)$。因此,ISCA-BPNN 中每个候选解 L 的维数 D 为 $m \times n + n + n \times r + r$。

将每个候选解 L 映射到 BP 神经网络的参数得到 BP 神经网络的预测输出,ISCA-BPNN 的适应度函数定义为

$$\text{fitness} = \frac{1}{Q} \sum_{i=1}^{Q} (y_i - \hat{y}_i)^2 \tag{8-8}$$

式中:$\hat{y}_i$ 和 y_i 分别为第 i 个样本的实际值与预测值;Q 为样本个数。

ISCA-BPNN 预测模型的流程图,如图 8-1 所示。

8.2.3 实验

1. 数据源

本节考虑了美国的标准普尔 500 指数(Standard Poor's 500 index,S&P500)和道琼斯工业平均指数(Dow Jones Industrial Average,DJIA)两种股票指数进行研究。所采用的数据包括两类:Yahoo Finances 下载的 2010 年 1 月 1 日至 2017 年 6 月 16 日期间 1877 个交易日的数据和通过两个特殊关键词"S&P500"和"DJIA"在引擎搜索 Google 上获得的相应时间周期内的 Google Trends 数据。利用这两类数据预测 S&P500 和 DJIA 的走势。

先将 S&P500 和 DJIA 数据以及对应的 Google Trends 数据进行归一化,归一化的方式为

$$y = y_{\min} + (y_{\max} - y_{\min}) \frac{x - x_{\min}}{x_{\max} - x_{\min}} \tag{8-9}$$

式中:x 为原始数据;$x_{\min}$ 和 $x_{\max}$ 分别为原始数据的最小值和最大值;y 为归一化后的数据;$y_{\min}$ 和 $y_{\max}$ 分别为 x 归一化后的最小值和最大值。本节中,$y_{\min} = -1$ 和 $y_{\max} = 1$。

本节采用命中率(hit ratio)作为衡量预测性能的标准,其中命中率是指预测走势所占的百分比,定义为

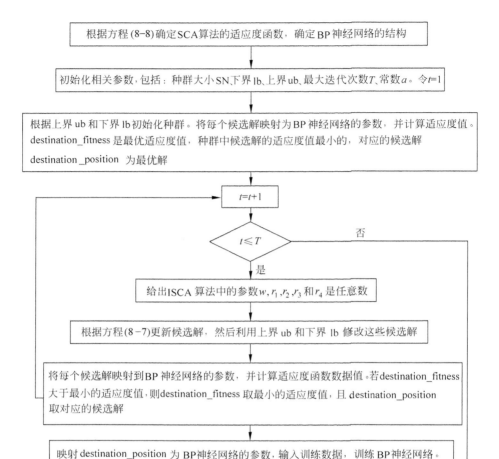

图 8-1 ISCA-BPNN 的流程图

$$命中率 = \frac{1}{s}\sum_{i=1}^{s}P_i \tag{8-10}$$

$$P_i = \begin{cases} 1, & (y_{i+1}-y_i)(\hat{y}_{i+1}-\hat{y}_i) > 0 \\ 0, & 其他 \end{cases} \tag{8-11}$$

式中：P_i 为第 i 个交易日由方程(8-11)确定的值；$\hat{y}_i$ 和 y_i 分别为第 i 个交易日的实际开盘价和预测开盘价；s 为样本的个数。

2. 模型

本节采用两种方式分别预测 S&P500 或 DJIA 的开盘价的走势：一种方式利用当天的开盘价、最高价、最低价、收盘价、交易量，预测第二天的开盘价，记为类型Ⅰ(Type Ⅰ)；另一种方式利用当天的开盘价、最高价、最低价、收盘价、交易量、Google

Trends 数据,预测第二天的开盘价,记为类型Ⅱ(Type Ⅱ)。为确保 ISCA-BPNN 模型的预测准确性,对于类型Ⅰ,选择 S&P500 或 DJIA 的 2010 年 1 月 1 日至 2015 年 1 月 28 日期间的 1276 个交易日的数据作为训练集,剩下的 2015 年 1 月 29 日至 2017 年 6 月 16 日期间的 600 个交易日的数据作为测试集;对于类型Ⅱ,选择 S&P500 或 DJIA 和对应的 GoogleTrends 数据的 2010 年 1 月 1 日至 2015 年 1 月 28 日期间的 1276 个交易日的数据作为训练集,剩下的 2015 年 1 月 29 日至 2017 年 6 月 16 日期间的 600 个交易日的数据作为测试集。

对于类型Ⅰ,数据集包括 5 个输入特征:开盘价、最高价、最低价、收盘价、交易量;对于类型Ⅱ,数据集包括 6 个输入特征:开盘价、最高价、最低价、收盘价、交易量、Google Trends 数据。将下一个交易日的开盘价作为类型Ⅰ和类型Ⅱ的输出。例如,表 8-1 列出了 DJIA 在 2012 年 9 月 13 日和 2012 年 9 月 14 日的开盘价、最高价、最低价、收盘价、交易量、Google Trends 数据。向量(13329.70996,13573.33008,13325.11035,13539.86035,151770000)是类型Ⅰ的一个输入,而向量(13329.70996,13573.33008,13325.11035,13539.86035,151770000,13)是类型Ⅱ的一个输入。2012 年 9 月 14 日的开盘价是 2012 年 9 月 13 日上述这两个向量的目标输出。

表 8-1　DJIA 的两个交易日

数据	开盘价	最高价	最低价	收盘价	交易量	Google Trends
2012 年 9 月 13 日	13329.70996	13573.33008	13325.11035	13539.86035	151770000	13
2012 年 9 月 14 日	13540.40039	13653.24023	13533.94043	13593.37012	185160000	25

本节采用的 BPNN 的结构是 $m-n-r$ 结构,其中 m 是输入变量的个数,n 是隐含层神经元节点数,r 是输出层神经元节点数。类型Ⅰ中,$m=5$,$r=1$;类型Ⅱ中,$m=6$,$r=1$。经过大量的实验,BPNN 的训练次数设为 5000,动量因子设为 0.95,学习率设为 0.002。还选取了灰狼算法(GWO)、粒子群算法(PSO)和鲸优化算法(WOA)优化 BPNN,分别得到模型 GWO-BPNN、PSO-BPNN 和 WOA-BPNN。将每个模型独立运行 10 次。ISCA-BPNN、SCA-BPNN、GWO-BPNN、PSO-BPNN 和 WOA-BPNN 的 BPNN 部分的参数的设置与 BPNN 相同,ISCA、SCA、GWO、PSO 和 WOA 的种群大小和迭代分别设置为 30 和 500,特别是 PSO 算法的惯性权重的设置与 ISCA 中的参数 ω 一致。

3. ISCA 中参数 ω 的分析

在 ISCA 中,选取的参数 ω 为

$$\omega = \left(1 - \left(\frac{t}{T}\right)^{c_1}\right)\left(1 + c_2\left(\frac{t}{T}\right)^{c_2}\right) \tag{8-12}$$

式中:T 为最大迭代次数;$c_1 \in [0,1]$ 和 $c_2 \in [1,2]$ 是两个正实数。

为了确定 ISCA-BPNN 中的 c_1 和 c_2,c_1 以步长 0.1 从 0 变化到 1,c_2 以步长 0.1 从 1 变化到 2。以 S&P500 指数为例,仅运行 ISCA-BPNN(隐含层的神经元的个数

为 10)一次,得到 121 个命中率,如图 8-2 所示。在图 8-2 中,对于类型 I,当 $c_1 = 0.4$ 和 $c_2 = 1.6$ 时,最大命中率为 86.64%;对于类型 II,当 $c_1 = 0.1$ 和 $c_2 = 1.2$ 时,最大命中率为 86.64%。最后,基于上述的 c_1 和 c_2,运行隐含层的神经元个数 n 从 3 变化到 20 的 ISCA-BPNN 各一次,得到当 $n = 10$ 时类型 I 和类型 II 的最大命中率为 86.64%,如图 8-3 所示。

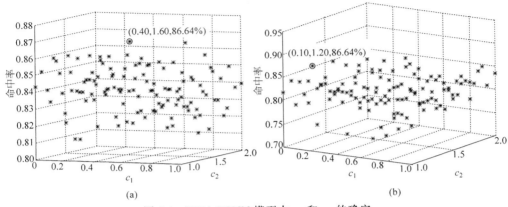

图 8-2　ISCA-BPNN 模型中 c_1 和 c_2 的确定
(a) 类型 I;(b) 类型 II

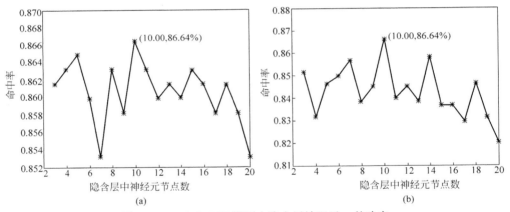

图 8-3　ISCA-BPNN 模型中隐含层神经元 n 的确定
(a) 类型 I;(b) 类型 II

4. 实验结果

为了便于比较,称模型 BPNN、GWO-BPNN、PSO-BPNN、WOA-BPNN、SCA-BPNN 和 ISCA-BPNN 分别为模型 1、模型 2、模型 3、模型 4、模型 5 和模型 6。为了便于讨论,ISCA-BPNN 利用与预测 S&P500 相同的参数 ω、n 预测 DJIA 的走势。

基于上述选择的参数,首先训练这 6 个模型以及测试对应的模型,然后将归一化的输出值进行反归一化,进而计算每个模型的命中率。对类型 I 和类型 II,($c_1 = 0.3$,

$c_2=2$)或($c_1=0.1,c_2=1.2$)或($c_1=0.4,c_2=1.6$)和 $n=10$ 重复做实验 10 次,得到这 6 个模型的最高命中率和平均命中率,相应的结果如表 8-2 和表 8-3 所列。这两个表列出了这两种类型下这 6 个模型得到 S&P500 和 DJIA 的测试输出的命中率的平均值和最大值。

表 8-2　S&P500 的命中率 %

模　　　型	类型 I		类型 II	
	最大值	平均值	最大值	平均值
模型 1(BPNN)	82.47	71.30	78.13	71.84
模型 2(GWO-BPNN)	85.48	83.89	85.64	84.26
模型 3(PSO-BPNN),其中 $c_1=0.1,c_2=1.2$	83.84	82.59	84.81	81.12
模型 3(PSO-BPNN),其中 $c_1=0.4,c_2=1.6$	83.14	81.22	84.97	81.65
模型 3(PSO-BPNN),其中 $c_1=0.3,c_2=2$	84.31	81.24	85.14	81.70
模型 4(WOA-BPNN)	85.48	82.87	85.64	83.46
模型 5(SCA-BPNN)	84.64	82.94	86.14	84.02
模型 6(ISCA-BPNN),其中 $c_1=0.1,c_2=1.2$	86.48	84.09	86.64	84.87
模型 6(ISCA-BPNN),其中 $c_1=0.4,c_2=1.6$	86.64	84.32	86.64	84.39
模型 6(ISCA-BPNN),其中 $c_1=0.3,c_2=2$	85.64	83.64	86.81	84.17

注:类型 I 是不含 Google Trends,类型 II 含 Google Trends。

表 8-3　DJIA 的命中率 %

模　　　型	类型 I		类型 II	
	最大值	平均值	最大值	平均值
模型 1(BPNN)	84.47	71.94	80.80	73.17
模型 2(GWO-BPNN)	88.48	87.51	88.81	87.76
模型 3(PSO-BPNN),其中 $c_1=0.1,c_2=1.2$	87.65	85.29	88.48	85.71
模型 3(PSO-BPNN),其中 $c_1=0.4,c_2=1.6$	87.31	84.62	85.48	80.30
模型 3(PSO-BPNN),其中 $c_1=0.3,c_2=2$	87.15	83.57	88.15	84.42
模型 4(WOA-BPNN)	88.65	87.26	88.31	86.66
模型 5(SCA-BPNN)	88.31	86.54	88.15	87.11
模型 6(ISCA-BPNN),其中 $c_1=0.1,c_2=1.2$	88.48	87.93	88.98	88.13
模型 6(ISCA-BPNN),其中 $c_1=0.4,c_2=1.6$	88.65	87.95	88.65	87.55
模型 6(ISCA-BPNN),其中 $c_1=0.3,c_2=2$	88.81	87.80	88.65	88.00

注:类型 I 是不含 Google Trends,类型 II 含 Google Trends。

从表 8-2 可以看到,对于类型 I,最大命中率最高的最优模型是模型 6(当 $c_1=0.4$,$c_2=1.6$ 时,命中率 86.64%);对于类型 II,最大命中率最高的最优模型是模型 6(当 $c_1=0.3,c_2=2$ 时,命中率 86.81%)。对于类型 I,平均命中率最高的最优模型是模型 6(当 $c_1=0.4,c_2=1.6$ 时,命中率 84.32%);对于类型 II,平均命中率最高的最优模型是模型 6(当 $c_1 = 0.1$, $c_2 = 1.2$ 时,命中率 84.87%)。

从表 8-3 可以看到,对于类型 I,最大命中率最高的最优模型是模型 6(当 $c_1 = 0.3$, $c_2 = 2$ 时,命中率 88.81%);对于类型 II,最大命中率最高的最优模型是模型 6(当 $c_1 = 0.1$, $c_2 = 1.2$ 时,命中率 88.98%)。对于类型 I,平均命中率最高的最优模型是模型 6(当 $c_1 = 0.4$, $c_2 = 1.6$ 时,命中率 87.95%);对于类型 II,平均命中率最高的最优模型是模型 6(当 $c_1 = 0.1$, $c_2 = 1.2$ 时,命中率 88.13%)。

由表 8-2 和表 8-3 得出,预测 S&P500 和 DJIA 的开盘价的走势,模型 6 对于类型 II 更有效,表明考虑 Google Trends 的模型 6 对投资者是有用的,并且可以很好地预测次日开盘价格的走势。我们还观察到,在同一模型下,预测类型 II 开盘价走势的平均命中率大多大于类型 I 开盘价趋势的平均命中率。从表 8-2 和表 8-3 还可以得到 3 个结论:①Google Trends 数据有助于更准确地预测股价走势;②模型 6 优于其他 5 个模型;③ISCA 比其他启发式算法 SCA、GWO、PSO 和 WOA 优化 BPNN 有更高的性能。

5. 相关结果

对大多数投资者来说,预测股票走势是一个重要的话题,近几年发表的许多研究都集中在对这些走势的预测上。在文献[49]中,Qiu 等人利用遗传算法(GA)优化了 ANN 模型实现了股价走势的预测,并收集了一些已有的结果。本节中将所提出的方法放入文献[49]所列出的结果中,得到表 8-4。值得一提的是,表 8-4 中所列的结果并不是使用相同的数据集得到的。

表 8-4　相关结果

研　究　者	方　　法	股　　票	最大命中率/%
Kim and Han[7,270]	GA 特征离散化	韩国	61.70
Leung et al.[7,271]	分类模型	美国、英国、日本	68 (Nikkei 225)
Huang et al.[7,149]	SVM	日本	75
Kara et al.[7,146]	BPNN	伊斯坦布尔	75.74
Qiu et al.[7]	GA-ANN 混合模型	日本	81.27
本章方法	ISCA-BPNN 混合模型(类型 II)	美国的 S&P500	86.81
	ISCA-BPNN 混合模型(类型 I)	美国的 S&P500	86.64
	ISCA-BPNN 混合模型(类型 II)	美国的 DJIA	88.98
	ISCA-BPNN 混合模型(类型 I)	美国的 DJIA	88.81

8.2.4　结论和讨论

本节选择 S&P500 指数和 DJIA 实现开盘价走势的预测。文献[269]的研究表明,Google Trends 数据反映了当前经济状况的各个方面,也可能为研究期间经济行为体的未来行为趋势提供了一些见解。Google Trends 可以选择一组关键词收集数据。在本节中,我们选择特定的关键词"S&P500"和"DJIA"分别从 Google Trends 中收集数据。

为了克服 BP 算法梯度搜索的局限性,本节提出了基于改进的正余弦算法的 BP 神经网络模型(ISCA-BPNN)对股市走势进行预测,并将所提出的模型 ISCA-BPNN 与 BPNN 模型、GWO-BPNN 模型、PSO-BPNN 模型、WOA-BPNN 模型和 SCA-BPNN 模型进行比较,结果表明所提出的 ISCA-BPNN 模型在预测开盘价的走势中优于其他 5 个模型。本节所采用的数据来源于 Yahoo Finances 下载的 2010 年 1 月 1 日至 2017 年 6 月 16 日期间的 S&P500 指数和 DJIA,我们还使用 Google Trends 提高股票预测的准确率。通过比较,ISCA 能够有效地优化神经网络的参数,并能得到更好的预测结果。考虑 Google Trends 的 ISCA-BPNN 预测 S&P500 和 DJIA 的开盘价的命中率分别达到 86.81% 和 88.98%,结果表明所提出的 ISCA-BPNN 能够预测股价,特别是 Google Trends 有助于预测未来的财务收益。

我们可以从每个交易日获得开盘价、最高价、最低价、收盘价和成交量。本节选择 ISCA-BPNN 模型来预测 S&P500 和 DJIA 的开盘价走势。在未来的研究中,我们将使用优化的神经网络来预测价格和交易量,而不是命中率。此外,我们将使用数据挖掘技术来选择一组与主题相关的关键词,并讨论 Google Trends 是如何影响股价和交易量的。因此,从 Google Trends 来看,最高价、最低价、收盘价和成交量的走势将成为研究的趋势。在未来的研究中,我们将提出新的模型来预测两种以上的股票市场指数,对现有模型采用相同的数据集进行比较,并确定适用于给定时间序列的股票的适当模型。

本节提出的模型是基于改进的 SCA 优化 BP 神经网络建立的。结果表明,该模型适用于 S&P500 和 DJIA 的走势预测。这表明群智能算法能够应用于优化不同人工神经网络的参数,用于预测和分类。因此,我们将提出新的或改进的群智能算法,还希望将多种群智能算法结合起来实现预测与分类。

8.3 基于改进的 Harris 鹰优化算法与极限学习机的股票指数预测

本节所采用的改进的 Harris 鹰优化算法(IHHO)详见第 2 章 SAR 目标识别 2.3.2 节的内容。本节讨论通过 IHHO 算法与极限学习机(Extreme Learning Machine, ELM)相结合的混合算法 IHHO-ELM 对美国的两类股票指数进行预测。

8.3.1 数据源

本节讨论美国的两类股票指数: 标准普尔 500 指数(S&P500)和道琼斯工业平均指数(DJIA)。这两种股票指数是从 Yahoo Finances 网站上下载的从 2014 年 4 月 23 日至 2019 年 4 月 22 日期间的数据,每个数据集构成了 1258×5 的矩阵,其中行数 1258 表示 1258 个交易日,列数表示特征数,其列分别表示开盘价、最高价、最低价、收盘价和当前交易日的交易量,还使用特定关键词"S&P500"和"DJIA"获得相应时期内"买入和卖出"的 Google Trends 数据。本节利用这两类数据集以及相应的 Google Trends 数据来预测 S&P500 和 DJIA 的开盘价。

本节采用两种方式预测 DJIA 和 S&P500 的开盘价。第一种方式是:利用当前交易日的开盘价、最高价、最低价、收盘价和交易量预测第二天的开盘价,命名为类型 I;第二种方式是:利用当前交易日的开盘价、最高价、最低价、收盘价、交易量、买入和卖出 Google Trend 数据预测第二天的开盘价,命名为类型 II。

8.3.2　基于 IHHO 和极限学习机的预测模型

本节利用 IHHO 算法优化 ELM 神经网络的连接权值矩阵 W 和偏差矩阵 b 预测 S&P500 和 DJIA 的开盘价,因此 ELM 的输出层的神经元的个数 $m=1$,这样建立了预测模型,记为 IHHO-ELM。预测模型 IHHO-ELM 的具体步骤如下:

步骤 1　初始化种群的参数,最大迭代次数,隐含层神经元的个数,模型 IHHO-ELM 的终止条件。

步骤 2　将 IHHO 算法中种群的每个个体映射为连接权值矩阵 W 和偏差矩阵 b。对于训练样本 X 及其对应的目标输出矩阵 T,通过 ELM 神经网络得到训练样本对应的输出矩阵 Y。函数

$$o = \frac{1}{Q} \sum_{k=1}^{Q} (y_k - t_k)^2 \tag{8-13}$$

作为 IHHO 算法的适应度函数,其中 Q 是样本数,y_k 和 t_k 分别是第 k 个样本的预测值和实际值。

步骤 3　判断终止条件或迭代是否已经达到最大迭代次数。若是,输出猎物兔子,转步骤 4;否则,利用 IHHO 算法更新个体,建立新的种群,再转步骤 2。

步骤 4　将 IHHO 算法的猎物兔子映射为连接权值矩阵 W 和偏差矩阵 b,这样就建立了预测模型 IHHO-ELM。

评价模型的预测性能的 5 种指标为均方误差(MSE)、平均绝对误差(MAE)、根均方误差(RMSE)、平均绝对百分比误差(MAPE)和决定系数 R^2。

8.3.3　实验结果

本节讨论了通过两类股票指数 S&P500 和 DJIA 预测开盘价。对于类型 I,选择 S&P500 或 DJIA 的 2013 年 4 月 23 日至 2017 年 10 月 17 日之间的 880 个交易日的数据作为训练集,而从 2017 年 10 月 18 日至 2019 年 4 月 22 日之间的 337 个交易日的数据作为测试集。对于类型 II,选择 S&P500 或 DJIA2013 年 4 月 23 日至 2017 年 10 月 17 日之间的 880 个交易日的数据和对应交易日的"买入和卖出"的 Google Trends 数据作为训练集,而 S&P500 或 DJIA 从 2017 年 10 月 18 日至 2019 年 4 月

22 日之间的 337 个交易日的数据和对应交易日的"买入和卖出"的 Google Trends 数据作为测试集。因此,对于类型Ⅰ,训练集和测试集具有 5 个特征:开盘价、最高价、最低价、收盘价和交易量;对于类型Ⅱ,训练集和测试集具有 7 个特征:开盘价、最高价、最低价、收盘价和交易量、买入 Google Trends 和卖出 Google Trends。

在预测模型实现预测前,训练集和测试集通过方程(8-14)预处理区间[1,2]中的数值,

$$y = y_{min} + (y_{max} - y_{min})\frac{x - x_{min}}{x_{max} - x_{min}} \tag{8-14}$$

式中:$y_{min} = 1$,$y_{max} = 2$,x_{min} 和 x_{max} 分别为原始数据的最小值和最大值;x 为原始数据;y 为归一化后的数据。

ELM、PSO-ELM、AT-ELM 和 HHO-ELM 用来与所提出的模型 IHHO-ELM进行比较,且这些模型中参数的设置如表 2-22 所列。另外,模型 ELM、PSO-ELM、AT-ELM、HHO-ELM 和 IHHO-ELM 的 ELM 神经网络部分的隐含层的神经元节点数是输入层神经元节点数的 2 倍。这样对于类型Ⅰ,ELM、PSO-ELM、AT-ELM、HHO-ELM 和 IHHOELM 模型的 ELM 神经网络的结构为 5-10-1;对于类型Ⅱ,ELM、PSO-ELM、AT-ELM、HHOELM 和 IHHO-ELM 模型的 ELM 神经网络的结构为 7-14-1。分别独立运行 5 个模型 ELM、PSO-ELM、AT-ELM、HHO-ELM 和IHHO-ELM20 次。对于类型Ⅰ和类型Ⅱ,分别得到了两种股票指数 DJIA 和S&P500 的平均 MSE、MAE、RMSE、MAPE 和 R^2,如表 8-5 和表 8-6 所列。

表 8-5 和表 8-6 分别给出了 5 个模型 ELM、PSO-ELM、AT-ELM、HHO-ELM和 IHHO-ELM 预测 DJIA 和 S&P500 的平均 MSE、MAE、RMSE、MAPE 和 R^2。

从表 8-5 可以看到股票指数 DJIA,对于类型Ⅰ,IHHO-ELM 模型的平均 MSE、MAE、RMSE 和 MAPE 均达到最小值,分别是 1.0238E+04、7.3739E+01、5.2103E+00 和 2.9678E-01%;对于类型Ⅱ,IHHO-ELM 模型的平均 MSE、MAE、RMSE 和MAPE 均达到最小值,分别是 9.1766E+03、6.9357E+01、4.9333 和 2.7933E-01%。对于类型Ⅰ,IHHO-ELM 模型的 R^2 达到最大值 9.8818E-01;对于类型Ⅱ,IHHO-ELM 模型的 R^2 达到最大值 9.8930E-01。这就说明所提出的模型IHHO-ELM 优于 ELM、PSO-ELM、AT-ELM 和 HHO-ELM。还可以看到类型Ⅰ模型 IHHO-ELM 的平均 MSE、MAE、RMSE 和 MAPE 均大于类型Ⅱ模型 IHHO-ELM 的平均 MSE、MAE、RMSE 和 MAPE,而类型Ⅰ模型 IHHO-ELM 的平均 R^2小于类型Ⅱ模型 IHHO-ELM 的平均 R^2,这也说明了"买入"和"卖出"Google Trends 对股票指数 DJIA 预测有一定的影响。

从表 8-6 可以看到股票指数 S&P500,对于类型Ⅰ,IHHO-ELM 模型的平均MSE、MAE、RMSE 和 MAPE 均达到最小值,分别是 1.5435+02、9.6769E+00、6.3934E-01 和 3.5604E-01%;对于类型Ⅱ,IHHO-ELM 模型的平均 MSE、MAE、

表 8-5　股票指数 DJIA 的平均 MSE、MAE、RMSE、MAPE(%)和 R^2

| | 类型 I | | | | | 类型 II | | | | |
	ELM	PSO-ELM	AT-ELM	HHO-ELM	IHHO-ELM	ELM	PSO-ELM	AT-ELM	HHO-ELM	IHHO-ELM
MSE	1.6783E+05	1.3963E+04	4.9173E+04	1.0453E+04	1.0238E+04	2.7121E+05	3.6662E+04	1.7563E+04	9.3855E+03	9.1766E+03
MAE	3.0360E+02	9.2026E+01	1.4396E+02	7.4732E+01	7.3739E+01	3.8464E+02	1.5008E+02	1.0452E+02	7.0499E+01	6.9357E+01
RMSE	1.8409E+01	6.0368E+00	9.0599E+00	5.2613E+00	5.2103E+00	2.3509E+01	9.2833E+00	6.7120E+00	4.9886E+00	4.9333E+00
MAPE/%	120.04	36.768	57.179	30.076	29.678	152.26	59.532	41.648	28.389	27.933
R^2	9.6262E-01	9.8810E-01	9.8611E-01	9.8815E-01	9.8818E-01	9.1144E-01	9.8650E-01	9.8743E-01	9.8919E-01	9.8930E-01

表 8-6　股票指数 S&P500 的平均 MSE、MAE、RMSE、MAPE(%)和 R^2

| | 类型 I | | | | | 类型 II | | | | |
	ELM	PSO-ELM	AT-ELM	HHO-ELM	IHHO-ELM	ELM	PSO-ELM	AT-ELM	HHO-ELM	IHHO-ELM
MSE	5.7156E+02	2.3234E+02	6.0966E+02	1.5846E+02	1.5435E+02	1.5004E+03	2.8166E+02	2.1228E+02	1.3381E+02	1.2964E+02
MAE	1.9062E+01	1.2396E+01	1.8169E+01	9.8105E+00	9.6769E+00	2.9675E+01	1.3605E+01	1.1519E+01	8.8136E+00	8.6140E+00
RMSE	1.1642E+00	7.7651E-01	1.1247E+00	6.4668E-01	6.3934E-01	1.8455E+00	8.5181E-01	7.3600E-01	5.9529E-01	5.8518E-01
MAPE/%	69.060	45.249	65.952	36.061	35.604	107.24	49.451	42.029	32.487	31.753
R^2	9.8514E-01	9.8840E-01	9.8357E-01	9.8845E-01	9.8849E-01	9.6377E-01	9.8754E-01	9.8876E-01	9.8900E-01	9.8947E-01

RMSE 和 MAPE 均达到最小值,分别是 1.2964E+02、8.6140E+00、5.8518E-01 和 3.1753E-01%。对于类型 I,IHHO-ELM 模型的 R^2 达到最大值 9.8849E-01;对于类型 II,IHHO-ELM 模型的 R^2 达到最大值 9.8947E-01。这就说明所提出的模型 IHHO-ELM 优于 ELM、PSO-ELM、AT-ELM 和 HHO-ELM。还可以看到类型 I 模型 IHHO-ELM 的平均 MSE、MAE、RMSE 和 MAPE 均大于类型 II 模型 IHHO-ELM 的平均 MSE、MAE、RMSE 和 MAPE,而类型 I 模型 IHHO-ELM 的平均 R^2 大于类型 II 模型 IHHO-ELM 的平均 R^2,这也说明了"买入"和"卖出"Google Trends 对股票指数 S&P500 预测有一定的影响。

从表 8-5 和表 8-6 还可以看到 PSO-ELM、AT-ELM、HHO-ELM 和 IHHO-ELM 的平均 MSE、MAE、RMSE 和 MAPE 均小于 ELM 的平均 MSE、MAE、RMSE 和 MAPE。类型 II 的 AT-ELM 和 HHO-ELM 的平均 MSE、MAE、RMSE 和 MAPE 均小于类型 I 的 AT-ELM 和 HHO-ELM 的平均 MSE、MAE、RMSE 和 MAPE,而类型 II 的 AT-ELM 和 HHO-ELM 的平均 R^2 均大于类型 I 的 AT-ELM 和 HHO-ELM 的平均 R^2。这些结果进一步说明"买入"和"卖出"Google Trends 对股票指数预测有一定的影响。

因此,所提出的 IHHO-ELM 模型具有较好的预测能力,且优于 ELM、PSO-ELM、AT-ELM 和 HHO-ELM 模型。这些结果说明了群智能算法在优化 ELM 参数进行股票预测方面有一定的优势。

8.3.4 讨论

本节采用 IHHO 和 ELM 的结合对是否考虑"买入"和"卖出"Google Trends 的两类股票指数 DJIA 和 S&P500 进行预测。类型 I 是不考虑"买入"和"卖出"Google Trends 的股票数据,类型 II 是考虑"买入"和"卖出"Google Trends 的股票数据。实验结果表明,所提出的 IHHO-ELM 模型优于 ELM、PSO-ELM、AT-ELM 和 HHO-ELM 模型且适用于股票预测,并且 Google Trends 对股票预测有一定影响。

实验中,ELM、PSO-ELM、AT-ELM、HHO-ELM 和 IHHO-ELM 的 ELM 部分的隐含层的神经节点数均取其输入层中神经节点数的 2 倍。但 ELM、PSO-ELM、AT-ELM、HHO-ELM 和 IHHO-ELM 的 ELM 部分的隐含层的神经节点数是需要调整的参数,这些参数对结果都有影响。因此,在进一步的研究中,在 ELM 的隐含层中选取适当数量的神经节点,以进行更好的预测和分类。

8.3.5 结论

本节利用 IHHO 优化 ELM 的连接权值和偏差,建立了预测模型 IHHO-ELM,考虑"买入"和"卖出"Google Trends,对 DJIA 和 S&P500 的开盘价进行预测。通过与 ELM、PSO-ELM、AT-LM 和 HOH-ELM 的比较,类型 I 和类型 II 的 IHHO-ELM 的平均 MSE、MAE、RMSE 和 MAPE 均达到最小值,类型 I 和类型 II 的

IHHO-ELM 的平均 R^2 达到最大值,而类型 I 的 IHHO-ELM 的平均 MSE、MAE、RMSE 和 MAPE 均大于类型 II 的 IHHO-ELM 的平均 MSE、MAE、RMSE 和 MAPE,类型 I 的 IHHO-ELM 的平均 R^2 小于类型 II 的 IHHO-ELM 的平均 R^2。这些结果表明 IHHO-ELM 是一个较好的预测模型,Google Trends 对人类的日常生活有一定的影响。因此,群智能算法不仅进行了改进实现函数优化,还可以结合一些机器学习算法建立了适合实际应用的混合模型进行预测与分类。

8.4　基于改进的动态粒子群优化和 AdaBoost 算法的股票指数预测

本节是利用 7.4 节提出的改进的动态粒子群算法 EDIW-PSO 与 AdaBoost 算法相结合的混合算法优化广义径向基神经网络的权值对中国上证综合指数进行预测。

8.4.1　AdaBoost 算法[272]

AdaBoost 算法最初用来解决分类问题,但随着研究的不断深入,AdaBoost 算法在分类、回归和预测问题上都有应用,它的改进形式已渗透到智能算法及智能分析的各个方面[272]。本节利用 AdaBoost 算法优化 GRBF 神经网络的隐含层与输出层(本节输出层的神经元个数为 1)之间的连接权值 $\omega_j(j=1,2,\cdots,J)$。将隐含层的每一个神经元作为一个弱预测器,这样隐含层的 J 个神经元确定了 J 个弱预测器,通过 AdaBoost 算法得到相应弱预测器的权重,最终强化整个 GRBF 神经网络。初始化时,AdaBoost 算法为每一个样本指定相同的分布权重 $\frac{1}{N}$,其中 N 是样本的个数,通过迭代过程不断更新训练样本的分布权重。训练过程中,如果样本预测误差较大,则增加该样本的分布权重;如果误差较小,则减小该样本的分布权重。然后根据样本新的分布权重,重新训练样本,并得到新的预测误差,最后根据所有样本的分布权重和预测误差得出该弱预测器对应的连接权值。循环 J 次(隐含神经元的个数),依次得到 J 个弱预测器对应的连接权值。

AdaBoost 算法的具体步骤如下:

步骤 1　确定训练样本集 $\{(X_1,\hat{Y}(X_1)),(X_2,\hat{Y}(X_2)),\cdots,(X_N,\hat{Y}(X_N))\}$,其中 $X_l\in X,\hat{Y}(X_l)\in\hat{Y}(l=1,2,\cdots,N)$,其中 $\hat{Y}(X_l)$ 是样本 X_l 的目标值。

步骤 2　初始化训练样本的分布权重 $D_{(j)l}=\frac{1}{N}$。在每次迭代中,执行以下操作。

步骤 3　根据各样本分布权重训练 GRBF 神经网络,得到第 j 个弱预测器的输出 $h_j(X_l)$。

步骤 4　计算第 j 个弱预测器的预测误差 $e_{jl}=|h_j(X_l)-\hat{Y}(X_l)|\in[0,1]$。

步骤 5 计算第 j 个弱预测器的预测误差和 $\varepsilon_j = \sum_{l=1}^{N} D_{(j)l} e_{jl}$。

步骤 6 计算第 j 个弱预测器的权重,也就是 GRBF 神经网络的连接权值 $\omega_j = \frac{1}{2}\log\left(\frac{1}{\beta_j}\right)$,其中 $\beta_j = \frac{\varepsilon_j}{1-\varepsilon_j} > 0$ 是关于 ε_j 的单调递增函数,反映了弱预测器的可信程度。当第 j 个弱预测器的比例误差 ε_j 很小时,β_j 也很小。小的 β_j 表示该弱预测器具有高的可信度,对应的权重 ω_j 也能很高,在最终结果的加权求和中的比重也能很大。

步骤 7 判断是否循环至预测器最大个数:$j = J$。若满足,转步骤 9;否则,转步骤 8。

步骤 8 令 $j = j+1$,更新训练样本的分布权重:

$$D_{(j+1)l} = \frac{D_{(j)l} \times \beta_j^{-\varepsilon_j}}{Z_{j+1}}$$

其中 Z_{j+1} 是使得 $\sum_{l=1}^{N} D_{(j+1)l} = 1$ 的归一化因子。一般地,选择 $Z_{j+1} = \sum_{l=1}^{N} D_{(j+1)l}$。并返回步骤 3,重复以上步骤。

步骤 9 循环结束,记录最终 GRBF 神经网络的输出层与隐含层之间的连接权值 $\omega_j (j = 1, 2, \cdots, J)$。

执行完 J 次循环后,我们根据训练得到的弱预测器来组合强预测器。GRBF 神经网络对第 l 个训练样本的最终输出为所有弱预测器输出的线性加权和:

$$Y(X_i) = \sum_{j=1}^{J} \omega_j h_j(X_j) \tag{8-15}$$

8.4.2 基于 EDIW-PSO 和 AdaBoost 算法的 GRBF 模型

具体的 EDIW-PSO 算法见 7.4 节。

GRBF 神经网络的参数有:隐含层径向基函数的中心、宽度和形状参数、隐含层与输出层之间的连接权值。本节建立的 EDIW-PSO-AdaBoost 网络模型是用 EDIW-PSO 算法优化隐含层径向基函数的中心、宽度和形状参数,在每次 PSO 算法迭代过程中利用 AdaBoost 算法优化隐含层与输出层之间的连接权值,其中输出层神经元的个数为 1。

初始化 EDIW-PSO 算法的种群及相关参数,初始化训练样本的分布权重。粒子位置向量 $\boldsymbol{L}_m$ 由 GRBF 神经网络径向基函数的中心 c_j、宽度 $d_j = 2\sigma_j$ 和形状参数 τ_j 构成,即 $\boldsymbol{L}_m = (c_j, d_j, \tau_j)(j = 1, 2, \cdots, J)$;$c_j = (c_{j1}, c_{j2}, \cdots, c_{jI})$,其中 I 是输入的维数,J 是隐含层神经元的个数。粒子速度 v_m 和位置 $\boldsymbol{L}_m$ 的维度都是 $D = I \times J + J + J$。整个网络对所有训练样本的输出误差

$$f_m = \frac{1}{N} \sum_{i=1}^{N} (Y(X_i) - \hat{Y}(X_i))^2 \tag{8-16}$$

作为 EDIW-PSO 算法的适应度函数,其中 $Y(X_i)$ 是 GRBF 神经网络的输出,$\hat{Y}(X_i)$ 是样本对应实际目标值。

EDIW-PSO 算法的第 t 次迭代中,执行如下步骤:

步骤 1 映射粒子位置为 GRBF 神经网络的参数,根据初始化的样本分布权重计算隐含层第 1 个神经元的输出 h_1^t。令 $j=1$。

步骤 2 计算隐含层第 j 个神经元输出 h_j^t 的过程中,加入 AdaBoost 算法。计算每个样本的 h_j^t 和实际值间的误差,更新每个样本的分布权重,并计算隐含层神经元输出 h_j^t 对应的连接权值 ω_j^t,然后根据每个样本新的分布权重计算下一个隐含层神经元的输出 h_{j+1}^t。令 $j=j+1$。

步骤 3 若 $j \leqslant J-1$,则返回步骤 2,否则得到了隐含层所有神经元的输出(h_1^t,$h_2^t,\cdots,h_J^t$)及对应的连接权值 $W^t=(\omega_1^t,\omega_2^t,\cdots,\omega_J^t)$。计算 GRBF 神经网络的训练误差作为每个粒子的适应度值,更新粒子个体极值 p_m^t 和全局极值 g^t,这是 EDIW-PSO 算法的一次循环。

步骤 4 重复 EDIW-PSO 算法的 T 次迭代后,得到 PSO 算法的全局最优解 g^T 及 AdaBoost 算法的最优解 $W^T=(\omega_1^T,\omega_2^T,\cdots,\omega_J^T)$,分别作为 GRBF 神经网络的最优参数以及隐含层与输出层之间最优的连接权值。

8.4.3 实验

1. 数据源

本节选取中国上证综合指数的开盘价、收盘价、最高价、最低价、成交量和交易额作为输入,预测第二天的开盘价。2011 年 3 月 10 日到 2013 年 3 月 28 日的 500 天数据作为训练样本,2013 年 3 月 29 日到 2013 年 8 月 27 日期间的 100 天数据作为测试样本。将这些训练数据和测试数据进行归一化,归一化的方式为

$$y = y_{min} + (y_{max} - y_{min}) \frac{x - x_{min}}{x_{max} - x_{min}} \tag{8-17}$$

式中:$y_{min}=0$;$y_{max}=1$;x_{min} 和 x_{max} 分别为原始数据的最小值和最大值;x 为原始数据;y 为归一化后的数据。

2. 实验结果

采用的 GRBF 神经网络的结构是 6-8-1 结构,包括 6 个输入、8 个隐含层神经元节点和 1 个输出神经元节点,分别用 5 种不同算法优化 GRBF 神经网络,建立 5 种模型:LDIW-PSO-AdaBoost-GRBF 模型(模型 1)、NDIW-PSO-AdaBoost-GRBF 模型(模型 2)、EDIW-PSO-AdaBoost-GRBF 模型(模型 3)和 EDIW-PSO-GRBF 模型(模型 4)。模型 1~模型 3 分别是利用 LDIW-PSO、NDIW-PSO 和 EDIW-PSO 算法优化隐含层神经元的中心 c_{ji}、宽度 d_j 和形状参数 τ_j,以及利用 AdaBoost 算法优化隐含层与输出层的连接权值 ω_j 得到的模型。模型 4 是利用 EDIW-PSO 算法优化

GRBF 的隐含层神经元的中心 c_{ji}、宽度和形状参数 τ_j,隐含层与输出层的连接权值 ω_j 得到的模型。评价这 4 个不同模型性能的指标有均方差误差(MSE)、相对均方误差(RMSE)和平均绝对百分比误差(MAPE)。

模型 1～模型 3 中,PSO 算法的每个粒子的位置为 64 维向量

$$\boldsymbol{L}_m = (c_{j1}, c_{j2}, c_{j3}, c_{j4}, c_{j5}, c_{j6}, d_j, \tau_j \mid j = 1, 2, \cdots, 8) \tag{8-18}$$

其中 GRBF 神经网络的中心 c_{ji}、宽度 d_j 的范围为 $[0,1]$,形状参数 τ_j 的范围为 $(0, 5)$。AdaBoost 算法中的循环次数等于隐含层神经元个数,即 $J=8$。通过 AdaBoost 算法得到 GRBF 神经网络隐含层与输出层之间的连接权值 $\omega_j (j=1,2,\cdots,8)$。模型 4 中,PSO 算法的每个粒子的位置为 72 维向量

$$\boldsymbol{L}_m = (c_{j1}, c_{j2}, c_{j3}, c_{j4}, c_{j5}, c_{j6}, d_j, \tau_j, \omega_j \mid j = 1, 2, \cdots, 8) \tag{8-19}$$

模型 3 和模型 4 中,$c=8$。模型 1～模型 4 中,PSO 算法中种群大小为 50,最大迭代次数为 500,加速度系数 $c_1 = c_2 = 2$。

表 8-7 是在适应度达到最小值时由 EDIW-PSO 和 AdaBoost 算法得到的 GRBF 神经网络的最优参数:中心 c_{ji}、宽度 d_j 形状参数 τ_j 和隐含层与输出层的连接权值 ω_j。在选定这些参数后,用测试数据对改进的 GRBF 神经网络进行测试。类似地,训练其他 3 种模型,得到 GRBF 神经网络的最优参数,进而测试相应的模型。在执行模型之后,对输出值进行反归一化。

模型 1～模型 5 独立运行 10 次,实验的训练结果及测试结果的 MSE、RMSE 和 MAPE 分别如表 8-8 和表 8-9 所列。从表 8-8 和表 8-9 可以看出 EDIW-PSO-AdaBoost-GRBF 模型的三种误差 MSE、RMSE 和 MAPE 均低于其他 3 种模型。因此,本节提出的 EDIW-PSO-AdaBoost-GRBF 模型具有绝对优势。

表 8-7 EDIW-PSO 算法和 AdaBoost 算法优化得到的 GRBF 神经网络最优参数值

j	1	2	3	4	5	6	7	8
c_{j1}	0.8769	1.0000	0.4417	0.2094	0.8831	0.7943	0.4839	0.5247
c_{j2}	1.0000	0.8742	0.8476	0.1241	0.8371	0.1884	0.4634	0.6652
c_{j3}	0.9380	0.9101	0.8315	0.9806	0.9538	1.0000	0.9547	1.0000
c_{j4}	0.3744	0.9233	0.6472	0.7627	0.9546	0.9432	0.9845	0.8732
c_{j5}	0.9012	0.6839	1.0000	0.9692	0.0023	0.4202	0.8783	0.8835
c_{j6}	0.8788	0.8901	0.8588	0.6961	0.2333	0.9466	0.8737	0.8194
d_j	0.9983	0.9610	0.9843	0.4219	0.7178	0.9529	0.7362	0.5529
τ_j	1.8607	1.0833	2.2966	1.9588	2.2497	2.6715	2.7043	2.7107
ω_{1j}	0.9348	0.5627	0.9777	0.6598	0.6088	0.9642	0.8815	0.8108

表 8-8 模型 1～模型 4 训练输出的平均 MSE、RMSE 和 MAPE

误差	模型 1	模型 2	模型 3	模型 4
MSE(E+03)	1.3732	1.2381	0.4123	0.4680
MSE(E−03)	0.7635	0.6280	0.2390	0.3421
MAPE/%	2.2222	2.0464	1.2246	1.4745

表 8-9　模型 1～模型 5 测试输出的平均 MSE、RMSE 和 MAPE

误　　差	模型 1	模型 2	模型 3	模型 4
MSE(E+03)	3.6041	3.0625	1.0975	1.5993
MSE(E−03)	0.0081	0.0020	0.0007	0.0008
MAPE/%	3.7837	3.2954	2.1663	2.2282

8.4.4　结论

这节利用 EDIW-PSO 算法优化 GRBF 神经网络的中心、宽度和形状参数,利用 AdaBoost 算法优化 GRBF 神经网络隐含层与输出层的连接权值,提出了改进的 EDIW-PSO-AdaBoost-GRBF 模型,并将该模型对中国上证综合指数的开盘价进行预测。比较结果说明提出的 EDIW-PSO 算法优于其他惯性权重策略 PSO 算法, AdaBoost 算法对连接权值优化的有效性,也验证了 EDIW-PSO-AdaBoost-GRBF 网络模型能更好地应用到预测问题中。

8.5　本章小结

本章的内容取自文献[53,177,273]。本章主要讨论了对美国两类股票 DJIA 和 S&P500 指数,以及中国上证综合指数的开盘价进行预测,分别用命中率、MSE、 RMSE 和 MAPE 作为衡量预测模型的指标。这些预测模型分别是改进的正余弦算法优化 BP 神经网络的参数建立的 ISCA-BPNN 预测模型、改进的 Harris 鹰优化与极限学习机相结合构成的 IHHO-ELM 预测模型、改进的粒子群算法和 Adsboost 算法优化广义径向基神经网络的参数建立的 EDIW-PSO-Adaboost-GRBF 预测模型, 从预测结果可以看到,本章提出的预测模型是可行的。

附　　录

注：本附录中所有内容来源于文献[45,164]。

1. BP 神经网络

1）BP 网络模型与结构

BP（Back Propagation）神经网络[45]是 1986 年由 Rumelhart 和 McCelland 为首的科学家小组提出的一种多层前馈网络，是目前应用最广泛的神经网络之一。BP 网络是典型的前馈型神经网络，实际是一个多层感知器，因而就有类似多层感知器的结构。附图 1 是 r 个输入 $p_i(i=1,2,\cdots,r)$，一个隐含层，s 个输出 $a_j(j=1,2,\cdots,s)$ 的 BP 神经网络，其中隐含层中神经元节点的个数为 m，且隐含层的激活函数是 $f_1(x)$，输出层的激活函数是 $f_2(x)$，w_{ij} 是隐含层的第 i 神经元与第 j 个输入的连接权值，w'_{ki} 是输出层的 k 个神经元与隐含层的第 i 个输出的连接权值。

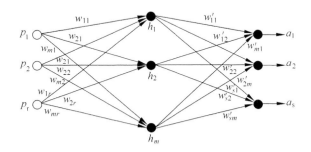

附图 1　BP 神经网络的拓扑结构

2）BP 学习规则

BP 算法属于 δ 算法，是一种监督式的学习算法，且由两部分组成：信息的正向传递与误差的反向传播。在正向传播过程中，输入信息从输入经隐含层逐层计算传向输出层，每一层神经元的状态只影响下一层神经元的状态。如果在输出层没有得到期望的输出,则计算输出层的误差变化值,然后转向反向传播,通过网络将误差信号沿原来的连接通路反传回来修改各层神经元的权值直至达到期望目标[45],以附图 1 为例说明 BP 神经网络算法。

（1）信息的正向传递

隐含层中第 i 个神经元的输出为

$$h_i = f_1\left(\sum_{j=1}^{r} w_{ij}p_j + b1_i\right) \quad (i=1,2,\cdots,m) \tag{1}$$

输出层第 k 个神经元的输出为

$$a_k = f_2\left(\sum_{i=1}^{m} w'_{ki}h_i + b2_k\right) \quad (k=1,2,\cdots,s) \tag{2}$$

定义的误差函数为

$$E = \frac{1}{2}\sum_{k=1}^{s}(t_k - a_k)^2 \tag{3}$$

式中：$b1_i$ 和 $b2_k$ 分别为隐含层第 i 个神经元的偏差和输出层第 k 个神经元的偏差；t_k 为输出层第 k 个神经元的目标输出。

（2）权值修正及误差的反向传播

① 输出层的权值变化。对从隐含层第 i 个输出到输出层的第 k 个神经元节点的连接权值变化为

$$\Delta w'_{ki} = -\eta\frac{\partial E}{\partial w'_{ki}} = -\eta\frac{\partial E}{\partial a_k}\frac{\partial a_k}{\partial w'_{ki}} = \eta(t_k - a_k)f'_2 h_i \tag{4}$$

同理,输出层第 k 个神经元节点的偏差变化为

$$\Delta b2_k = -\eta\frac{\partial E}{\partial b2_k} = -\eta\frac{\partial E}{\partial a_k}\frac{\partial a_k}{\partial b2_k} = \eta(t_k - a_k)f'_2 \tag{5}$$

② 隐含层权值变化。对从第 j 个输入到隐含层第 i 个神经元节点的连接权值的变化为

$$\Delta w_{ij} = -\eta\frac{\partial E}{\partial w_{ij}} = -\eta\sum_{k=1}^{s}\frac{\partial E}{\partial a_k}\frac{\partial a_k}{\partial h_i}\frac{\partial h_i}{\partial w_{ij}} = \eta\sum_{k=1}^{s}(t_k - a_k)f'_2 w'_{ki}f'_1 p_j \tag{6}$$

同理,隐含层第 i 个神经元节点的偏差变化为

$$\Delta b1_i = -\eta\frac{\partial E}{\partial b1_i} = -\eta\sum_{k=1}^{s}\frac{\partial E}{\partial a_k}\frac{\partial a_k}{\partial h_i}\frac{\partial h_i}{\partial b1_i} = \eta\sum_{k=1}^{s}(t_k - a_k)f'_2 w'_{ki}f'_1 \tag{7}$$

式中：f'_1 和 f'_2 分别为函数 f_1 和 f_2 的导数。

（3）BP 网络的设计

BP 网络考虑网络的层数,每层的神经元个数和激活函数、初始值以及学习速率等方面。具有偏差和至少一个 S 型隐含层加上一个线性输出层的网络,能够逼近任何有理函数。增加层数能够减少误差且提高了精度,但增加了网络权值的训练时间,而误差精度的提高还可以通过增加隐含层中的神经元个数来获得,因此本书中采用

的都是只含有一个隐含层的 BP 神经网络。

BP 网络中隐含层神经元个数的选择一般根据多次实验所得,隐含层和输出层的连接权值和偏差是随机取值。

学习速率 η 的取值决定训练中产生的权值变化量,大的 η 可能导致网络的不稳定,而小的 η 导致训练时间较长,可能收敛很慢,故学习速率 η 可以采用自适应学习速率。第 k 次迭代中学习速率 η 定义如下:

$$\eta(k+1)=\begin{cases} 1.05\eta(k), & \mathrm{SSE}(k+1)<\mathrm{SSE}(k) \\ 0.7\eta(k), & \mathrm{SSE}(k+1)>1.04\mathrm{SSE}(k) \\ \eta(k), & \text{其他} \end{cases} \tag{8}$$

初始学习速率 $\eta(0)$ 的选取范围有很大的随意性。

BP 网络权值修正的训练过程中,网络可能陷入浅的局部极小值,利用附加动量法可能使网络滑过这些极小值。附加动量法是在反向传播法的基础上在每个权值的变化上加上一项正比于前次权值变化量的值,并根据反向传播法来产生新的权值变化,设 mc 是动量因子,权值调整公式为

$$\Delta w'_{ki}(t+1)=(1-mc)\eta(t_k-a_k)f'_2 h_i+mc\Delta w'_{ki}(t) \tag{9}$$

$$\Delta b2_k(t+1)=(1-mc)\eta(t_k-a_k)f'_2+mc\Delta b2_k \tag{10}$$

$$\Delta w_{ij}(t+1)=(1-mc)\eta\sum_{k=1}^{s}(t_k-a_k)f'_2 w'_{ki}f'_1 p_j+mc\Delta w_{ij}(t) \tag{11}$$

$$\Delta b1_i(t+1)=(1-mc)\eta\sum_{k=1}^{s}(t_k-a_k)f'_2 w'_{ki}f'_1+mc\Delta b1_i \tag{12}$$

2. Elman 神经网络

1) Elman 神经网络结构

1990 年,Elman[164] 为解决语音处理问题提出了一种简单的递归神经网络——Elman 神经网络(ERNN),该模型在前馈式网络的隐含层中增加了一个承接层,作为一步延时的算子,以达到记忆的目的,从而使系统具有适应时变特性的能力,能直接动态反映动态过程系统的特性[279]。

Elman 神经网络一般分为三层:隐含层(中间层)、承接层和输出层,其拓扑结构如附图 2 所示。输入、隐含层和输出层的连接类似于前馈式网络,输出层单元起线性加权作用。隐含层单元的传递函数可采用线性或非线性函数,承接层又称上下文层或状态层,它用来记忆隐含层单元前一时刻的输出值并返回给网络的输入,可以认为是一个一步延时算子。

在附图 2 中,输入的个数为 m,隐含层中神经元个数为 n,输出层中神经元个数为 r。令 k 表示第 k 次迭代,$x_i^0(k)=x_i(k)(i=1,2,\cdots,m)$ 是第 i 个输入,$s_i^1(k)$ 和 $x_i^1(k)$ 分别表示隐含层中第 i 个神经元的输入和输出值,$s_i^2(k)$ 和 $c_i(k)$ 分别表示承

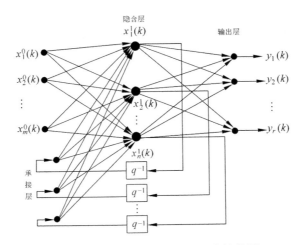

附图 2　Elman 神经网络的拓扑结构图

接层中第 i 个神经元的输入和输出值，$s_i^3(k)$ 和 $y_i(k)$ 分别表示输出层第 i 神经元的输入和输出值，f_1 和 f_2 分别表示隐含层和输出层的激活函数。w_{ij}^0、w_{ij}^2、w_{ij}^1 分别表示隐含层、承接层和输出层的连接权值。

2）Elman 神经网络学习过程

根据附图 2，

$$x_i^0(k) = x_i(k) \quad (i=1,2,\cdots,m) \tag{13}$$

隐含层中，

$$\begin{cases} s_i^1(k) = \sum_{j=1}^m w_{ij}^0 x_j^0(k) + \sum_{t=1}^n w_{it}^2 c_t(k) \\ x_i^1(k) = f_1(s_i^1(k) + b_i) \end{cases} \quad (i=1,2,\cdots,n) \tag{14}$$

在承接层中，

$$\begin{cases} s_i^2(k) = x_i^1(k-1) \\ c_i(k) = s_i^2(k) \end{cases} \quad (i=1,2,\cdots,n) \tag{15}$$

在输出层中，

$$\begin{cases} s_i^3(k) = \sum_{j=1}^n w_{ij}^1 x_j^1(k) \\ y_i(k) = f_2(s_i^3(k) + b_i') \end{cases} \quad (i=1,2,\cdots,r) \tag{16}$$

Elman 神经网络也采用 BP 算法进行权值修正，学习指标函数采用误差平方和函数

$$E(k) = \frac{1}{2} \sum_{i=1}^r (d_i(k) - y_i(k))^2 \tag{17}$$

式中：$d_i(k)$ 为第 k 次迭代输出层第 i 个神经元节点的目标输出。

3．自组织特征映射网络

1）自组织特征映射网络结构

自组织特征映射网络（Self-Organizing Feature Map,SOM）也称 Kohonen 网络，它是由荷兰学者 Teuvo Kohonen 于 1981 年提出的。该网络是一个由全连接的神经元阵列组成的无教师、自组织、自学习网络[275]。典型的 SOM 神经网络的拓扑结构如附图 3 所示，由输入和竞争层（或称为映射层）组成，输入个数为 m，竞争层是由 $a \times b$ 个神经元组成的二维平面阵列，输入与竞争层的各神经元之间实现全连接。

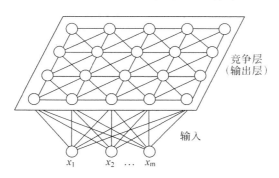

竞争层
（输出层）

输入

x_1　　x_2　…　x_m

附图 3　二维阵列 SOM 神经网络的拓扑结构图

2）SOM 神经网络学习算法

Kohonen 自组织特征映射算法能够自动找出输入数据之间的类似度，将相似的输入在网络上就近配置，因此是一种可以构成对输入数据有选择地给予反应的网络。SOM 神经网络工作原理：网络学习过程中，当训练样本输入网络时，竞争层上的神经元计算输入样本与竞争层神经元权值之间的相似度，相似度最高的神经元为获胜神经元。调整获胜神经元和相邻神经元权值，使得获得神经元及周边神经元的权值趋于输入样本。通过反复实验训练，最终各神经元的连接权值具有一定的分布，该分布把数据之间的相似性分到代表各类的神经元上，当样本足够多时，分布可近似于输入样本的概率密度分布，使得同类的神经元具有相近的权值系数；反之，不同类的神经元权值系数有明显差别。同时，在网络学习过程中，权值调整、学习速度和神经元领域范围都在不断减小时，同类神经元逐渐趋于集中，异类神经元逐渐趋于分离，从而形成一定的区域分布特征来表示输入样本的特征分布。

设 SOM 神经网络的输入向量为 $\boldsymbol{X} = (x_1, x_2, \cdots, x_m)^{\mathrm{T}}$，输入和映射层之间权值的连接权值 $w_{ij}(i=1,2,\cdots,m;j=1,2,\cdots,n,n=ab)$ 是较小的随机数，选取输出神经元 j 的"邻接神经元"的集合 S_j，其中 $S_j(0)$ 表示时刻 $t=0$ 的神经元 j 的"邻接神经元"的集合，$S_j(t)$ 表示时刻 t 的神经元 j 的"邻接神经元"的集合。区域 $S_j(t)$ 随着时间的增长而不断缩小。

根据输入样本数据与竞争层节点连接权值之间的欧几里得距离判断相似度。距离越小相似度越高，距离越大相似度越低。竞争层的第 j 个神经元和输入向量的距

离为

$$d_j = \| X - W_i \| = \sqrt{\sum_{i=1}^{m}(x_i(t) - w_{ij}(t))^2} \tag{18}$$

式中：w_{ij} 为第 i 个输入和映射层的第 j 个神经元之间的连接权值。令 $d_{j^*} = \min\limits_{j}\{d_j\}$，则 j^* 是胜出神经元，并给出其邻接神经元集合。

胜出神经元 j^* 其邻接神经元的权值修正为

$$\Delta w_{ij^*}(t+1) = w_{ij^*}(t+1) - w_{ij^*}(t) = \alpha(x_i(t) - w_{ij^*}(t)) \tag{19}$$

3）S-Kohonen 神经网络

Kohonen 神经网络可以对未知类别数据进行无监督分类，分类结果中的同类别数据对应不同的神经元节点。Kohonen 网络通过在竞争层后增加输出层变为有监督学习的网络，记为 S-Kohonen 网络，同 Kohonen 网络相比，增加一层输出层，输出节点个数同数据类别相同，每个节点代表一类数据。本书中采用 S-Kohonen 神经网络建立自学习、自组织分类预测模型，传统的 Kohonen 网络学习算法常取决于邻域半径大小、学习速率和权值的调整方式等，选择过大或过小都会影响学习目的，导致学习失败。因此我们主要从这些方面进行改进来提高网络性能[278-279]。算法中学习速率的调整方式直接影响网络的聚类精度和收敛速度。因此，本书采用聚类效果好、收敛速度快的指数形式变化，如下式所示：

$$\alpha(t) = \alpha_0 e^{\frac{t}{T}} \tag{20}$$

$$\eta(t) = \eta_0 e^{\frac{t}{T}} \tag{21}$$

式中：$\alpha(t)$ 为输入与竞争层节点连接权值的学习速率；α_0 为初值；$\eta(t)$ 为竞争层与输出层的学习速率；η_0 为初值；t 为当前迭代次数；T 为最大迭代次数；$\alpha(t)$ 一般随迭代次数的增加而减小。

S-Kohonen 中输入样本数据时，不仅根据式（19）调整输入同竞争层优胜节点邻域内节点权值，同时要调整竞争层优胜节点邻域内节点与输出层节点权值。竞争层和输出层之间的连接权值修正为

$$W_{jk}(t+1) = W_{jk}(t) + \eta(t)(Y_k - W_{jk}(t)) \tag{22}$$

式中：η 为学习速率；Y_k 为样本所属类别。

4. 极限学习机

1）极限学习机的结构

单隐含层前馈神经网络（Single-hidden Layer Feedforward Neural Network，SLFN）以其良好的学习能力在许多领域得到了广泛的应用。2006 年提出的极限学习机（ELM）[164] 是一种具有快速学习和泛化能力的新型 SLFN 方法。该算法随机产生输入与隐含层间的连续权值及隐含层神经元的偏差，且在训练过程中无须调整，只需要设置隐含层神经元的个数，便可以获得唯一的最优解。与传统的训练方法相比，

该方法具有学习速度快、泛化性能好等优点[164]。ELM 神经网络结构由两层组成：仅有一个隐含层和输出层，其中输入和隐含层、隐含层和输出层之间是完全连接的，如附图 4 所示。

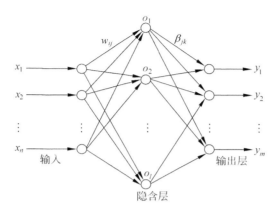

附图 4　ELM 神经网络的结构

附图 4 中，有 n 个输入，隐含层有 l 个神经元节点，输出层有 m 个神经元节点，也就是说所讨论的问题有 n 个输入变量和 m 个输出变量。权值矩阵 $\boldsymbol{W} = (w_{ji})_{l \times n}$ 是输入与隐含层之间的连接权值矩阵，权值矩阵 $\boldsymbol{\beta} = (\beta_{jk})_{l \times m}$ 是隐含层与输出层之间的连接权值矩阵，其中 w_{ji} 表示第 i 个输入与隐含层的第 j 个神经元节点之间的连接权值，β_{jk} 表示隐含层的第 j 个神经元节点与输出层的第 k 个神经元节点之间的连接权值。隐含层的偏差矩阵是 $\boldsymbol{b} = (b_{j1})_{l \times 1}$。

2）极限学习机的算法

设 $\boldsymbol{X} = (x_{is})_{n \times Q}$ 和 $\boldsymbol{T} = (t_{ks})_{m \times Q}$ 是训练样本的输入矩阵和对应的目标输出矩阵，其中 Q 是样本数。设 $g(x)$ 是隐含层的激活函数。在 ELM 神经网络中，连接权值矩阵 $\boldsymbol{W}$ 和偏差矩阵 $\boldsymbol{b}$ 是任意产生的，而连接权值矩阵 $\boldsymbol{\beta}$ 满足方程 $\boldsymbol{H}'\boldsymbol{\beta} = \boldsymbol{T}'$，其中 $\boldsymbol{T}'$、$\boldsymbol{H}'$ 分别是矩阵 $\boldsymbol{T}$、$\boldsymbol{H}$ 的转置，$\boldsymbol{H} = g(\boldsymbol{WX} + \boldsymbol{b})$ 是 ELM 神经网络中隐含层的输出矩阵。

ELM 的理论基础为 Huang 等人提出的如下两个定理。

定理 1　给定任意 Q 个不同样本 (x_i, t_i)，其中 $\boldsymbol{x}_i = (x_{i1}, x_{i2}, \cdots, x_{in})^{\mathrm{T}} \in R^n$，$t_i = (t_{i1}, t_{i2}, \cdots, t_{im})^{\mathrm{T}} \in R^m$，一个任意区间无限可微的激活函数 $g: R \to R$，则对于具有 Q 个隐含层神经元的 SLFN，在任意赋值 $w_i \in R^n$ 和 $b_i \in R$ 的情况下，其隐含层输出矩阵 $\boldsymbol{H}$ 可逆且有 $\| \boldsymbol{H\beta} - \boldsymbol{T}' \| = 0$。

定理 2　给定任意 Q 个不同样本 (x_i, t_i)，其中 $\boldsymbol{x}_i = (x_{i1}, x_{i2}, \cdots, x_{in})^{\mathrm{T}} \in R^n$，$t_i = (t_{i1}, t_{i2}, \cdots, t_{im})^{\mathrm{T}} \in R^m$，给定任意小误差 $\varepsilon > 0$ 和一个任意区间无限可微的激活函数 $g: R \to R$，则总存在一个含有 $K(K \leqslant Q)$ 个隐含层神经元的 SLFN，在任意赋值 $w_i \in R^n$ 和 $b_i \in R$ 的情况下，有 $\| \boldsymbol{H}_{N \times M} \boldsymbol{\beta}_{M \times m} - \boldsymbol{T}' \| < \varepsilon$。

　　若隐含层神经元个数与训练集样本个数相等,则由定理 1,任意的 $\boldsymbol{W}$ 和 $\boldsymbol{b}$,SLFN 都可以零误差逼近训练样本。而当训练集样本个数 Q 较大时,隐含层神经元个数 K 通常取比 Q 小的数,则由定理 2,SLFN 的训练误差可以逼近一个任意 $\varepsilon > 0$。

　　因此当激活函数 $g(x)$ 无限可微时,SLFN 的参数并不需要全部进行调整,$\boldsymbol{W}$ 和 $\boldsymbol{b}$ 在训练前可以随机选择,且在训练过程中保持不变。故隐含层与输出层的连接权值

$$\boldsymbol{\beta} = (\boldsymbol{H}')^{+} \boldsymbol{T}' \tag{23}$$

是方程

$$\min_{\beta} \| \boldsymbol{H}' \boldsymbol{\beta} - \boldsymbol{T}' \| \tag{24}$$

的最小二乘解获得的,其中 $(\boldsymbol{H}')^{+}$ 是 $\boldsymbol{H}'$ 的 Moore-Penrose 广义逆。

5. 支持向量机

　　支持向量机(Support Vector Machine,SVM)[206-207,134] 是由 Vapnik 首先提出的一种可用于模式分类和非线性回归的新型机器学习方法。主要思想是建立一个分类超平面作为决策曲面使得正例和反例之间的隔离边缘被最大化;SVM 的理论基础是统计学习理论,精确地说,它是结构风险最小化的近似实现。SVM 根据有限的样本信息在模型的复杂性和学习能力之间寻找最优解,使其计算获得更好的推广性能。这也是统计学习理论中的重要目标之一。SVM 最初用来解决二分类的问题,它的主要思想是寻找一个最优超平面,将正例和反例样本正确地分开,同时使正样本和负样本到最优超平面的最小距离之和(间隔)达到最大值[207]。为了解决线性可分二分类的问题,建立二次规划的数学模型,但在实际情况中,理想的二分类情况是比较少的,因此引入一个惩罚函数 C,通过调节 C 的大小来控制异常样本的容忍度。同时,如果在低维空间里,样本之间找不到线性可分的分类面把样本分开,引入核函数把低维空间线性不可分的问题映射到高维空间里转换成线性可分的问题。

　　设

$$T = \{(x_1, y_1), (x_2, y_2), \cdots, (x_n, y_n)\} \tag{25}$$

是给定的训练集,其中 $x_i \in R^m$,$y_i \in \{-1, 1\}$$(i=1,2,\cdots,n)$,$x_i$ 是第 i 个样本,y_i 是对应 x_i 的标签,n 是样本个数。第 i 个训练样本满足

$$y_i((\omega, x_i) + b) - 1 + \xi_i \geqslant 0 \tag{26}$$

其中 $\xi_i(i=1,2,\cdots,n)$ 是松弛变量。由方程(26)确定的 SVM 的边界的极大化等价于求解如下的优化问题:

$$\min \frac{1}{2} \| \omega \|^2 + C \sum_{i=1}^{n} \xi_i$$

$$\text{s. t.} \begin{cases} y_i((\omega, x_i) + b) - 1 + \xi_i \geqslant 0 \\ \xi_i \geqslant 0 \quad (i=1,2,\cdots,n) \end{cases} \tag{27}$$

式中：$\xi_i(i=1,2,\cdots,n)$ 为松弛项；常数 $C>0$ 是用于控制超过错误 ε 的错误分类样本的惩罚水平。

上述二次规划的对偶形式是

$$\min_{\alpha}\sum_{i=1}^{n}\alpha_i-\frac{1}{2}\sum_{i=1}^{n}\sum_{j=1}^{i}y_iy_jK(x_i,x_j)$$

$$\text{s.t.}\begin{cases}\sum_{i=1}^{n}y_i\alpha_i=0\\0\leqslant\alpha_i\leqslant C\quad(i=1,2,\cdots,n)\end{cases}\tag{28}$$

式中：α_i 是拉格朗日乘子，核函数 $K(x_i,x_j)=\phi(x_i)^{\mathrm{T}}\phi(x_j)$。本书选用径向基核函数（RBFs）：

$$K(x,x_i)=\exp(-\gamma\parallel x-x_i\parallel^2)\tag{29}$$

（其中 γ 是核函数的参数）作为 SVM 的核函数。

在解决上述问题后，最优判别函数如下：

$$f(x)=\mathrm{sgn}\left(\sum_{i=1}^{n}y_i\alpha_iK(x,x_i)+b\right)\tag{30}$$

6. 径向基神经网络

1）径向基神经网络结构模型

1985 年 Powell 在多维空间插值技术中提出了径向基函数（Radical Basis Function,RBF），1988 年 Broomhead 和 Lowe 将 RBF 引入到神经网络，产生了 RBF 神经网络，1989 年 Jackson 证明了 RBF 神经网络能够逼近非线性连续函数[164]。

RBF 神经网络是一种两层前向神经网络，第一层为隐含层，第二层输出层，如附图 5 所示。隐含层中节点数 J 根据所要解决的问题的需要而定，隐含层中神经元的传递函数是径向基函数 $\phi(\cdot)$，一般取高斯函数。输入 $\boldsymbol{X}_q=(x_1,x_2,\cdots,x_n)^{\mathrm{T}}$ 与隐含层的第 j 个神经元构成的径向基神经元模型如附图 6 所示。附图 6 中，$\boldsymbol{c}_j=(c_{1j},c_{2j},\cdots,c_{nj})^{\mathrm{T}}$ 和 $d_j=\sqrt{2}\sigma_j$ 分别表示隐含层第 j 个神经元的中心和宽度，$\parallel\text{dist}\parallel=\parallel X_q-c_j\parallel$ 是输入 X_q 与神经元 j 的中心 c_j 之间的欧几里得距离，即为 2-范数，神

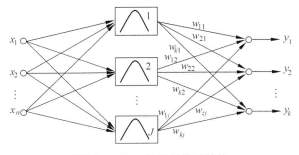

附图 5　RBF 神经网络的结构

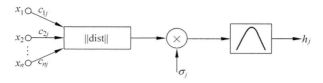

附图 6　径向基神经元的结构

经元 j 的输出 h_j 为

$$h_j(X_q) = \phi\left(-\frac{\|\,\mathrm{dist}\,\|^2}{d_j^2}\right) = \phi\left(-\frac{\|\,X_q - c_j\,\|^2}{d_j^2}\right) \quad (j = 1, 2, \cdots, J) \quad (31)$$

附图 5 中，w_{ij} 是输出层的第 i 个神经元与隐含层的第 j 个神经元的连接权值，则输出层的第 i 个神经元的输出 y_i 是隐含层径向基函数的所有输出的线性组合，即

$$y_i = \sum_{j=1}^{J} w_{ij} h_j \quad (i = 1, 2, \cdots, k) \quad (32)$$

2）RBF 神经网络的学习算法

设 RBF 神经网络的输入为 $X_q(q=1,2,\cdots,Q)$，学习算法的具体步骤如下[278]：

步骤 1　基于 K-均值聚类方法求取基函数中心 $c=(c_1,c_2,\cdots,c_J)$。

（1）网络初始化：随机选取 J 个训练样本作为聚类中心 $c_j(j=1,2,\cdots,J)$。

（2）将输入的训练样本按最近邻规则分组：按照输入 x 与中心 c_j 之间的欧几里得距离将 X_q 分配到输入样本的各个聚类集合 $\theta_q(q=1,2,\cdots,Q)$ 中，其中 Q 为输入样本个数。

（3）重新调整聚类中心：计算各个聚类集合 $\theta_q(q=1,2,\cdots,Q)$ 中训练样本的平均值，即新的聚类中心 c_j；如果新的聚类中心不再发生变化，则所得到的 c_j，即为 RBF 神经网络最终的基函数中心；否则，返回（2），进行下一轮的中心求解。

步骤 2　RBF 神经网络的宽度 $d_j = \sqrt{2}\sigma_j$，其中

$$\sigma_j = \frac{c_{\max}}{\sqrt{2J}} \quad (33)$$

式中：$c_{\max}$ 为所选取中心之间的最大距离。

步骤 3　隐含层和输出层之间的权值 W 通过最小二乘法计算，W 的第 i 行 W_i 为隐含层与输出层的第 i 个神经元的连接权值向量，满足

$$W_i' = G^+ T_i' \quad (34)$$

式中：T_i 为 Q 个训练样本对应的期望矩阵 T 的第 i 行，T_q 为 T_i 的第 q 个分量；W_i' 为矩阵 W_i 的转置；G^+ 为矩阵 G 的伪逆，而矩阵 G 定义为

$$G = (g_{qt}) \quad (35)$$

其中

$$g_{qt} = \exp\left(-\frac{1}{T_q^2}\|\,x_q - x_t\,\|^2\right) \quad (q = 1, 2, \cdots, Q; t = 1, 2, \cdots, J) \quad (36)$$

RBF 神经网络结构简单、训练简洁而且学习收敛速度快,能够逼近任意非线性函数,因此它已被广泛应用于时间序列分析、模式识别、非线性控制和图形处理等领域。

3）广义径向基神经网络

广义径向基（Generalized radial basis function,GRBF）神经网络与一般 RBF 神经网络有相同的拓扑结构,如附图 5 所示,但唯一不同之处是径向基层采用广义径向基函数 GRBF：

$$h_j(X) = \exp\left(-\frac{\|X-c_j\|^{\tau_j}}{d_j^{\tau_j}}\right) \tag{37}$$

比标准高斯函数多一个形状参数 τ_j,τ_j 是第 j 个隐含层径向基函数的形状参数,从而得到广义高斯分布（GGD）[164]。GGD 可以通过改变形状参数 τ 来表示不同形式的分布函数。形状参数 τ 的不同也决定了广义高斯分布密度函数尖峰程度的差异。τ 值不同反映了不同的广义高斯分布曲线。当形状参数 τ_j 全为 2 时,GRBF 神经网络就演变成了一般 RBF 神经网络。

GRBF 神经网络模型参数有隐含层径向基函数的中心 c_j,宽度 $d_j = 2^{\frac{1}{\tau_j}}\sigma_j$ 和形状参数 τ_j,以及输出层的连接权值 $w_{ij}(i=1,2,\cdots,k;j=1,2,\cdots,J)$。RGBF 神经网络的学习算法与 RBF 神经网络的学习算法相同。

参 考 文 献

[1] Zhou Q P, Jiang H Y, Wang J Z, et al. A hybrid model for PM2. 5 forecasting based on ensemble empirical mode decomposition and a general regression neural network[J]. Science of the total environment,2014,496: 264-274.

[2] 王宇燕. 基于决策树集成学习的癌症存活性预测分析[D]. 大连：大连理工大学,2018.

[3] Binh Thai Pham, Manh Duc Nguyen, Kien-Trinh Thi Bui, et al. A novel artificial intelligence approach based on Multi-layer Perceptron Neural Network and Biogeography-based Optimization for predicting coefficient of consolidation of soil[J]. Catena,2019,173: 302-311.

[4] Rafael Pino-Mejías, Alexis Perez-Fargallo, Carlos Rubio-Bellido, et al. Artificial neural networks and linear regression prediction models for social housing allocation: Fuel Poverty Potential Risk Index[J]. Energy,2018,164: 627-641.

[5] Schollhorn W I. Applications of artificial neural networks in clinical biomechanics[J]. Clinical Biomechanics,2004,19: 876-898.

[6] Aimen Aakif, Muhammad Faisal Khan. Automatic classification of plants based on their leaves [J]. Biosystems engineering,2015,139: 66-75.

[7] Qiu M Y, Song Y. Predicting the direction of stock market index movement using an optimized artificial neural network model[J]. PLoS ONE,2016,11(5): E0155133.

[8] Yang S Y, Wang M, Long H Z, et al. Sparse robust filters for scene classification of synthetic aperture radar (SAR) images[J]. Neurocomputing,2016,184: 91-98.

[9] Holl J H. Genetic algorithms[J]. Sci. Am,1992,267(1): 66-73.

[10] Kennedy J, Eberhart T. Particle swarm optimization [C]. In: Proceedings of IEEE International Conference on Neural Networks,1995: 1942-1948.

[11] Anatolii V Mokshin, Vladimir V Mokshin, Leonid M. Sharnin. Adaptive genetic algorithms used to analyze behavior of complex system[J]. Communications in Nonlinear Science and Numerical Simulation,2019,71: 174-186.

[12] Fernández J R, López-Campos J A, Segade A, et al. A genetic algorithm for the characterization of hyperelastic materials[J]. Applied Mathematics and Computation,2018, 329: 239-250.

[13] Sanchez-Tembleque V, Vedia V, Fraile L M, et al. Optimizing time-pickup algorithms in radiation detectors with a genetic algorithm[J]. Nuclear Instruments and Methods in Physics Research Section A: Accelerators, Spectrometers, Detectors and Associated Equipment, 2019,927: 54-62.

[14] Ding Y M, Zhang W L, Yu L, et al. The accuracy and efficiency of GA and PSO optimization schemes on estimating reaction kinetic parameters of biomass pyrolysis[J]. Energy,2019, 176: 582-588.

[15] Metawa N, Hassan M K, Elhoseny M. Genetic algorithm based model for optimizing bank lending decisions[J]. Expert Systems With Applications,2017,80: 75-82.

[16] Hiassat A, Diabat A, Rahwan I. A genetic algorithm approach for location-inventory-routing problem with perishable products[J]. Journal of Manufacturing Systems,2017,42: 93-103.

[17] Mohammeda M A,Ghani M K A,Hamed R I,et al. Solving vehicle routing problem by using improved genetic algorithm for optimal solution[J]. Journal of Computational Science,2017, 21：255-262.

[18] Elrehim M Z A,Eid M A,Sayed M G. Structural optimization of concrete arch bridges using genetic algorithms[J]. Ain Shams Engineering Journal,2019,10(3)：507-516.

[19] Erasmo Gabriel Martinez-Soltero, Jesus Hernandez-Barragan. Robot Navigation Based on Differential Evolution[J]. IFAC-Papers OnLine,2018,51(13)：350-354.

[20] Karaboga D. An idea based on honey bee swarm for numerical optimization[C]. Technical Report TR-06， Erciyes University, Engineering Faculty, Computer Engineering Department,2005.

[21] 张义元. 基于布谷鸟搜索算法的 DOA 估计方法研究[D]. 长春：吉林大学,2015.

[22] Cheng R,Bai Y P. Improved fireworks algorithm with information exchange for function optimization[J]. Knowledge-Based Systems,2019,163：82-90.

[23] 韩毅,蔡建湖,李延来,等. 野草算法及其研究进展[J]. 计算机科学,2011,38(3)：20-23.

[24] Yang X S. A New Metaheuristic Bat-Inspired Algorithm[J]. NICSO,2010,284：65-74.

[25] Li Q Q,Song K, He Z C, et al. The artificial tree （AT） algorithm［J］. Engineering Applications of Artificial Intelligence,2017,65：99-110.

[26] Mohammed Azmi Al-Betar,Mohammed A. Awadallah. Island bat algorithm for optimization [J]. Expert Systems With Applications,2018,107：126-145.

[27] Jain M,Singh V,Rani A. A novel nature-inspired algorithm for optimization：Squirrel search algorithm[J]. Swarm and Evolutionary Computation,2019,44：148-175.

[28] Ali Asghar Heidari, Seyedali Mirjalili, Hossam Faris, et al. Harris hawks optimization： Algorithm and applications[J]. Future Generation Computer Systems,2019,97：849-872.

[29] Seyedali Mirjalili, Andrew Lewis. The Whale Optimization Algorithm［J］. Advances in Engineering Software,2016,95：51-67.

[30] Seyedali Mirjalili. The Ant Lion Optimizer[J]. Advances in Engineering Software,2015,83： 80-98.

[31] Seyedali Mirjalili. Dragonfly algorithm：a new meta-heuristic optimization technique for solving singleobjective, discrete, and multi-objective problems［J］. Neural Comput & Applic. ,2016,27：1053-1073.

[32] Seyedali Mirjalili, Seyed Mohammad Mirjalili, Andrew Lewis. Grey Wolf Optimizer［J］. Advances in Engineering Software,2014,69：46-61.

[33] Seyedali Mirjalili. Moth-flame optimization algorithm：A novel nature-inspired heuristic paradigm[J]. Knowledge-Based Systems,2015,89：228-249.

[34] Seyedali Mirjalili, Pradeep Jangir, Shahrzad Sarem. Multi-objective ant lion optimizer：a multi-objective optimization algorithm for solving engineering problems[J]. Appl Intell. , 2017,46：79-95.

[35] Seyedali Mirjalili,Seyed Mohammad Mirjalili, Abdolreza Hatamlou. Multi-Verse Optimizer： a nature-inspired algorithm for global optimization[J]. Neural Comput & Applic. ,2016, 27(2)：495-513.

[36] Seyedali Mirjalili, Shahrzad Saremi, Seyed Mohammad Mirjalili, Leandro dos S. Coelho. Multi-objective grey wolf optimizer：A novel algorithm for multi-criterion optimization[J].

Expert Systems With Applications,2016,47：106-119.

[37] Seyedai Mirjalili. SCA：A Sine Cosine Algorithm for solving optimization problems[J]. Knowledge-Based Systems,2016,96：120-133.

[38] 高连如,孙旭,罗文斐,等.高光谱遥感图像混合像元分解的群智能算法[J].南京大学信息科学与技术学报(自然科学版),2018,10(1)：81-91.

[39] 蔡伟,宋先海,袁士川,等.基于萤火虫和蝙蝠群智能算法的瑞雷波频散曲线反演[J].地球物理学报,2018,61(6)：2409-2420.

[40] 周蓓晨.基于群智能算法的物流配送路径规划研究[D].乌鲁木齐：新疆大学,2018.

[41] 罗新.基于粒子群智能的中文文本分类模型比较研究[J].农业图书情报学刊,2018,30(4)：18-22.

[42] Aybike SIMSEK,Resul KARA. Using swarm intelligence algorithms to detect influential individuals for influence maximization in social networks[J]. Expert Systems With Applications,2018,114：224-236.

[43] 高惠璇.应用多元统计分析[M].北京：北京大学出版社,2005.

[44] 谢剑斌,兴军亮,张立宁,等.视觉机器学习20讲[M].北京：清华大学出版社,2015.

[45] 丛爽.面向Matlab工具箱的神经网络理论与应用[M].3版.合肥：中国科学技术大学出版社,2013.

[46] Dietterich Thomas G. Machine Learning Research：Four Current Directions[J]. AI Magazine,1997,18(4)：97-136.

[47] Yoav Freund,Robert E. Schapire. A Decision-Theoretic Generalization of On-Line Learning and an Application to Boosting[J]. journal of computer and system sciences,1997,55：119-139.

[48] Bai Y P,Jin Z. Prediction of SARS epidemic by BP neural networks with online prediction strategy[J]. Chaos,Solutions and Fractals,2005,26：559-569.

[49] Tan X H,Hu H P,Cheng R,et al. Direction of Arrival Estimation Based on DDOA and Self-Organizing Map[J]. Mathematical Problems in Engineering,2015,2015：231307.

[50] Lu J N,Hu H P,Bai Y P. Radial Basis Function Neural Nerwork Based on an Improved Exponential Decreasing Inertia Weight-Particle Swarm Optimization Algorithm for AQI Prediction[J]. Abstract and Applied Analysis,2014,2014：178313.

[51] Cheng R,Bai Y P. A novel approach to fuzzy wavelet neural network modeling and optimization[J]. Electrical Power and Energy Systems,2015,64：671-678.

[52] Cheng R,Hu H P,Tan X H,et al. Initialization by a Novel Clustering for Wavelet Neural Network as Time Series Predictor[J]. Computational Intelligence and Neuroscience,2015,48：572592.

[53] Lu J N,Hu H P,Bai Y P. Generalized radial basis function neural network based on an improved dynamic particle swarm optimization and AdaBoost algorithm[J]. Neurocomputing,2015,152：305-315.

[54] Ji T,Lin T W,Lin X J. A concrete mix proportion design algorithm based on artificial neural networks[J]. Cement and Concrete Research,2006,36：1399-1408.

[55] 郭凌云.基于小波变换的乳腺肿瘤超声图像识别研究[D].长沙：中南大学,2009.

[56] Zahedi J,Rounaghi M M. Application of artificial neural network models and principal component analysis method in predicting stock prices on Tehran Stock Exchange[J]. Physica

A,2015,438：178-187.

[57] Kumar Chandar S,Sumathi M,et al. Prediction of Stock Market Price using Hybrid of Wavelet Transform and Artificial Neural Network[J]. Indian Journal of Science and Technology,2016,9(8)：1-5.

[58] LeCun Y,Boser B,Denker J S,et al. Back propagation Applied to Handwritten Zip Code Recognition[J]. Neural Computation,1989,1(4)：541-551.

[59] Gong M G,Yang H L,Zhang P Z. Feature learning and change feature classification based on deep learning for ternary change detection in SAR images[J]. ISPRS Journal of Photogrammetry and Remote Sensing,2017,129：212-225.

[60] Gua J X,Wang Z H,Jason Kuenb,et al. Recent advances in convolutional neural networks [J]. Pattern Recognition,2018,77：354-377.

[61] Li X L,Feng S H,Qian J X. Parameter tuning method of robust PID controller based on artificial fish school algorithm[J]. Information and Control,2004,33(1)：112-115.

[62] 彭司华. 计算智能在生物信息学中的应用研究[D]. 杭州：浙江大学,2004.

[63] John C,Robert N McDonough. 合成孔径雷达：系统与信号处理[M]. 韩传钊,译. 北京：电子工业出版社,2014.

[64] 杨文,孙洪,曹永锋. 合成孔径雷达图像目标识别问题研究[J]. 航天返回与遥感,2004(1)：38-44.

[65] 朱同宇. 基于深度学习的合成孔径雷达地面目标识别技术研究[D]. 哈尔滨：哈尔滨工业大学,2017.

[66] 李明. 雷达目标识别技术研究进展及发展趋势分析[J]. 现代雷达,2010,32(10)：1-8.

[67] Peter Tait. 雷达目标识别导论[M]. 罗军,曾浩,李庶中,译. 北京：电子工业出版社,2013.

[68] 孙永光. SAR 图像目标特征提取与识别方法研究[D]. 西安：西安电子科技大学,2017.

[69] 胡利平. 合成孔径雷达图像目标识别技术研究[D]. 西安：西安电子科技大学,2009.

[70] 罗峰. 合成孔径雷达图像自动目标识别方法研究[D]. 成都：四川大学,2005.

[71] Bryant M,Worrell S,Dixon A. MSE template size analysis for MSTAR data[J]. Part of the SPIE Conference on Algorithms for Synthetic Aperture Radar Imagery V,1998,3370：396-405.

[72] Kaplan L M. Analysis of multiplicative speckle models for template-based SAR ATR[J]. IEEE Transactions on Aerospace and Electronic Systems,2001,37(4)：1424-1432.

[73] Bhanu B. Automatic target recognition：state of the art survey[J]. IEEE Transactions on Aerospace and Electronic Systems,1986,22(4)：364-379.

[74] Bir Bhanu,Dudgeon D E,Ed Zelnio,Avi Rosenfeld. Introduction to the special issue on automatic target detection and recognition[J]. IEEE Transactions on Image Processing,1997,6(1)：1-6.

[75] 宦若虹,杨汝良. 基于小波域 NMF 特征提取的 SAR 图像目标识别方法[J]. 电子信息学报,2009,31(3)：588-591.

[76] 王博威,潘宗序,胡玉新,等. 少量样本下基于孪生 CNN 的 SAR 目标识别[J]. 雷达科学与技术,2019,17(6)：603-609,615.

[77] 张椰,朱卫纲. 基于迁移学习的 SAR 图像目标检测[J]. 雷达科学与技术,2018,16(5)：553-538.

[78] 王家明. 基于深度学习的 SAR 目标识别与 PolSAR 分类[D]. 西安：西安电子科技大

学,2019.

[79] 李君宝,杨文慧,许剑清,等.基于深度卷积网络的 SAR 图像目标检测识别[J].导航定位与授时,2017,4(1):60-66.

[80] 杜兰,刘彬,王燕,等.基于卷积神经网络的 SAR 图像目标检测算法[J].电子与信息学报,2016,38(12):3018-3025.

[81] 杨日杰,高学强,韩建辉.现代水声对抗技术与应用[M].北京:国防工业出版社,2008.

[82] 王鹏.基于 MEMS 矢量水听器阵列的声目标定向定位技术研究[D].太原:中北大学,2013.

[83] 王洪雁,于若男.基于稀疏和低秩恢复的稳健 DOA 估计方法[J].电子与信息学报,2020,42(3):589-596.

[84] Guo Muran,ZHANG Y D,CHEN Tao. DOA estimation using compressed sparse array[J]. IEEE Transactions on Signal Processing,2018,66(15):4133-4146.

[85] Zheng G M. DOA estimation in MIMO radar with non-perfectly orthogonal waveforms[J]. IEEE Communications Letters,2017,21(2):414-417.

[86] Shen Luo,Paul Johnston. A review of electrocardiogram filtering[J]. J Electrocardiol,2010,43(6):486-496.

[87] Narwaria R P,Verma S,Singhal P K. Removal of baseline wander and power line interference from ECG Signal-a survey approach[J]. Int J Electr Eng,2011,3(1)107-111.

[88] Pablo L,Raimon J,Caminal P. The adaptive linear combiner with aperiodic-impulse reference input as a linear comb filter[J]. Signal Process,1996,48(3):193-203.

[89] Wei D Y,Li Y M. Generalized wavelet transform based on the convolution operator in the linear canonical transform domain[J]. Optik,2014,125(16):4491-4496.

[90] Percival D B,Walden A T. Wavelet methods for time series analysis[M]. U. K. Cambridge University Press,2000.

[91] Han G Q,Xu Z J. Electrocardiogram signal denoising based on a new improved wavelet thresholding[J]. Rev. Sci. Instrum. ,2016,87(8):084303.

[92] Huang N E,Shen Z, Long S R, et al. The Empirical Mode Decomposition and Hilbert spectrum for nonlinear and non-stationary time series analysis[J]. Proc. Roy. Soc. London A,1998,454(1):903-995.

[93] Wang T,Zhang M,Yu Q,et al. Comparing the applications of EMD and EEMD on time-frequency analysis of seismic signal[J]. J Appl Geophys,2012,83:29-34.

[94] Dragomiretskiy K,Konstantin, Zosso, Dominique D. Variational mode decomposition[J]. IEEE Transactions on Signal Processing,2013,62(3):531-544.

[95] 王永良,陈辉,彭应宁,等.空间谱估计理论与算法[M].北京:清华大学出版社,2004.

[96] 谭秀辉.自组织神经网络在信息处理中的应用研究[D].太原:中北大学,2015.

[97] 白黄琴,胡红萍,白艳萍,等.优化的 BP 神经网络在矢量水听器 DOA 估计的研究[J].现代电子技术,2019,42(23):31-34,39.

[98] 张明星,王鹏,白艳萍,等.基于 IAFSA-MUSIC 算法的阵列信号 DOA 估计[J].数学的实践与认识,2019,49(22):163-170.

[99] 张正文,舒治宇,包泽胜,等.基于引力搜索算法的相干信号源 DOA 估计方法[J].科学技术与工程,2018,(18):192-196.

[100] 王鹏,张楠,郭亚强,等.基于果蝇算法优化广义回归神经网络的矢量水听器的 DOA 估计[J].数学的实践与认识,2017,47(13):150-155.

[101] Golub T R, Slonim D K, Tamayo P, et al. Molecular Classification of Cancer: Class Discovery and Class Prediction by Gene Expression Monitoring[J]. Science,1999,286: 531-537.

[102] Alizadeh A A, Eisen M B, Eric Davis R, et al. Distinct types of diffuse large b-cell lymphoma identified by gene expression profiling[J]. Nature,2000,403: 503-511.

[103] Alon U, Barkai N, Notterman D A, et al. Broad patterns of gene expression revealed by clustering analysis of tumor and normal colontissues probed by oligonucleotide arrays[J]. Proc Natl Acad Sci. ,1999,96: 6745-6750.

[104] Armstrong S A, Staunton J E, Silverman L B, et al. Mll translocations specify a distinct gene expression profile that distinguishes a unique leukemia[J]. Nat Genet. ,2002,30: 41-47.

[105] Vapnik V. Statistical learning theory[M]. New York: Wiley,1998.

[106] Boser B E, Guyon I M, Vapnik V N. A training algorithm for optimal margin classifiers [C]. COLT′92: Proceedings of the fifth annual workshop on computational learning theory, July,1992, pages 144-152.

[107] Devi Arockia Vanitha C, Devaraj D, Venkatesulu M. Gene Expression Data Classification using Support VectorMachine and Mutual Information-based Gene Selection[J]. Procedia Computer Science,2015,47: 13-21.

[108] Zheng C H, Huang D S, Kong X Z, et al. Gene Expression Data Classification Using Consensus Independent Component Analysis[J]. Geno. Prot. Bioinfo. ,2008,6(2): 74-82.

[109] Qi Y S, Yang X B. Interval-valued analysis for discriminative gene selection and tissue sample classification using microarray data[J]. Genomics,2013,101: 38-48.

[110] Ramyachitra D, Sofia M, Manikandan P. Interval-value Based Particle Swarm Optimization algorithm for cancer-type specific gene selection and sample classification[J]. Genomics Data,2015,5: 46-50.

[111] Li L, Weinberg C R, Darden T A, et al. Gene selection for sample classification based on gene expression data: study of sensitivity to choice of parameters of the ga/knn method [J]. Bioinformatics,2001,17(12): 1131-1142.

[112] 王淑琴.机器学习方法及其在生物信息学领域中的应用[D].长春:吉林大学,2009.

[113] 阳少林,王树林.基于神经网络的多类肿瘤亚型识别研究[J].计算机工程与应用,2008,44(11): 237-240.

[114] Furey T S, Cristianini N, Duff N, et al. Support vector machine classification and validation of cancer tissue samples using micro array expression data[J]. Bioinformatics, 2000,16(10): 906-914.

[115] Brownstein J S, Mandl K D. Reengineering real time outbreak detection systems for influenza epidemic monitoring [J]. Am Med Inform Assoc, Annual Symposium Proceedings,2006,2006: 866.

[116] Ginsberg J, et al. Detecting influenza epidemics using search engine query data[J]. Nature, 2009,457,1012-1014.

[117] 曹灿,赵联文,昌春艳,等.2009年加拿大H1N1疫情的ARIMA模型预测与分析[J].吉首大学学报(自然科学版),2011,32(4): 35-38.

[118] 秦览,陈继军,于国伟.基于集成回声状态网络模型在兰州市艾滋病发病例数预测中的应

用[J].中国研究型医院,2019,6(6):53-57.

[119] Retno Aulia Vinarti. Knowledge Representation for Infectious Disease Risk Prediction System:A Literature Review[J]. Procedia Computer Science,2019,161:821-825.

[120] Zoie S. Y. Wong, Zhou J Q, Zhang Q P. Artificial Intelligence for infectious disease Big Data Analytics [J]. Infection,Disease & Health,2019,24(1):44-48.

[121] 崔霞霞.基于机器学习的分类问题研究[D].太原:中北大学,2018.

[122] 荣蓉.基于模糊 Elman 网络算法的移动机器人路径规划分析[J].微型电脑应用,2020, 36(3):136-139.

[123] 张松灿,普杰信,司彦娜,等.蚁群算法在移动机器人路径规划中的应用综述[J].计算机工程与应用,2020,56(8):10-19.

[124] Ramon Gonzalez,Mirko Fiacchini,Karl Lagnemma. Slippage prediction for off-road mobile robots via machine learning regression and proprioceptive sensing [J]. Robotics and Autonomous Systems,2018,105:85-93.

[125] 柴琪.基于卷积神经网络的京杭大运河遥感影像水质分类算法研究[J].江苏科技信息, 2020,(4):25-29.

[126] 李焜耀,唐健健,陈拥军,等.基于聚类分析岛礁地下水水质分类方法[J].土工基础,2019, 33(4):488-491.

[127] 程淑红,张仕军,赵考鹏.基于卷积神经网络的生物式水质监测方法[J].计量学报,2019, 40(4):721-727.

[128] 高帅.基于机器学习的空气质量评价与预测[D].太原:中北大学,2019.

[129] 杭琦,杨敬辉,黄国荣.随机森林算法在空气质量评评价中的应用[J].上海第二工业大学学报,2018,35(02):129-133.

[130] 高鹏,周松林.基于小波 Mallat 算法和 BP 神经网络的空气质量指数预测的研究[J].池州学院学报,2017,31(03):42-44.

[131] 袁燕,陈伯伦,朱国畅,等.基于社区划分的空气质量指数(AQI)预测算法[J].南京大学学报(自然科学),2020,56(1):142-150.

[132] 吴曼曼,徐建新,王钦.基于数据分解的 AQI 的 CEEMD-Elman 神经网络预测研究[J].中国环境科学,2019,56(1):4580-4588.

[133] Fabio Biancofiore,Marcella Busilacchio,Marco Verdecchia,et al,Recursive neural network model for analysis and forecast of PM10 and PM2.5[J]. Atmospheric Pollution Research, 2017,8(4):652-659.

[134] Xue H X,Bai Y P,Hu H P,et al. A Novel Hybrid Model Based on TVIW-PSO-GSA Algorithm and Support Vector Machine for Classification Problems[J]. IEEE Access,2019, 7:27789-27801.

[135] 庄玉册,黎蔚.基于 PSO 优化极限学习机神经网络的空气质量预报[J].沈阳工业大学学报,2020,42(2):213-217.

[136] Inthachot M,Boonjing V,Intakosum S. Artificial Neural Network and Genetic Algorithm Hybrid Intelligence for Predicting Thai Stock Price Index Trend [J]. Computational Intelligence and Neuroscience,2016,2016:3045254.

[137] de Faria E L,Albuquerque M P,Gonzalez J L,et al. Predicting the Brazilian stock market through neural networks and adaptive exponential smoothing methods[J]. Expert Systems with Applications,2009:36:12506-12509.

[138] Adebiyi A A, Adewumi A O, Ayo C K. Comparison of ARIMA and Artificial Neural Networks Models for Stock Price Prediction[J]. Journal of Applied Mathematics, 2014, 2014: 614342.

[139] Rather A M, Agarwal A, Sastry V N. Recurrent neural network and a hybrid model for prediction of stock returns[J]. Expert Systems with Applications, 2015, 42: 3234-3241.

[140] Khuat T T, Le Q C, Nguyen B L, et al. Forecasting Stock Price using Wavelet Neural Network Optimized by Directed Artificial Bee Colony Algorithm [J]. Journal of Telecommunications and Information Technology, 2016, 2: 43-52.

[141] Wang J, Wang J, Fang W, et al. Financial Time Series Prediction Using Elman Recurrent Random Neural Networks [J]. Computational Intelligence and Neuroscience, 2016, 2016: 4742515.

[142] Shen W, Guo X P, Wu C, et al. Forecasting stock indices using radial basis function neural networks optimized by artificial fish swarm algorithm[J]. Knowledge-Based Systems, 2011; 24: 378-385.

[143] Fernndez-Gmez M A, Gil-Corral A M, Galn-Valdivieso F. Corporate reputation and market value: Evidence with generalized regression neural networks[J]. Expert Systems With Applications, 2016, 46: 69-76.

[144] Chauhan N, Ravi V, Karthik Chandra D. Differential evolution trained wavelet neural networks: Application to bankruptcy prediction in banks [J]. Expert Systems with Applications, 2009, 36: 7659-7665.

[145] Pulido M, Melin P, Castillo O. Particle swarm optimization of ensemble neural networkswith fuzzy aggregation for time series prediction of the Mexican Stock Exchange [J]. Information Sciences, 2014, 280: 188-204.

[146] Kara Y, Boyacioglu M A, Baykan O K. Predicting direction of stock price index movement using artificial neural networks and support vector machines: The sample of the Istanbul Stock Exchange[J]. Expert Systems with Applications, 2011, 38: 5311-5319.

[147] Moghaddam A H, Moghaddam M H, Esfandyari M. Stock market index prediction using artificial neural network[J]. Journal of Economics, Finance and Administrative Science, 2016, 21: 89-93.

[148] Qiu M Y, Song Y, Akagi F. Application of artificial neural network for the prediction of stock market returns: The case of the Japanese stock market[J]. Chaos, Solitons and Fractals, 2016, 85: 1-7.

[149] Huang W, Nakamori Y, Wang S. Forecasting stock market movement direction with support vector machine[J]. Comput Oper Res, 2005, 32(10): 13-22.

[150] Pai P F, Lin C S. A hybrid ARIMA and support vector machines model in stock price forecasting[J]. Omega, 2005, 33: 497-505.

[151] Velumoni D, Rau S S. Cognitive Intelligence based Expert System for Predicting Stock Markets using Prospect Theory[J]. Indian Journal of Science and Technology, 2016, 9(10): 1-6.

[152] Enkea D, Grauerb M, Mehdiyev N. Stock Market Prediction with Multiple Regression, Fuzzy Type-2 Clustering and Neural Networks[J]. Procedia Computer Science, 2011, 6: 201-206.

[153]　Gustaf Forslund，David Åkesson. Predicting share price by using Multiple Linear Regression[D]. KTH，2013.

[154]　Eunsuk Chong，Chulwoo Han，Frank C Park. Deep learning networks for stock market analysis and prediction：Methodology，data representations，and case studies[J]. Expert Systems With Applications，2017，83：187-205.

[155]　Salim Lahmiri. Minute-ahead stock price forecasting based on singular spectrum analysis and support vector regression[J]. Applied Mathematics and Computation，2018，320：444-451.

[156]　赵菲妮.基于深度学习网络的 SAR 图像目标识别研究[D].西安：西安电子科技大学，2017.

[157]　薛笑荣.SAR 图像处理技术研究[M].北京：科学技术文献出版社，2017.

[158]　刘晨，曲长文，周强，等.基于 CNN 的 SAR 图像目标分类优化算法[J].雷达科学与技术，2017，15(4)：362-367.

[159]　王书玉，于振华，于丹丹.基于决策树方法的遥感影像分类[J].哈尔滨师范大学自然科学学报，2014，30(2)：61-64.

[160]　黄超，薄华.基于卷积神经网络结合 SVM 的人脸识别研究[J].微型机与应用，2017，36(15)：56-58＋72.

[161]　李垒，任越美.基于随机森林的高光谱遥感图像分类[J].计算机工程与应用，2016，52(24)：189-193.

[162]　董立岩，苑森淼，刘光远，等.基于贝叶斯分类器的图像分类[J].吉林大学学报（理学版），2007(2)：249-253.

[163]　Ding J，Chen B，Liu H，et al. Convolutional Neural Network With Data Augmentation for SAR Target Recognition[J]. IEEE Geoscience & Remote Sensing Letters，2016，13(3)：364-368.

[164]　王小川，史峰，郁磊，等.MATLAB 神经网络 43 个案例分析[M].北京：北京航空航天大学出版社，2013.

[165]　郭月.基于 SVM 的高分图像自动分类算法研究与系统实现[D].石家庄：河北科技大学，2017.

[166]　胡沐晗.基于 PCA 和 SVM 的人脸识别系统[J].计算机时代，2017(12)：60-67.

[167]　常祥，杨明.基于改进的卷积神经网络的图像分类性能[J].重庆理工大学学报（自然科学），2017，31(3)：110-115.

[168]　郝岩，白艳萍，张校非.基于 KNN 的合成孔径雷达目标识别[J].火力与指挥控制，2018，43(9)：111-113＋118.

[169]　Bednarz J C. Cooperative hunting in harris'hawks (parabuteo unicinctus)[J]. Science，1988，239：1525.

[170]　Chen R M，Wang C M. Project scheduling heuristics-based standard PSO for task-resource assignment in heterogeneous grid[J]. Abstract and Applied Analysis，2011，2011：589862.

[171]　Yao X，Liu Y，Lin G. Evolutionary programming made faster[J]. IEEE Trans. Evol. Comput. ，1999，3：82-102.

[172]　Digalakis J G，Margaritis K G. On benchmarking functions for genetic algorithms[J]. Int. J. Comput. Math. ，2001，77：481-506.

[173]　García S，Molina D，Lozano M，et al. A Study on the Use of Non-Parametric Tests for

Analyzing the Evolutionary Algorithms'Behaviour: A Case Study on the CEC'2005 Special Session on Real Parameter Optimization[J]. J HEURISTICS,2009,15: 617-644.

[174] Zar J H. Biostatistical Analysis[M]. Englewood Cliffs: Prentice Hall,1999.

[175] 胡红萍,李洋洋,白艳萍. 基于卷积神经网络与随机森林的合成孔径雷达目标识别[J]. 数学的实践与认识,2019,49(17): 181-186.

[176] 李洋洋,胡红萍,白艳萍. 基于 CNN-PCA-DT 算法的合成孔径雷达目标识别[J]. 火力与指挥控制,2020,45(4): 53-58.

[177] Hu H P,Ao Y,Bai Y P,et al. An Improved Harris's Hawks Optimization for SAR Target Recognition and Stock Market Index Prediction[J]. IEEE Access,2020,8: 65891-65910.

[178] 李鑫,续婷,胡红萍,等. 局部流形学习在 SAR 目标分类中的应用[J]. 现代雷达,2020,42(4): 33-36+40.

[179] Xue C Y,Cheng S,Zhang W D,et al. Design,fabrication,and preliminary characterization of a novel MEMS bionic vector hydrophone[J]. Microelectronics Journal,2007,38(10-11): 1021-1026.

[180] Zhang G J,Li Z,Wu S J,et al. A Bionic Fish Cilia Median-Low Frequency Three-Dimensional Piezoresistive MEMS Vector Hydrophone[J]. Nano-Micro Lett,2014,6(2): 136-142.

[181] Vijaya Baskar V,Rajendran V,Logashanmugam E. Study of different denoising methods for underwater acoustic signal[J]. Journal of Marine Science and Technology,2015,23(4): 414-419.

[182] Li Y,Cheng G,Liu C,et al. Study on planetary gear fault diagnosis based on variational mode decomposition and deep neural networks[J]. MEASUREMENT,2018,130: 94-104.

[183] Li W,Liu Z S,Ge Y J. Several Methods of Wavelet Denoising [J]. Journal of Hefei University of Technology(Natural Science),2002,25(2): 2.

[184] Donoho D L,Johnstone J M. Ideal spatial via wavelet shrinkage[J]. Biometrika,1994,81(3): 425-455.

[185] Zhao R Z,Song G X,Wang H. Improved wavelet coefficient threshold estimation model[J]. Journal of Northwestern Polytechnical University,2001,19(4): 625-628.

[186] Jiang W W,Lu C H,Zhang Y X,et al. Study on spectral signal denoising based on improved wavelet threshold[J]. Journal of Electronic Measurement and Instrumentation,2014,28(12): 1363-1367.

[187] 冯磊华,杨锋. 基于改进遗传算法优化的气动遁形闸门模糊 PID 控制研究[J]. 水利规划与设计,2017(12): 98-101.

[188] 杨从锐,钱谦,王峰等. 改进的自适应遗传算法在函数优化中的应用[J]. 计算机应用研究,2018,35(4): 1042-1045.

[189] 闫春,厉美璇,周潇. 基于改进的遗传算法在函数优化中的应用[J]. 计算机应用研究,2019,36(10): 2982-2985.

[190] 高航,薛凌云. 基于改进遗传算法的反向传播神传神经网络拟合 LED 光谱模型[J]. 激光与电子学进展,2017,54(7): 294-302.

[191] Marco Vannucci, Valentina Colla. Fuzzy adaptation of crossover and mutation rates in genetic algorithms based on population performance[J]. Journal of Intelligent & Fuzzy Systems,2015,28: 1805-1818.

［192］　谢成俊.小波分析理论及工程应用［M］.长春：东北师范大学出版社,2015.

［193］　Mehrabian A R,Lucas C. A novel numerical optimization algorithm inspired from weed colonization［J］. Ecological Informatics,2006,1：355-366.

［194］　Cheng M Y,Prayogo D. Symbiotic organisms search：a new metaheuristic optimization algorithm［J］. Comput. Struct,2014,139：98-112.

［195］　Cheng M Y,Lien L C. Hybrid artificial intelligence-based PBA for benchmark functions and facility Layout design optimization［J］. J. Comput. Civ. Eng,2012,26(5)：612-624.

［196］　Hu H P,Zhang L M,Yan H C,et al. Denoising and Baseline Drift Removal Method of MEMS Hydrophone Signal Based on VMD and Wavelet Threshold Processing［J］. IEEE Access,2019,7：59913-59922.

［197］　张琳梅,胡红萍,白艳萍,等.基于 IGA-小波软阈值的 MEMS 矢量水听器信号去噪方法［J］.数学的实践与认识,2019,49(19)：179-186.

［198］　Hu H P,Zhang L M,Bai Y P,et al. A Hybrid Algorithm Based on Squirrel Search Algorithm and Invasive Weed Optimization for Optimization［J］. IEEE Access,2019,7：105652-105668.

［199］　Yan H C,Xu T,Wang P,et al. MEMS Hydrophone Signal Denoising and Baseline Drift Removal Algorithm Based on Parameter-Optimized Variational Mode Decomposition and Correlation Coefficient［J］. Sensors,2019,19：4622.

［200］　孙强,胡红萍,白艳萍,等.基于 EMD 和提升小波改进阈值函数的水听器信号去噪研究［J］.重庆理工大学学报(自然科学),2018,32(6)：188-192.

［201］　姚建丽,胡红萍,白艳萍,等.基于 GAPSO-MUSIC 算法的矢量水听器的 DOA 估计［J］.西南民族大学学报(自然科学版),2019,45(4)：383-389.

［202］　姚建丽,胡红萍,白艳萍,等.应用 SAPSO-BP 神经网络的 DOA 估计方法［J］.重庆理工大学学报(自然科学),2018,32(5)：183-188.

［203］　Vant't Veer L J,Dai H,van de Vijver M J,et al. Gene expression profiling predicts clinical outcome of breast cancer［J］. Nature,2002,415：530-536.

［204］　Ntzani E E,Ioannidis J P. Predictive ability of DNA microarrays for cancer outcomes and correlates：an empirical assessment［J］. Lancet,2003,362：1439-1444.

［205］　Moreaux J,Reme T,Leonard W,et al. Gene expression-based prediction of myeloma cell sensitivity to histone deacetylase inhibitors［J］. Br. J. Cancer,2013,109：676-685.

［206］　秦慧超,白艳萍.基于 SVM 的客车车型分类［J］.数学的实践与认识,2012,42(18)：190-194.

［207］　Huang Y,Zhao L. Review on landslide susceptibility mapping using support vectormachines［J］. Catena,2018,165：520-529.

［208］　SGO Clinical Practice Endometrial CancerWorking Group,William M. Burke,James Orr,et al. Endometrial cancer：A review and current management strategies：Part I［J］. Gynecologic Oncology,2014,134：385-392.

［209］　Zhang J,Hu X G,Li P P,et al. Informative gene selection for tumor classification based on iterative lasso［J］. Pattern Recognition and Artificial Intelligence,2014,27：49-59.

［210］　Hu H P,Niu Z J,Bai Y P,et al. Cancer classification based on gene expression using neural networks［J］. Genetics and Molecular Research,2015,14 (4)：17605-17611.

［211］　胡红萍,高帅,孙强,等.基于基因表达子宫内膜癌的分类［J］.数学的实践与认识,2017,

47(18): 111-115.

[212] Hu H P, Wang H Y, Bai Y P, et al. Determination of endometrial carcinoma with gene expression based on optimized Elman neural network [J]. Applied Mathematics and Computation, 2019, 341: 204-214.

[213] Tan X H, Hu H P, Cheng R, et al. Classification of Colon Cancer Based on the Expression of Randomly Selected Genes [J]. Genetics and Molecular Research, 2015, 14 (4): 12628-12635.

[214] Forsati R, Keikha A, Shamsfard M. An improved bee colony optimization algorithm with an application to document clustering[J]. Neurocomputing, 2015, 159: 9-26.

[215] Li X N, Yang G F. Artificial bee colony algorithm with memory [J]. Applied Soft Computing, 2016, 41: 362-372.

[216] Zhu G, Kwong S. Gbest-guided artificial bee colony algorithm for numerical function optimization[J]. Applied Mathmatics and Computation, 2010, 217(7): 3166-3173.

[217] Hong P N, Ahn C W. Fast artificial bee colony and its application to stereo correspondence [J]. Expert Systems With Applications, 2016, 45: 460-470.

[218] Anuar S, Selamat A, Sallehuddin R. A modified scout bee for artificial bee colony algorithm and its performance on optimization problems [J]. Journal of King Saud University-Computer and Information Sciences, 2016, 28(4): 395-406.

[219] Jadhav H T, Bamane P D. Temperature dependent optimal power flow using g-best guided artificial bee colony algorithm[J]. Electrical Power and Energy Systems, 2016, 77: 77-90.

[220] Hashim H A, Ayinde B O, Abido M A. Optimal placement of relay nodes in wireless sensor network using artificial bee colony algorithm [J]. Journal of Network and Computer Applications, 2016, 64: 239-248.

[221] JoséA. Delgado-Osuna, M. Lozano, C. García-Martínez. An alternative artificial bee colony algorithm with destructive-constructive neighbourhood operator for the problem of composing medical crews[J]. Information Sciences, 2016, 326: 215-226.

[222] Karaboga D, Gorkemli B. A quick artificial bee colony (qABC) algorithm and its performance on optimization problems[J]. Appl. Soft Comput. , 2014, 23: 227-238.

[223] Gao W F, Huang L L, Liu S Y, et al. Artificial bee colony algorithm with multiple search strategies[J]. Applied Mathematics and Computation, 2015, 271: 269-287.

[224] Shi Y, Eberhart R. A modified particle swarm optimizer[C]. in: Proceedings of the 1998 IEEE International Conference on Evolutionary Computation (ICEC'98), 1998: 69-73.

[225] Lei K, Qiu Y, He Y. A new adaptive well-chosen inertia weight strategy to automatically harmonize global and local search ability in particle swarm optimization. in: First International Symposiumon Systems and Controlin Aerospace and stronautics[C]. 2006, ISSCAA2006, IEEE, Harbin, p. 4, 2006.

[226] Chatterjee A, Siarry P. Nonlinear inertia weight variation for dynamic adaptation in particle swarm optimization[J]. Computers and Operations Research, 2006, 33(3): 859-871.

[227] WHO Global Epidemiological Surveillance standards for Influenza [M]. World Health Organization. 2014.

[228] Mauricio Santillana, André T. Nguyen, Mark Dredze, et al. Combining Search, Social Media, and Traditional Data Sources to Improve Influenza Surveillance[J]. PLOS Computational

Biology,2015,11(10)：e1004513.

[229] Wang F,Wang H Y,Xu K,et al. Regional Level Influenza Study with Geo-Tagged Twitter Data[J]. J Med Syst,2016,40：189.

[230] John D. Barrow,PAUL C. W. Davies,Charles L. Harper. Science and Ultimate Reality：Quantum Theory,Cosmology,and Complexity[M]. Cambridge University Press,2004.

[231] Eardley D M. Death of white holes in the early Universe[J]. Phys Rev Lett,1974,33：442.

[232] Davies P C. Thermodynamics of black holes[J]. Rep Prog Phys,1978,41：1313.

[233] Morris M S,Thorne K S. Wormholes in spacetime and their use for interstellar travel：a tool for teaching general relativity[J]. Am J Phys,1988,56：395-412.

[234] Steinhardt PJ,Turok N. The cyclic model simplified[J]. New Astron Rev,2005,49：43-57.

[235] 胡红萍,崔霞霞,续婷,等. 一类改进的人工蜂群算法[J]. 中北大学学报(自然科学版),2017,38(4)：397-403.

[236] Hu H P,Li Y Y,Bai Y P,et al. The Improved Antlion Optimizer and Artificial Neural Network for Chinese Influenza Prediction[J]. Complexity,2019,2019：1480392.

[237] Hu H P,Wang H Y,Wang F, et al. Prediction of influenza-like illness based on the improved artificial tree algorithm and artificial neural network[J]. Scientific REPORTS,2018,8：4895.

[238] 胡红萍,白黄琴,白艳萍,等. 基于改进的遗传算法与人工神经网络的类流感的预测[J]. 中北大学学报(自然科学版),2019,40(6)：481-487.

[239] 胡红萍,孙强,白艳萍. 基于优化的 Elman 神经网络的类流感的预测[J]. 太原理工大学学报(自然科学版),2019,50(2)：255-259.

[240] Xue H X,Bai Y P,Hu H P,et al. Regional level influenza study based on Twitter and machine learning method[J]. Plos One,2019,14(4)：e0215600.

[241] Xue H X,Bai Y P,Hu H P, et al. Influenza Activity surveillance based on multiple regression model and artificial neural network[J]. IEEE Access,2017,6：563-575.

[242] Rashedi E,Nezamabadi-Pour H,Saryazdi S. GSA：A gravitational search algorithm[J]. J. Inf. Sci. ,2009,179(13)：2232-2248.

[243] Rashedi E, Nezamabadi-Pour H, Saryazdi S. Filter modeling using gravitational search algorithm[J]. Eng. Appl. Artif. Intell. ,2011,24(1)：117-122.

[244] Serhat Duman,Uğur Güvenç,Yusuf Sönmez,Nuran Yörükeren. Optimal powerflow using gravitational search algorithm[J]. Energ. Convers. Manage. ,2012,59：86-95.

[245] 仇韬,张清峰,丁艳军,等. PCA 在非线性系统传感器故障检测和重构中的应用[J]. 清华大学学报(自然科学版),2006,46(5)：708-711.

[246] Hu H P,Cui X X,Bai Y P. Two Kinds of classifications Based on Improved Gravitational Search Algorithm and Particle Swarm Optimization Algorithm ［J］. Advances in Mathematical Physics,2017,2017：2131862.

[247] 崔霞霞,胡红萍,白艳萍. 基于 PCA 和改进的 PSO-SVM 的机器人移动方向分类[J]. 数学的实践与认识,2017,47(2)：250-256.

[248] Yang L,Ye M,He B J. CFD simulation research on residential indoor air quality[J]. Sci. Total Environ. ,2014,472：1137-1144.

[249] Li B T. The Ordinal classification and regression model and its application in judgement the rank of air quality[C]. M. S. thesis,Fac. Sci. Yunnan Univ. Sci. Technol. ,Kunming,China,

May 2015.

[250]　Zhou Q P,Jiang H Y,Wang J Z,et al. A hybrid model for PM2：5 forecasting based on ensemble empirical mode decomposition and a general regression neural network[J]. Science of the Total Environment,2014,496：264-274.

[251]　Wu L H,Zuo C L,Zhang H Q. A cloud model based fruit fly optimization algorithm[J]. Knowledge-Based Systems,2015,89：603-617.

[252]　Pan Q K,Sang H Y,Duan J H,et al. An improved fruit fly optimization algorithm for continuous function optimization problems[J]. Knowledge-Based Systems,2014,62：69-83.

[253]　Arumugam M S,Rao M V C. On the performance of the particle swarm optimization algorithm with various inertia weight variants for computing optimal control of a class of hybrid systems[J]. Discrete Dynamics in Nature and Society,2006,2006：79295.

[254]　Li C,Zhou J. Parameters identification of hydraulic turbine governing system using improved gravitational search algorithm[J]. Energ. Convers. Manage. ,2011,52（1）：374-381.

[255]　Shaw B,Mukherjee V,Ghoshal S P. A novel opposition-based gravitational search algorithm for combined economic and emission dispatch problems of power systems[J]. Int. J. Elect. Power,2012,35(1)：21-33.

[256]　Sarafrazi S,Nezamabadi-Pour H,Saryazdi S. Disruption：A new operator in gravitational search algorithm[J]. Sci. Iranica,2011,18(3)：539-548.

[257]　Shi Y,Eberhart R C. Parameter Selection in particle swarm optimization[C]. in Proc. 7th Int. Conf. Evol. Program. VII (EP). London,U. K. ：Springer-Verlag,Mar. 1998：591-600.

[258]　李晓敏. 一种包含遗传算子的思维进化算法[J]. 数字技术与应用,2015(12)：140-141＋143.

[259]　谢克明,邱玉霞. 基于数列模型的思维进化算法收敛性分析[J]. 系统工程与电子技术,2007(02)：308-311.

[260]　刘建霞,王芳,谢克明. 基于混沌搜索的思维进化算法[J]. 计算机工程与应用,2008(30)：37-39.

[261]　Hu H P,Bai Y P,Xu T. Ting Xu. Improved whale optimization algorithms based on inertia weights and theirs applications[J]. International Journal of Circuits,Systems and Signal Processing,2017,11：12-26.

[262]　高帅,胡红萍,李洋,等. 基于改进的思维进化算法与 BP 神经网络的 AQI 预测[J]. 数学的实践与认识,2018,48(19)：151-157.

[263]　高帅,胡红萍,李洋,等. 基于 MFO-SVM 的空气质量指数预测[J]. 中北大学学报(自然科学版),2018,39(04)：373-379.

[264]　尹琪,胡红萍,白艳萍,等. 基于改进的 SAPSO 优化支持向量机的太原市空气质量评价[J]. 数学的实践与认识,2017,47(21)：215-222.

[265]　尹琪,胡红萍,白艳萍,等. 基于 GA-SVM 的太原市空气质量指数预测[J]. 数学的实践与认识,2017,47(12)：113-120.

[266]　徐乔王,胡红萍,白艳萍,等. 基于 MEA-SVM 空气质量指数预测[J]. 重庆理工大学学报(自然科学),2019,33(12)：150-155.

[267]　Guresen E,Kayakutlu G,Daim TU. Using artificial neural network models in stock market index prediction[J]. Expert Syst Appl. ,2011；38(8)：89-97.

[268]　Lee T,Chiu C. Neural network forecasting of an opening cash price index[J]. Int J Syst

Sci. ,2002; 33(3): 29-37.

[269] Preis T,Moat H S,Eugene Stanley H. Quantifying Trading Behavior in Financial Markets Using Google Trends[J]. SCIENTIFIC REPORTS,2013,3: 1684.

[270] Yves Chauvin,David E. Rumelhart. Backpropagation: theory,architectures,and applications (1st Edition)[M]. Lawrence Erlbaum Associates,Publishers Hillsdale,New Jersey Hove, UK,1995.

[271] Leung M T,Daouk H,Chen A. Forecasting stock indices: a comparison of classification and level estimation models[J]. Int J Forecast,2000,16(2): 173-190.

[272] Sun J,Jia M Y,Li H. Adaboost ensemble for financial distress prediction: an empirical comparison with data from Chinese listed companies[J]. Expert Syst. Appl. ,2011,38: 9305-9312.

[273] Hu H P,Tang L,Zhang S H,Wang H Y. Predicting the direction of stock markets using optimized neural networks with Google Trends[J]. Neurocomputing,2018,285: 188-195.

[274] Chen L P,Liu Y G,Huang Z X,et al. An improved SOM algorithm and its application to color feature extraction[J]. Neural Computing and Application,2014,24(7-8): 1759-1770.

[275] Jiang X Y,Liu K,Yan J G, et al. Application of Improved SOM Neural Network in Anomaly Detection [C]. International Conference on Medical Physics and Biomedical Engineering. 2012,(3): 1093-1099.